面向新工科"十三五"规划教材

计算的理论与实践

栾尚敏　编著

清华大学出版社
北京交通大学出版社
·北京·

内 容 简 介

本书沿着计算发展的历史，介绍计算理论的模型及其在软硬件方面的实践成果。计算理论的模型主要包含递归可计算函数、λ 演算、图灵机以及波斯特系统。其次，介绍了受图灵机模型影响而产生的冯·诺依曼模型，以及该模型下计算机的工作原理、硬件组成等。最后，介绍了计算模型对软件系统的影响，包括程序设计方法、系统软件和应用软件。

本书可以作为计算机类相关专业本科生的教材，也可以作为想了解计算技术背景、发展过程、理论基础、应用情况人员的参考书目。

图书在版编目(CIP)数据

计算的理论与实践/栾尚敏编著 . —北京：北京交通大学出版社：清华大学出版社，2020. 5
ISBN 978-7-5121-4184-1

Ⅰ.①计…　Ⅱ.①栾…　Ⅲ.①计算机算法-研究　Ⅳ.①TP301. 6

中国版本图书馆 CIP 数据核字(2020)第 039894 号

计算的理论与实践
JISUAN DE LILUN YU SHIJIAN

责任编辑：谭文芳

出版发行：清 华 大 学 出 版 社　邮编：100084　电话：010-62776969　http://www.tup.com.cn
　　　　　北京交通大学出版社　邮编：100044　电话：010-51686414　http://www.bjtup.com.cn
印 刷 者：北京鑫海金澳胶印有限公司
经　　销：全国新华书店
开　　本：185 mm×260 mm　印张：16　字数：404 千字
版 印 次：2020 年 5 月第 1 版　　2020 年 5 月第 1 次印刷
定　　价：48.00 元

本书如有质量问题，请向北京交通大学出版社质监组反映。对您的意见和批评，我们表示欢迎和感谢。
投诉电话：010-51686043，51686008；传真：010-62225406；E-mail：press@bjtu.edu.cn。

前　　言

信息技术的发展让计算机已经深入到各行各业，也让世界发生了革命性的变化。究其根本，是计算理论的研究成果促进了计算机的诞生，也正是计算理论的发展，促使了信息技术日新月异的变化。

计算理论的发展历经了如下几个阶段。第一个阶段是计算理论的诞生。在这一阶段，人们集中研究了可计算性问题，出现了很多计算模型，包括递归函数理论、λ 演算、产生式系统和图灵机，这些模型以不同的形式定义了什么是可计算的，并且也证明了它们的表达能力是相同的。第二个阶段，就是冯·诺依曼受图灵机的启发，提出了存储程序原理，并成为现代计算机的结构。在这一阶段，人们主要探讨在硬件上实现计算的问题，这促使了现代计算机的诞生。随着现代计算机硬件系统的发展和完善，随之而来的问题就是如何管理这些硬件资源，让它们更有效地运行，这就进入了计算理论的第三个阶段，也就是计算机软件的诞生和发展。特别是随着操作系统技术的成熟、输入输出设备的发展、图形化界面的诞生，计算机软件得到了很快的发展，并且使得计算机由最初的少数专业人员才能够操作的设备，变成了普通百姓都可以操作的设备。

目前，计算科学正以令人惊异的速度发展，并大大延伸到传统计算科学的边界之外，成为一个范围极为宽广的领域，已经从数值计算扩展到了图形图像识别与处理、语音识别与处理、视频处理、机器翻译等非数值计算领域。计算已不再是一个一般意义上的概念，而是各门科学研究的一种基本视角、观念和方法，并上升为一种具有世界观和方法论特征的哲学范畴。通过对本书的学习，不仅能了解到计算概念的形成与发展，搞清楚计算的本质，而且能感受数学的魅力和数学家们在建立计算理论过程中所展现出的聪颖与智慧。

全书共分为 8 章。第 1 章绪论，从总体介绍计算理论的框架、发展历史。第 2 章介绍计算的理论，主要介绍计算理论前期的研究成果，包括递归可计算的函数、λ 演算、图灵机及波斯特系统。第 3 章介绍计算理论在硬件方面的实践成果，主要包括冯·诺依曼体系结构，以及基于该体系结构的计算机的构成。第 4 章介绍计算机信息的二进制编码方式，包括对数字的编码、对文字的编码、对图像的编码、对语音的编码和对视频的处理方法。第 5 章介绍计算理论在软件方面的实践，介绍了一些常用的计算机系统软件和应用软件，特别介绍操作系统及其实例 Windows 系统。第 6 章介绍软件的构造过程，包括程序设计语言的发展历史、程序设计方法学，并用一个实例介绍了系统开发的过程。在这一章中，还特别讨论了程序设计和递归函数理论的关系。第 7 章简单介绍了软件工程，主要介绍软件生命周期和软件开发模型。第 8 章介绍人工智能在代码自动生成方面的应用，为读者提供一些最新的动态。

本书具有如下特点。

（1）注重基础性。本书详细介绍了计算理论最初产生的几种计算模型，这些模型对计算机软硬件的发展都起了很大的推动作用，乃至现在仍具有重要的作用。

（2）注重完整性。从计算理论的诞生，到发展和完善，一直到现在的应用，都做了介绍。

（3）注重时效性。本书的第 8 章介绍了人工智能在代码自动生成方面的应用，这是最近几年兴起的一个研究领域。

（4）注重理论和实践的结合。既注重理论成果，也注重讲述其应用。例如，讲述了图灵机对现代计算机系统结构的推动作用，以及递归函数理论和程序设计之间的关系等，让读者不仅能够知其然，还能知其所以然。

本书可以作为计算机类相关专业本科生的教材，特别适合作为"计算机导论""软件工程专业导论"等课程的教材，也可以作为信息技术相关专业想了解计算发展历史、理论基础、应用情况的人员的参考书目。

本书受到国家重点研发计划（批准号：2018YFC0808306）、青海省重点实验室重点研发项目（批准号：2017-ZJ-Y21 和 2017-ZJ-752）、河北省物联网监控中心和河北省重点项目（批准号：3142016020 和 19270318D）、河北省重点研发计划项目"基于大数据的移动对等网络的研究"（批准号：18210339）、廊坊市科学技术研究与发展计划"基于深度机器学习的软件代码生成技术研究"（批准号：2018011041）和中央高校基本业务费（批准号：HKJYZD201808 和 HKJYZD201526）的资助。作者对以上项目的支持深表感谢。还要感谢编辑谭文芳老师，她不仅在文字、格式和图表符号方面给予了很多指导，还在书稿该包含的内容方面提出了很好的建议，也正是她的努力才使本书得以顺利出版。

限于作者水平，书中会有一些错误和不足，希望读者指正，联系方式 623320726@ qq. com。

作者

于河北燕郊

2019 年 9 月

目　　录

第 1 章　绪　　论

本章主要内容提要及学习目标

计算有着悠久的历史，已经深入到了人们生产和生活的方方面面，计算技术的进步使世界发生了深刻的变化。本章主要介绍了计算概念的形成过程、计算的本质、可计算的含义等。

1.1　计算概念的形成

计算概念的形成经历了一个很长的过程，它来源于实践，最初是为了解决人们日常生活中的计数问题，也就是数数，一直发展到现在，已经深入到人们生产和生活的方方面面，并且使世界发生了深刻变革。根据考古学家提供的证据，人类早在 5000 多年前就已经采用了某种计数方法。从用手指作为计算工具，到在羊皮上画出Ⅰ、Ⅱ、Ⅲ来代替手指的数量、用"Ⅴ"代替一只手、用"Ⅹ"代替两只手的罗马数字的雏形，再到罗马人用符号 C 表示一百、用符号 M 表示一千、用符号 L 表示五十、用字母 D 表示五百，到后来印度的科学家巴格达发明了阿拉伯数字才使得计数法得到完善。因为阿拉伯数字本身笔画简单，写起来方便，看起来清楚，并且采用计数的十进位法使得演算很便利，因此阿拉伯数字逐渐在各国流行起来，并成为世界各国通用的数字。随着人类实践活动的发展，特别是税收和土地丈量等社会活动的发展，计数从简单的数数发展到加减乘除等运算，随着数域的扩展，乃至出现根式的计算等，直到目前，计算的应用领域已经深入到了哲学、逻辑学、语言学和计算机科学等领域。

直观地看，计算一般是指运用事先规定的规则，将一组数值变换为另一（所需的）数值的过程。对某一类问题，如果能找到一组确定的规则，按这组规则，当给出这类问题的任一具体实例后，就可以完全机械地在有限步内求出结果，则说这类问题是可计算的。这种规则就是算法，这类可计算问题也可称为存在算法的问题。这就是直观上的能行可计算或算法可计算的概念。在 20 世纪以前，人们普遍认为，所有的问题类都是有算法的，人们的计算研究就是找出算法来。但是 20 世纪初，人们发现有许多问题已经过长期研究，却仍然找不到算法，于是人们开始怀疑，是否对这些问题来说，根本就不存在算法，即它们是不可计算的。这种不存在性当然需要证明，这时人们才发现，无论对算法还是对可计算性，都没有精确的定义！按前述对计算的直观描述，根本无法做出不存在算法的证明，因为无法说明什么是"完全机械地"，什么是"确定的规则"！

人们针对上述问题进行了探索。哥德尔（Gödel）在 1934 年提出了一般递归函数的概念，并指出：凡算法可计算函数都是一般递归函数，反之亦然。同年，丘奇（Church）证明了他提出的 λ 可定义函数与一般递归函数是等价的，并提出算法可计算函数等同于一般递归函数或 λ 可定义函数，这就是著名的"丘奇论点"。

哥德尔的一般递归函数给出了可计算函数的严格数学定义，但在具体的计算过程中，就某一步运算而言，选用什么初始函数和基本运算仍有不确定性。为消除所有的不确定性，图灵（Turing）从一个全新的角度定义了可计算函数。他全面分析了人的计算过程，把计算归结为最简单、最基本、最确定的操作动作，从而用一种简单的方法来描述那种直观上具有机械性的基本计算程序，使任何机械（能行）的程序都可以归约为这些动作，人们把他提出的这种抽象模型称为"图灵机"。

受图灵机的抽象模型思想的影响，冯·诺依曼提出了存储程序原理，并给出了现代计算机的体系结构，所以现代计算技术的出现是计算理论发展的结果。同样地，现代计算技术的诞生和发展，又大大扩展了计算的应用领域。计算理论的成果已经被广泛应用于计算机科学的各个领域，如算法设计与分析、计算机体系结构、数据结构、编译方法与技术、程序设计语言语义分析等。

1.1.1 递归函数

解决某一类问题的计算方法又称算法。20 世纪 30 年代，为了讨论是否对于每个问题都有求解它的算法，数理逻辑学家提出了算法的几种不同定义。哥德尔和克林提出了递归函数的概念，丘奇提出 λ 转换演算，图灵和波斯特各自独立地提出了抽象计算机的概念，后人把图灵提出的抽象计算机称为图灵机，并且证明了这些数学模型的计算能力是一样的，也就是说它们是等价的。著名的丘奇–图灵论题也是丘奇和图灵在这一时期各自独立提出的。后来，人们又提出许多等价的数学模型，如马尔可夫于 40 年代提出的正规算法，后人称之为马尔可夫算法；60 年代前期提出的随机存取机器模型，简称 RAM。50 年代末至 60 年代初，胡世华和麦克阿瑟等人各自独立地提出了定义在字符串上的递归函数。

递归函数是用数理逻辑的方法定义自然数集上的可计算函数。如果自然数的一个 n 元集的特征函数是递归函数，就称这个集合为递归集。一个递归函数的值域，称为递归可枚举集。递归集就是算法可判定的集合。递归集都是递归可枚举的，但是存在不是递归集的递归可枚举的集合。递归论的研究使人们把一些长期未解决的问题化为非递归的递归可枚举集，从而严格证明了不存在判定这些问题的算法，这些问题称为不可判定的。递归论进一步研究不可判定性，也就是非递归的递归可枚举集之间的复杂程度的问题。对可计算的递归集，也可以研究其计算的复杂性，考虑图灵机上计算的时间和空间，就得到计算时间的长短和计算所占空间的多少这两个复杂性。计算复杂性的研究对计算机科学的发展有很大影响和作用。下面给出递归论中的一些基本知识。

处处有定义的函数叫作全函数，未必处处有定义的函数叫作半函数或部分函数。最简单、最基本的函数有三个，即

① 零函数，$O(x) = 0$，其值永为 0；

② 投影函数，$P_n^m(x_1, \cdots, x_m) = x_n (1 \leqslant n \leqslant m)$；

③ 后继函数，$\mathrm{Suc}(x) = x+1$。

这三个函数被称为本原函数。要想由已有函数构造出新函数，必须使用各种各样的算子及叠置。叠置又名复合或代入，它是最简单、最重要的构造新函数的方法。其一般形式是：由一个 m 元函数 f 与 m 个 n 元函数 $g_1, g_2, \cdots, g_m$ 而构造出新函数 $f(g_1(x_1, \cdots, x_n), g_2(x_1, \cdots, x_n), \cdots, g_m(x_1, \cdots, x_n))$，记为 $f(g_1, \cdots, g_m)(x_1, \cdots, x_n)$。最常见的构造新函数的算子是原

始递归式：

$$f(u_1,\cdots,u_n,0)=g_1(u_1,\cdots,u_n)$$

$$f(u_1,\cdots,u_n,\mathrm{Suc}(n))=g_2(u_1,\cdots,u_n,x,f(u_1,\cdots,u_n,x))$$

虽然不能由 g_1 和 g_2 两个函数直接计算新函数的一般值 $f(u,x)$，只能依次计算 $f(u,0)$，$f(u,1)$，$f(u,2)$，$\cdots$，但只要依次计算，必能把任何一个 $f(u,x)$ 值都算出来。这就是说，只要 g_1、g_2 为全函数且可计算，则新函数 f 也是全函数且可计算。

原始递归函数是由本原函数出发，经过有限次的叠置与原始递归式而生成的函数。由于本原函数是全函数且可计算，故原始递归函数也是全函数且可计算。原始递归函数所涉及的范围很广，在数论中所使用的数论函数全是原始递归函数。阿克曼却证明了一个不是原始递归的可计算的全函数，表述为如下定义的函数：

$$f(0,n)=n+1$$

$$f(\mathrm{Suc}(m),0)=f(m,1)$$

$$f(\mathrm{Suc}(m),S(n))=g(m,g(\mathrm{Suc}(m),n))$$

这个函数是处处可以计算的。任给 m、n 值，如果 m 为 0，可由第一式算出；如果 m 不为 0 但 n 为 0，可由第二式化归为求 $g(m,1)$ 的值，这时第一变量减少了，如果 m、n 均不为 0，根据第三式可先计算 $g(m,n-1)$，设为 A；再计算 $g(m-1,A)$，$g(m,n-1)$ 的第二变量减少而第一变量不变，$g(m-1,A)$ 则第一变量减少。这样一步一步地化归，最后必然化归到第一变量为 0，从而可用第一式计算。此外，对任意一个一元原始递归函数 $f(x)$，都可找出一数 a 使 $f(x)<g(a,x)$。这样，$g(x,x)+1$ 便不是原始递归函数，否则将可找出一数 b 使得 $g(x,x)+1<g(b,x)$。令 $x=b$，即得 $g(b,b)+1<g(b,b)$，而这是不可能的。

有序递归式或半递归式是原始递归式的推广，它与原始递归式的不同点，在于它不是把 $f(u,\mathrm{Suc}(x))$ 的计算化归于 $f(u,x,f(u,x,x))$ 的计算，而是先化归于 $f(u,g(u,\mathrm{Suc}(x)))$ 的计算，然后化归于 $f(u,g(u,g(u,\mathrm{Suc}(x)))$ 的计算，$g(u,g(u,\mathrm{Suc}(x))$ 记为 $g_u^2(\mathrm{Suc}(x))$；再化归于 $f(u,g_u^3(\mathrm{Suc}(x)))$ 的计算，等等。如果有一个 m 使得 $g_u^m(\mathrm{Suc}(x))=0$，即函数 g_u 在 $\mathrm{Suc}(x)$ 处为 0，那么最后化归为 $f(u,g_u^m(\mathrm{Suc}(x)))=f(u,0)=A(u)$，依次逐步倒退便可以计算 $f(u,x)$ 了。如果任何 m 均使得 $g_u^m(\mathrm{Suc}(x))\neq0$，即函数 g_u 在 $\mathrm{Suc}(x)$ 处不为 0，将导致永远化归下去而得不到结果，这样，不但不能计算 $f(u,\mathrm{Suc}(x))$，而且它本身根本没有定义。由此可见，即使 g_1、g_2 与 g 是处处有定义且可计算的，而由半递归式所定义的函数未必是全函数，也可能是半函数。但只要有定义的地方，即 g_u 为 0 的地方，就必能计算。

$$f(u,0)=g_1(u)$$

$$f(u,\mathrm{Suc}(x))=g_2(u,x,f(u,g(u,\mathrm{Suc}(x))))$$

递归半函数和递归全函数是由本原函数出发经过有限次的叠置与半递归式构成的函数，也叫作半递归函数或部分递归函数。这里所提到的"半""部分"不是限制"递归"而是限制"函数"的。如果做出的函数是全函数，即其中的 g_u 是处处为 0 的，叫作递归全函数，也叫作一般递归函数。递归半函数的特点是，它可能没有定义从而没有值，但只要有值，必然可以计算。一般递归函数的特点是，它必处处有定义而且处处可以计算。当递归半函数没有定义时，一般是不知道的。这样，即使把 $f(u,S(x))$ 化归于 $f(u,g_u,\mathrm{Suc}(x))$，再化归于 $f(u,g_u^2(\mathrm{Suc}(x)))$，$\cdots\cdots$，如此永远计算下去，也终究得不到其值，并且始终不知道它没有值。

另一个构造新函数的方法是构造逆函数，例如由加法实现减法，由乘法实现除法等。设已有函数 $f(u,x)$（u 可以是 $u_1,\cdots,u_n$），就 x 解方程 $f(u,x)=t$ 可得 $x=g(u,t)$，这时函数 g 叫作 f 的逆函数，记为 $g(u,t)=f^{-1}(t)$。至于解一般的方程 $f(u,t,x)=0$ 而得 $x=g(u,t)$，可以看作求逆函数，即三元函数 f 的逆的推广，解方程可以看作使用求根算子，又叫作摹状算子。可摹状函数是由本原函数出发，经过有限次叠置原始递归式与摹状式而构成的函数。可摹状函数一般是部分函数，当摹状算子处处有定义时，它才是全函数。但不管是不是全函数，凡可摹状函数有定义的地方都是可计算的。已经证明，可摹状函数与递归半函数是相同的，可摹状的全函数与一般递归函数也是相同的。凡可摹状函数都可以构造一个图灵机来计算它，使得当函数有定义时，相应的图灵机器必能终止计算，并给出其值；当函数没有定义时，相应的机器或者停止并给出没有定义的信号，或者永不停止。由于递归函数可以与其性质这样不同的函数类相等价，因此丘奇和图灵同时提出：可计算函数类恰好是递归函数，可计算的半、全函数分别是递归半、全函数。

1.1.2 λ 演算

λ 演算是一套用于研究函数定义、函数应用和递归的形式系统。它由丘奇和克林（Kleene）在 20 世纪 30 年代引入，可以用来清晰地定义什么是可计算函数。

1. 基本概念

λ 演算可以被称为最小的通用程序设计语言，它包括一条变换规则（变量替换）和一条函数定义方式。λ 演算之通用在于，任何一个可计算函数都能用这种形式来表达和求值。因而，它等价于图灵机。尽管如此，λ 演算强调的是变换规则的应用，而非实现它们的具体机器。可以认为这是一种更接近软件而非硬件的方式。它也是一个数理逻辑形式系统，使用变量代入和置换来研究基于函数定义和应用的计算。希腊字母 λ 被用来在 λ 演算模型中表示将一个变量绑定在一个函数中。

λ 演算可以是有类型的，也可以是无类型的，仅仅当输入的数据类型对于有类型的 λ 演算函数来说是可以接受的时，有类型的 λ 演算函数才能被使用。λ 演算模型在数学、物理学、语言学和计算机科学等不同领域有着广泛的应用。它在编程语言的理论发展上起到了很重要的作用，并对函数式编程起到了很大的影响，甚至可以说函数式编程就是对 λ 演算模型的一种实现。同时，它也是范畴论的当前研究对象之一。

λ 演算模型最初的形式系统在 1935 年被丘奇和罗瑟（Rosser）提出的悖论证明是前后矛盾的。此后，丘奇在 1936 年给出了 λ 演算模型中的和纯计算有关的部分，这就是如今被称为的无类型 λ 演算。他在 1940 年又提出了一个弱化计算，但是逻辑自洽的形式系统，如今被称为简单类型 λ 演算。

在 20 世纪 60 年代之前，λ 演算和编程语言之间的关系还没有被搞清楚，该模型仅仅是一个理论上的形式系统。后来，语言学家们用它来描述自然语言的语义，才使得 λ 演算在语言学和计算机科学的研究中占有一席之地。

2. 非形式化描述

在 λ 演算中，每个表达式都代表一个只有单独参数的函数，这个函数的参数本身也是一个只有单一参数的函数，同时，函数的值又是一个只有单一参数的函数。函数是通过 λ 表达式匿名地定义的，这个表达式说明了此函数将对其参数进行什么操作。例如，"加 2"函数 $f(x)=x+2$ 可以用 λ 演算表示为 $\lambda x.\,x+2$。$\lambda y.\,y+2$ 也是一样的，参数的取名无关紧要，而 $f(3)$ 的值可以写作 $(\lambda x.\,x+2)\,3$。

函数的应用（application）是左结合的：$f\,x\,y=(f\,x)\,y$。例如，表达式 $(\lambda x.\,x\,3)(\lambda x.\,x+2)$ 和 $(\lambda x.\,x+2)\,3$ 与 $3+2$ 是等价的。

有两个参数的函数可以通过 λ 演算如下表达：一个单一参数的函数的返回值又是另一个单一参数的函数。例如，函数 $f(x,y)=x-y$ 可以写作 $\lambda x.\,\lambda y.\,x-y$。下述三个表达式也是等价的：$(\lambda x.\,\lambda y.\,x-y)\,7\,2$、$(\lambda y.\,7-y)\,2$ 与 $7-2$。

1.1.3 图灵机

图灵机是由数学家图灵提出的一种抽象计算模型，即将人们使用纸笔进行数学运算的过程进行抽象，由一个虚拟的机器替代人们进行数学运算。如图 1-1 所示，图灵机有一条无限长的纸带，纸带分成了一个一个的小方格，每个方格有不同的颜色。有一个机器头在纸带上移来移去。机器头有一组内部状态，还有一些固定的程序。在每个时刻，机器头都要从当前纸带上读入一个方格信息，然后结合自己的内部状态查找程序表，根据程序输出信息到纸带方格上，并转换自己的内部状态，然后进行移动。

图灵的基本思想是用机器来模拟人们用纸笔进行数学运算的过程，他把这样的过程看作下列两种简单的动作：

① 在纸上写上或擦除某个符号；

② 把注意力从纸的一个位置移动到另一个位置。

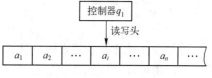

图 1-1 图灵机示意图

而在每个阶段，决定下一步的动作的因素包含如下两个方面：

① 当前所关注的纸上某个位置的符号；

② 当前思维的状态。

为了模拟人的这种运算过程，图灵构造出一台假想的机器，该机器由以下四个部分组成：

① 一条无限长的纸带。纸带被划分为一个接一个的小格子，每个格子上包含一个来自有限字母表的符号，字母表中有一个特殊的符号表示空白。纸带上的格子从左到右依此被编号为 0，1，2，…，纸带的右端可以无限伸展。

② 一个读写头。该读写头可以在纸带上左右移动，它能读出当前所指的格子上的符号，并能改变当前格子上的符号。

③ 一套控制规则。它根据当前机器所处的状态及当前读写头所指的格子上的符号来确定读写头下一步的动作，并改变状态寄存器的值，令机器进入一个新的状态。

④ 一个状态寄存器。它用来保存图灵机当前所处的状态。图灵机的所有可能状态的数目是有限的，并且有一个特殊的状态，称为停机状态。

这个机器有一个潜在的无限长的纸带，因此这种机器只是一个理想的设备。图灵认为这样的一台机器能模拟人类所能进行的任何计算过程。

图灵机可以有很多的变形模型，这些变形模型接受语言或计算函数的能力同基本模型是等价的，然而用它们对某些语言进行识别，或对某些函数进行计算，可能比原型图灵机更方便。例如：

① 双向无限带图灵机：读写向左右两个方向无限延伸。

② 多带图灵机：有 $k(k>1)$ 条读写带和 k 个读写头，每条读写带向两个方向无限延伸，并且带上都有一个读写头与有限状态控制器相连接。

③ 不确定的图灵机：一种状态下读到一个字符，产生的动作可能有多种。

已经证明，存在一个图灵机 U，它可以模拟任何其他的图灵机 T，这样的 U 称为通用图灵机。U 的带子上记录着被模拟机器 T 的指令描述，也记录着 T 的问题数据。在工作过程中，U 根据输入带上记录的 T 的指令模拟 T 的动作、处理问题的数据。这样，U 可以模拟任何计算过程。

就图灵机是现代电子计算机的理论模型而言，通用图灵机的概念有着非常重要的意义。如果没有通用图灵机的概念，一个图灵机只能实现一种特定的计算，不同的计算功能用不同的图灵机来实现，然后把不同功能的图灵机转化成不同功能的电子计算机。这样，当要解决一个包含多种计算的复杂问题时，就要根据计算流程不断更换电子计算机。电子计算机高速运算的优点就会被这种频繁更换设备的做法抵消。也就是说，现代电子计算机的总体设计思路是从通用图灵机的概念衍生出来的，而程序设计的概念则是由实现具体计算的图灵机衍生出来的。

1.2　计算的发展

随着现在计算技术的发展，计算已经是无处不在。例如，图像处理、语音处理、文字处理等，都离不开计算，也就是说，计算的外延得到了很大的扩展。

1.2.1　字符编码

所有的信息最终都表示为一个二进制的字符串，每一个二进制位（bit）有 0 和 1 两种状态。当把字符 A 存入计算机时，应该对应哪种状态呢？存储时，可以用二进制字符串 01000010 表示字符 A 存入计算机；读取时，再将 01000010 还原成字符 A。那么存储时，字符 A 应该对应哪一串二进制数呢？是 01000010，还是 1000000011110101？这就需要一个规则，这个规则可以将字符映射到唯一一种状态（二进制字符串），这就是编码，最早出现的编码就是 ASCII 编码。在 ASCII 编码中，字符 A 既不对应 01000010，也不对应 10000000 11110101，而是对应 01000001。常见的字符集有：ASCII 字符集，GB2312 字符集，BIG5 字符集，GB18030 字符集，Unicode 字符集。

字符：各种文字和符号的总称，包括各个国家的文字、标点符号、图形符号、数字等。

字符集：字符集是多个符号的集合，每个字符集包含的字符个数不同。

字符编码：字符编码就是把字符集中的字符编码为二进制数，以便于在计算机中存储。字符集只是规定了有哪些字符，而最终决定采用哪些字符，每一个字符用多少字节表示等问题，则是由编码来决定的。

1. ASCII 字符集

ASCII 字符集即美国信息互换标准代码，是基于罗马字母表的一套计算机编码系统，主要显示英语和一些西欧语言，是现今最通用的单字节编码系统。

包含内容：控制字符（回车键、退格、换行键等）、可显示字符（英文大小写、阿拉伯数字、西文符号）、扩展字符集（表格符号、计算符号、希腊字母、拉丁符号）。

编码方式：第 0~31 号及 127 号是控制字符或通信专用字符；第 32~126 号是字符，其中 48~57 号为 0~9 十个阿拉伯数字，65~90 号为 26 个大写英文字母，97~122 号为 26 个英文小写字母，其余为一些标点符号，运算符号等。

在计算机存储单元中，一个 ASCII 码值占一个字节（8 个二进制位），最高位用作奇偶校验位。所谓奇偶校验是指在代码传送的过程中，用来校验是否出错的一种方法。奇偶校验分为奇校验和偶校验。奇校验规定：正确的代码一个字节中 1 的个数必须是奇数，若非奇数，则在最高位添 1；偶校验规定：正确的代码一个字节中 1 的个数必须是偶数，若非偶数，则在最高位添 1。

2. GB2312 字符集

GB2312 字符集即信息交换用汉字编码字符集，是中国国家标准的简体中文字符集，它所收录的汉字已经覆盖 99.75% 的使用频率，在中国大陆和新加坡广泛使用。

包含内容：GB2312 收录了简化汉字及一般字符、序号、数字、拉丁字母、日文假名、希腊字母、俄文字母、汉语拼音符号、汉语注音字母，共 7445 个图形字符。其中包括 6763 个汉字，一级汉字 3755 个，二级汉字 3008 个，682 个非汉字图形字符。

编码方式：GB2312 对所收录汉字进行了"分区"处理，每区含有 94 个汉字或者符号，这种表示方法也叫作"区位码"。

它是用双字节表示的，前面的字节为第一字节，又称"高字节"，后面的为第二字节，"低字节"。

高位字节，把 01~87 区的区号加上 0xA0（相当于数字 160）；低位字节把 01~94 区的区号加上 0xA0（相当于数字 160）。

举个简单的例子：第一个汉字"啊"，它的区号为 16，位号 01，则区位码是 1601；则高字节位为 16+0xA0＝0xB0；低字节位为 01+0xA0＝0xA1，所以"啊"的汉字处理编码为 0xB0A1。

3. BIG5 字符集

BIG5 字符集又称大五码，由中国台湾五家软件公司创立。因为当时中国台湾没有一个标准的字符集，而且 GB 2312 又没有收录繁体字，所以 1984 年才推出了 BIG5。

包含内容：BIG5 字符集共收录了 13 053 个中文字，以及 408 个标点符号或特殊符号，该字符集在台湾使用。但是没有考虑到社会上流通的人名、地方用字、方言用字、化学及生物科学等用字，没有包含日文平假名及片假字母。

编码方式：BIG5 也采用双字节存储方法，一两个字节编码一个字。高位字节的编码范围是 0xA1~0xF9，低位字节的编码范围是 0xA1~0xFE。

4. GBK 字符集

GBK 字符集是 GB2312 字符集的扩展，它收录了 21 886 个符号，分为汉字区和图形符号区，汉字区包括 21 003 个字符，全部兼容 GB 2312—80 标准，支持国际标准 ISO/IEC 10646—1 和国家标准 GB 13000—1 中的全部中日韩汉字，并包含 B1G5 编码中的所有汉字。

5. GB 18030 字符集

GB 18030 字符集标准解决了中文、日文假名、韩语和中国少数民族文字组成的大字符集计算机编码问题。

包含内容：GB18030 于 2000 年初次发布，包含 27 533 个汉字，2005 年的新标准中收入了 70 244 个汉字，包括了中日韩文，以及中国少数民族文字。

编码方式：GB18030 标准采用单字节，双字节和四字节三种方式对字符编码。

单字节部分使用 0x00~0x7F 码（对应于 ASCII 码的相应码）；

双字节部分，首字节码从 0x81~0xFE，尾字节码分别是 0x40~0x7E 和 0x80~0xFE。

四字节部分采用 0x30~0x39 作为双字节编码扩充的后缀，这样扩充的四字节编码，其范围是 0x81308130~0x0xFE39FE39，其中第一，三个字节编码位均为 0x81~0xFE，第二，四个为 0x30~0x39。

6. Unicode 字符集

通用多八位编码字符集（University multiple-object coded character set），支持世界上超过 650 种语言的国际字符。Unicode 允许在同一服务器上混合使用不同语言，它为每种语言的每个字符设定了统一并且唯一的二进制编码，以满足跨平台、跨语言进行文本转换、处理的要求。

编码方式：Unicode 标准始终使用十六进制数字，固定使用 2 个字节来表示一个字符，共可以表示 65 536 个字符。而且书写时在前面加上前缀"U+"，例如，A 的编码是 0041，则书写成"U+0041"。

Unicode 字符集包含的编码方案如下。

UTF-8：UTF8 是 Unicode 其中的一个使用方式。UTF 的意思是：unicode translation format，即 Unicode 转换格式的意思。

UTF-8 使用可变长度字节来存储 Unicode 字符，如 ASCII 字母还是采用 1 个字符来存储，希腊字母等采用 2 个字符来存储，而常用的汉字要使用 3 个字节，辅助平面字符则使用 4 字节。

UTF-16：使用一个或两个未分配的 16 位代码单元的序列对 Unicode 代码点进行编码，即 2 个字节表示一个字符。

UTF-32：将每一个 Unicode 代码点表示为相同值的 32 位整数。

UTF-16 与 UTF-8：如"连通"两个字，在 UTF-16 中为 DE 8F 1A 90，2 个字节决定一个汉字；在 UTF-8 中则为 E8 BF 9E E9 80 9A，即 3 个字节决定一个字符。

当一个软件打开一个文本时，首先要决定这个文本究竟是使用哪种字符集的哪种编码保存的，软件一般采用三种方式来决定文本的字符集和编码：检测文件头标识、提示用户选择、根据一定的规则猜测。不同编码方式的开头字节如下：

EF BB BF	UTF-8
FF FE	UTF-16, little endian
FE FF	UTF-16, big endian
FF FE 00 00	UTF-32, little endian
00 00 FE FF	UTF-32, big endian

注：endian 是指字节序，big endian（大尾）和 little endian（小尾）是 CPU 处理多字节数的不同方式。例如"汉"的 Unicode 编码是 6C49，写到文件中，如果将 6C 写在前面就是 big endian，将 49 写在前面就是 little endian。

从 ASCII、GB2312、GBK 到 GB18030，这些编码方法是向下兼容的，即同一个字符在这些方案中总是有相同的编码，后面的标准支持更多的字符。在这些编码中，英文和中文可以统一处理。区分中文编码的方法是高字节的最高位不为 0。

1.2.2　形式语言及自然语言处理

语言的处理也是计算的一种形式，本节简单介绍形式语言理论及自然语言处理。

1. 形式语言

语言是交流和沟通的工具，分为自然语言和人工语言。自然语言（natural language）是人类讲的语言，如汉语、英语等，这类语言由自然进化产生；人工语言是为特定应用而人为设计的语言，如化学家用的化学式，计算机程序设计语言等。不同的研究者对语言的认识不同，也就给出了不同的定义。《现代汉语词典》中对语言定义为："人类所特有的用来表达意思，交流思想的工具，是一种特殊的社会现象，由语音、词汇和语法构成一定的系统。"乔姆斯基将语言定义为："按照一定规律构成的句子和符号串的有限或无限集合。"也有作者把语言定义为："语言可以被看成一个抽象的数学系统。"

从认知研究的角度，一般将语言分为语法、语义、语用三个方面。语法从词和句的个别和具体的东西中抽象出来，把作为词的变化和用词造句的一般性的规则总结出来，并且以此构成语法规则、语法规律。例如，中文里有重叠词，像"看看""学习学习""讨论讨论"等，这反映了有些动词可以用重叠的方法来表示动作的某一语义类型。又如，"步调一致""前途光明"这些词，它们意思各异，但结构相同，都是名词在前，形容词在后，直接组合，表示被陈述和陈述的关系，加上句调就构成了主谓句。由此可见，语法是抽象出来的公式，舍弃了个别的、具体的内容。一种语言里的词有很多，由这些词组合而成的具体短语和句子更是难以计数，但是它内部的组合规则和格式是很有限的。语法学的任务是描写和解释组成词、短语和句子的规则和格式。用数学方法研究自然语言和人工语言的语法的理论称为形式语言。

形式语言的研究始于 20 世纪初，把形式语言用于模拟自然语言是 20 世纪 50 年代中期的事。当时，许多数理语言学家致力于用数学方法研究自然语言的结构，尤其是 1946 年电子计算机出现以后，人们很快想到用计算机来做自然语言的翻译。可是这项工作在取得初步的成功以后便停滞不前，翻译的质量很难提高，主要是因为当时对自然语言结构的理解太表面化。1956 年，乔姆斯基发表了用形式语言方法研究自然语言的第一篇文章。他对语言的定义方法是：给定一组符号（一般是有限个），称为字母表，以 Σ 表示。又以 Σ^* 表示由 Σ 中字母组成的所有符号串（或称字，也包括空字）的集合。则 Σ^* 的每个子集都是 Σ 上的一个语言。例如，若令 Σ 为 26 个拉丁字母加上空格和标点符号，则每个英语句子都是 Σ^* 中的一个元素，所有合法的英语句子的集合是 Σ^* 的一个子集，它构成一个语言。乔姆斯基的语言定义方法为人们所公认，一直沿用下来。

1961 年发表了 ALGOL 60 报告，第一次使用一种称为巴克斯范式的方法来描述程序设计语言的语法。不久，人们即发现巴克斯范式系统极其类似于形式语言理论中的上下文无关文法。从而打开了形式语言广泛应用于描述程序设计语言的局面，使它发展成为计算理论的一个重要分支。

把计算机高级语言翻译成低级语言或者机器语言的程序称为编译程序，编译程序的设计原理是以形式语言理论为基础的，这也是形式语言理论在计算技术中的一个直接应用的例子。

语义是语言形式所表达的内容，是客观事物现象在人们头脑中的反映，这种认识用语言形式表现出来，就是语义。因此语义与客观世界有着密切的联系。语义学是研究语言单位的意义，尤其是词和句子的意义的学科。具体的有结构主义语义学、形式语义学和生成语义学。

结构主义语义学是从 20 世纪上半叶以美国为主的结构主义语言学发展而来的，研究的内容主要在于词汇的意义和结构，比如说义素分析，语义场，词义之间的结构关系等等。这样的语义学研究也可以称为词汇语义学，词和词之间的各种关系是词汇语义学研究的一个方面。例如，同义词、反义词、同音词等，找出词语之间的细微差别。

形式语义学是指用数学方法精确刻画计算机语言的语义，尤其指用形式系统严格定义出的语言的语义。20 世纪 60 年代初，在程序设计语言 ALGOL 60 的设计中，第一次明确区分了语言的语法和语义，围绕 ALGOL 60 的语义问题出现了形式语义学早期的研究高潮。20 世纪 70 年代，形式语义学取得重大进展，指称语义、代数语义等理论和方法对程序设计理论有深刻的影响。操作语义、公理语义等研究也开创了新的局面。形式语义学是软件工程学的基础理论之一，语言的形式语法和形式语义已成为程序设计语言的必要组成部分。在形式语义学基础上，形式规范、程序变换、编译自动化等研究都取得了丰硕的成果。

生成语义学是 20 世纪六七十年代流行于生成语言学的一个语义学分支，是介于结构主义语言学和形式语义学之间的一种理论。生成语义学借鉴了结构语义学对义素的分析方法，比照生成音系学的音位区别特征理论，主张语言最深层的结构是义素，通过句法变化和词汇化的各种手段而得到表层的句子形式。

除了语法和语义外，还有一个重要的领域，就是语用学。语用学是专门研究语言的理解和使用的学问，它研究在特定情景中的特定话语，研究如何通过语境来理解和使用语言。语用学因其本身的目的性和价值性而不同于语法研究，它是关于人类语言本身的研究。在语言的使用中，说话人往往并不是单纯地要表达语言成分和符号单位的静态意义，听话人通常要通过一系列心理推断，去理解说话人的实际意图。要做到真正理解和恰当使用一门语言，仅仅懂得构成这门语言的发音、词汇和语法是远远不够的。

2. 自然语言处理

自然语言处理是计算机科学领域与人工智能领域中的一个重要方向。它研究能实现人与计算机之间用自然语言进行有效通信的各种理论和方法。自然语言处理是一门融语言学、计算机科学、数学于一体的科学。因此，这一领域的研究将涉及自然语言，即人们日常使用的语言，所以它与语言学的研究有着密切的联系，但又有重要的区别。自然语言处理并不是一般地研究自然语言，而在于研制能有效地实现自然语言通信的计算机系统，特别是其中的软件系统。因而它是计算机科学的一部分。

实现人机间自然语言通信意味着要使计算机既能理解自然语言文本的意义，又能以自然语言文本来表达给定的意图、思想等。前者称为自然语言理解，后者称为自然语言生成。因此，自然语言处理大体包括了自然语言理解和自然语言生成两个部分。历史上对自然语言理解研究得较多，而对自然语言生成研究得较少。但这种状况已有所改变。

　　无论实现自然语言理解，还是自然语言生成，都远不如人们原来想象的那么简单，而是十分困难的。从现有的理论和技术现状看，通用的、高质量的自然语言处理系统，仍然是长期的努力目标，但是针对一定应用，具有相当自然语言处理能力的实用系统已经出现，有些已商品化，甚至开始产业化。典型的例子有：多语种数据库和专家系统的自然语言接口、各种机器翻译系统、全文信息检索系统、自动文摘系统等。

　　自然语言处理，即实现人机间自然语言通信，或实现自然语言理解和自然语言生成是十分困难的。造成困难的根本原因是自然语言文本和对话的各个层次上广泛存在的各种各样的歧义性或多义性（ambiguity）。

1.2.3　数字图像处理与计算机视觉

　　数字图像处理（digital image processing）又称为计算机图像处理，它是指将图像信号转换成数字信号并利用计算机对其进行处理的过程。

　　数字图像处理最早出现于 20 世纪 50 年代，当时的电子计算机已经发展到一定水平，人们开始利用计算机来处理图形和图像信息。数字图像处理作为一门学科大约形成于 20 世纪 60 年代初期。早期的图像处理的目的是改善图像的质量，它以人为对象，以改善人的视觉效果为目的。图像处理中，输入的是质量低的图像，输出的是改善质量后的图像，常用的图像处理方法有图像增强、复原、编码、压缩等。首次获得实际成功应用的是美国喷气推进实验室（JPL）。他们对航天探测器徘徊者 7 号在 1964 年发回的几千张月球照片使用了图像处理技术，如几何校正、灰度变换、去除噪声等方法进行处理，并考虑了太阳位置和月球环境的影响，由计算机成功地绘制出月球表面地图，获得了巨大的成功。随后又对探测飞船发回的近十万张照片进行更为复杂的图像处理，获得了月球的地形图、彩色图及全景镶嵌图，取得了重要的成果，为人类登月创举奠定了坚实的基础，也推动了数字图像处理这门学科的诞生。在以后的宇航空间技术，如对火星、土星等星球的探测研究中，数字图像处理技术都发挥了巨大的作用。

　　数字图像处理取得的另一个巨大成就是在医学上获得的成果。1972 年英国 EMI 公司工程师汉斯菲尔德（Housfield）发明了用于头颅诊断的 X 射线计算机断层摄影装置，也就是通常所说的 CT（computer tomograph）。CT 的基本方法是根据人的头部截面的投影，经计算机处理来重建截面图像，这被称为图像重建。

　　1975 年 EMI 公司又成功研制出全身用的 CT 装置，获得了人体各个部位鲜明清晰的断层图像。1979 年，这项无损伤诊断技术获得了诺贝尔奖，说明它对人类做出了划时代的贡献。与此同时，图像处理技术在许多应用领域受到广泛重视并取得了重大的开拓性成就，属于这些领域的有航空航天、生物医学工程、工业检测、机器人视觉、公安司法、军事制导、文化艺术等，使图像处理成为一门引人注目、前景远大的新兴学科。从 20 世纪 70 年代中期开始，随着计算机技术和人工智能、思维科学研究的迅速发展，数字图像处理向更高、更深层次发展。人们已开始研究如何用计算机系统解释图像，实现类似人类视觉系统理解外部世界，这被称为图像理解或计算机视觉。很多国家，特别是发达国家在这项研究投入更多的人力、物力，取得了不少重要的研究成果。其中代表性的成果是 20 世纪 70 年代末 MIT 的 Marr 提出的视觉计算理论，这个理论成为计算机视觉领域其后十多年的主导思想。图像理解虽然在理论方法研究上已取得不小的进展，但它本身是一个比较难的研究领域，存在不少困难，因人类本身对自己的视觉过程还了解甚少，因此计算机视觉是一个有待进一步探索的新领域。

　　数字图像处理在国民经济的许多领域已经得到广泛的应用。农林部门通过遥感图像了解植物生长情况，进行估产，监视病虫害发展及治理。水利部门通过遥感图像分析，获取水害灾情的变化。气象部门用来分析气象云图，提高预报的准确程度。国防及测绘部门，使用航测或卫星获得地域地貌及地面设施等资料。机械部门可以使用图像处理技术，自动进行金相图分析识别。医疗部门采用各种数字图像技术对各种疾病进行自动诊断。

　　数字图像处理在通信领域有特殊的用途及应用前景。传真通信、可视电话、会议电视、多媒体通信，以及宽带综合业务数字网（BISDN）和高清晰度电视（HDTV）都采用了数字图像处理技术。

　　图像处理技术的应用与推广，使得为机器人配备视觉的科学预想转为现实。计算机视觉就是用各种成像系统代替视觉器官作为输入敏感手段，由计算机来代替大脑完成处理和解释。计算机视觉的最终研究目标就是使计算机能像人那样通过视觉观察和理解世界，具有自主适应环境的能力。这是要经过长期的努力才能达到的目标。因此，在实现最终目标以前，人们努力的中期目标是建立一种视觉系统，这个系统能依据视觉敏感和反馈的某种程度的智能完成一定的任务。例如，计算机视觉的一个重要应用领域就是自主车辆的视觉导航，目前还没有条件实现像人那样能识别和理解任何环境，完成自主导航的系统。因此，人们努力的研究目标是实现在高速公路上具有道路跟踪能力，可避免与前方车辆碰撞的视觉辅助驾驶系统。这里要指出的一点是在计算机视觉系统中，计算机起代替人脑的作用，但并不意味着计算机必须按人类视觉的方法完成视觉信息的处理。计算机视觉可以而且应该根据计算机系统的特点来进行视觉信息的处理。但是，人类视觉系统是迄今为止，人们所知道的功能最强大和完善的视觉系统。对人类视觉处理机制的研究将给计算机视觉的研究提供启发和指导。因此，用计算机信息处理的方法研究人类视觉的机理，建立人类视觉的计算理论，也是一个非常重要的研究领域，被称为计算视觉（computational vision）。

1.2.4　语音信号处理

　　语音信号处理（speech signal processing）用以研究语音发声过程、语音信号的统计特性、语音的自动识别、机器合成以及语音感知等各种处理技术的总称。它是一门以生理、心理、语言以及声学等基本实验为基础，以信息论、控制论、系统论的理论做指导，通过应用信号处理、统计分析、模式识别等现代技术手段的多学科的综合技术。

　　语音信号处理的研究起源于对发音器官的模拟。1939 年美国杜德莱（Dudley）展出了一个简单的发音过程模拟系统，以后发展为声道的数字模型。利用该模型可以对语音信号进行各种频谱及参数的分析，进行通信编码或数据压缩的研究，同时也可根据分析获得的频谱特征或参数变化规律，合成语音信号，实现机器的语音合成。常用的语音信号参数有：共振峰幅度、频率与带宽、音调和噪声、噪声的判别等。后来又提出了线性预测系数、声道反射系数和倒谱参数等参数。这些参数仅仅反映了发音过程中的一些平均特性，而实际语言的发音变化相当迅速，需要用非平稳随机过程来描述，因此，20 世纪 80 年代之后，研究语音信号非平稳参数分析方法迅速发展，人们提出了一整套快速的算法，还有利用优化规律实现以合成信号统计分析参数的新算法，取得了很好的效果。

由于现代的语音处理技术都以数字计算为基础，并借助微处理器、信号处理器或通用计算机加以实现，因此也称数字语音信号处理。高速信号处理器的迅速发展，神经网络模拟芯片的研究成功，为实现实时语音处理系统创造了物质条件，使大批语音处理技术实际应用于生产、国防等许多部门。当前，语音信号处理在语音识别、语音合成和语音理解方面都取得了很好的成果。

语音识别（speech recognition）是利用计算机自动对语音信号的音素、音节或词进行识别的技术总称，它是实现语音自动控制的基础。语音识别起源于 20 世纪 50 年代的"口授打字机"梦想，人们在掌握了元音的共振峰变迁问题和辅音的声学特性之后，相信从语音到文字的过程是可以用机器实现的，即可以把普通的读音转换成书写的文字。数字技术和集成电路技术的发展才使得语音识别进入实际应用，现在已经取得了许多实用的成果。语音识别一般要经过以下几个步骤：

① 语音预处理，包括对语音的幅度标称化、频响校正、分帧、加窗和始末端点检测等内容。

② 语音声学参数分析，包括对语音共振峰频率、幅度等参数，以及对语音的线性预测参数、倒谱参数等的分析。

③ 参数标称化，主要是时间轴上的标称化，常用的方法有动态时间规整（DTW），或动态规划方法（DP）。

④ 模式匹配，可以采用距离准则或概率规则，也可以采用句法分类等。

⑤ 识别判决，通过最后的判别函数给出识别的结果。

语音识别涉及的技术有隐马尔可夫模型、基于动态时间规整（DTW）的语音识别、神经网络、深度前馈和递归神经网和端到端自动语音识别技术等。

语音合成（speech synthesis）是指由人工通过一定的机器设备产生出语音。语音合成是人机语音通信的一个重要组成部分。语音合成研究的目的是制造一种会说话的机器，它解决的是如何让机器像人那样说话的问题，使一些以其他方式表示或存储的信息能转换为语音，让人们能通过听觉方便地获得这些信息。语音合成从技术方式讲可分为波形编辑合成、参数分析合成以及规则合成等三种。

波形编辑合成方式以语句、短语、词或音节为合成单元，这些单元被分别录音后直接进行数字编码，经适当的数据压缩，组成一个合成语音库。重放时，根据待输出的信息，在语料库中取出相应单元的波形数据，串接或编辑在一起，经解码还原出语音。这种合成方式，也叫录音编辑合成，合成单元越大，合成的自然度越好，系统结构简单，价格低廉，但合成语音的数码率较大，存储量也大，因而合成词汇量有限。

参数分析合成方式多以音节、半音节或音素为合成单元。首先，按照语音理论，对所有合成单元的语音进行分析，提取有关语音参数，这些参数经编码后组成一个合成语音库；输出时，根据待合成的语音的信息，从语音库中取出相应的合成参数，经编辑和连接，顺序送入语音合成器。在合成器中，通过合成参数的控制，将语音波形重新还原出来。

规则合成方式通过语音学规则来产生目标语音。规则合成系统存储的是较小的语音单位（如音素、双音素、半音节或音节）的声学参数，以及由音素组成音节、再由音节组成词或句子的各种规则。当输入字母符号时，合成系统利用规则自动地将它们转换成连续的语音波形。由于语音中存在协同发音效应，单独存在的元音和辅音与连续发音中的元音和辅音不同，所以，合成规则是在分析每一语音单元出现在不同环境中的协同发音效应后，归纳其规律而制定的如共振峰频率规则、时长规则、声调和语调规则等。由于语句中的轻重音，还要归纳出语音减缩规则。

现在大量研究和实用的是文语转换系统（text-to-speech system，TTS system），它是一种以文字串为输入的语音合成系统。其输入的是通常的文本字串，系统中的文本分析器首先根据发音字典，将输入的文字串分解为带有属性标记的词及其读音符号，再根据语义规则和语音规则，为每一个词、每一个音节确定重音等级和语句结构及语调，以及各种停顿等。这样文字串就转变为符号代码串。根据前面分析的结果，生成目标语音的韵律特征，采用前面介绍的合成技术的一种或几种的结合，合成出输出语音。

语音理解（speech understanding）利用知识表达和组织等人工智能技术进行语句自动识别和语义理解。同语音识别的主要不同点是对语法和语义知识的充分利用程度。

语音理解起源于美国，1971年，美国远景研究计划局（ARPA）资助了一个庞大的研究项目，该项目要达到的目标称为语音理解系统。由于人对语音有广泛的知识，可以对要说的话有一定的预见性，所以人对语音具有感知和分析能力。依靠人对语言和谈论的内容所具有的广泛知识提高计算机理解语言的能力，是语音理解研究的核心。

利用理解能力，可以使系统提高性能：

① 能排除噪声和嘈杂声；

② 能理解上下文的意思并能用它来纠正错误，澄清不确定的语义；

③ 能够处理不合语法或不完整的语句。

因此，研究语音理解的目的，可以说与其研究系统仔细地去识别每一个单词，倒不如去研究系统能抓住说话的要旨更为有效。

一个语音理解系统除了包括原语音识别所要求的部分之外，还须增加知识处理部分。知识处理包括知识的自动收集、知识库的形成，知识的推理与检验等。当然还希望能有自动地进行知识修正的能力。因此语音理解可以认为是信号处理与知识处理结合的产物。语音知识包括音位知识、音变知识、韵律知识、词法知识、句法知识、语义知识及语用知识。这些知识涉及实验语音学、汉语语法、自然语言理解及知识搜索等许多交叉学科。

语音理解系统 HEARSAY 利用一种公用"黑板"作为知识库，环绕此黑板的是一系列专家系统，分别提取及搜索有关音位、音变等各种知识。语音理解系统 HARPY 用语言的有限状态模型，通过唯一的一个统一的网络把彼此分离的各种知识源集中起来，这个统一的网络，称为知识编译器。不同理解系统在利用知识的策略或组织方面各有不同的特点。

完善的语音理解系统是人们所追求的研究理想，但这并非短期内能够完全解决的研究课题。然而面向确定任务的语音理解系统，例如只涉及有限的词汇量，有一般比较通用的说话句型的语音理解系统，以及可供一定范围的工作人员使用的语音理解系统，是可以实现的。因此，它对某些自动化应用领域已有实用价值，例如飞机票预售系统、银行业务、旅馆业务的登记及询问系统等。

从以上的介绍可以看出，利用语音信号处理技术可以实现对语音的自动识别，进而对发音人进行自动辨识。如果与人工智能技术结合，还可以实现各种语句的自动识别以至语言的自动理解，从而实现人机语音交互应答系统，真正赋予计算机以听觉的功能。所以，语音信号处理技术的研究具有重要的意义，并朝着实用化方向发展。在金融行业，开始利用说话人识别和语音识别实现根据用户语音自动存款、取款的业务。在仪器仪表和自动化生产中，利用语音合成读出测量数据和发出故障警告。随着语音处理技术的发展，会在更多行业中得到应用。

但有些环境中噪声很强，人们发现许多算法的抗环境干扰能力较差。例如，高性能战斗机、直升机环境和战场指挥所等。因此，在噪声环境下保持语音信号处理能力成为一个重要课题，这促进了语音增强的研究，一些具有抗干扰性的算法相继出现。在这样的环境中使用的语音识别装置都有克服强干扰影响语音降质的噪声消除装置、说话人识别与说话人证实以及各种先进空中交通控制用的交互式语音识别/合成接口，等等，它们都是现代指挥自动化的重要组成部分。

1.3 计算的本质

计算一般是指运用事先规定的规则，将一组数值变换为另一数值的过程。所以，计算可以把一个符号串 s_1 变换成另一个符号串 s_2。例如，从符号串 1+2 变换成 3 就是一个加法计算；定理证明也是如此，令 f 表示一组公理和推导规则，令 g 是一个定理，那么从 f 到 g 的一系列变换就是定理 g 的证明。从这个角度看，文字翻译也是计算，如 f 代表一个英文句子，而 g 为含意相同的中文句子，那么从 f 到 g 就是把英文翻译成中文的过程。

为了实施转换，首先需要给出研究对象的一种合适的表达方式，这就是所谓的抽象。在给出了抽象之后，就要给出基于该抽象表示的一种可机械执行的过程，通过该过程就可以自动完成数据的转化。所以计算的本质就是抽象和自动化。

抽象：对求解问题完全用符号来表示，是对问题的表达和推演。

自动化：自动化是机械地一步一步执行，并用具体的形式体现计算和结果，其前提和基础是抽象。

就 C 语言而言，抽象就是用变量、函数、数组等对需要解决的实际问题进行概括描述，抽象的过程实际上就是对实际问题确立模型的过程，自动化则是利用符合某种语言的语法规则编写的语句，按照顺序自动执行语句并进行自动转换。

例如，最大公约数函数 $gd(x,y)=$ "x 和 y 的最大公约数" 有可以机械地实现的过程，这个过程就是辗转相除算法，可对任意自然数 x、y，能求出 $gd(x,y)$。

以下用 R1、R2 和 R3 表示存储器，$Ri \leftarrow n$ 表示将数 n 放入存储器 Ri，$[Ri]$ 表示 Ri 中所存放的数。约定当一个数送入存储器时，原来存放的数自动消失。辗转相除算法可如下描述。

步骤 1：R1←x，R2←y；

步骤 2：R3←([R2]/[R1]所得余数)；

步骤 3：如果[R3]=0，则计算终止，[R1]为最大公约数，否则执行下一步；

步骤 4：R2←[R1]，[R1]←[R3]，回到步骤 2。

下面用 0/1 背包问题来说明这个过程：现有 n 种物品，对 $1 \leq i \leq n$，已知第 i 种物品的重量为正整数 W_i，价值为正整数 V_i，背包能承受的最大载重量为正整数 W，现要求找出这 n 种物品的一个子集，使得子集中物品的总重量不超过 W 且总价值尽量大。这里对每种物品或者全取或者一点都不取，不允许只取一部分。

首先选择一种合适的描述方式来描述该问题。可以将其转化为如下的约束条件和目标函数：

$$\begin{cases} \sum_{i=1}^{n} w_i x_i \leqslant W \\ x_i \in \{0,1\}(1 \leqslant i \leqslant n) \end{cases} \tag{1-1}$$

$$\max \sum_{i=1}^{n} v_i x_i \tag{1-2}$$

于是，问题就归结为寻找一个满足约束条件式（1-1），并使目标函数式（1-2）达到最大的解向量。

解决该问题最简单的方法就是穷举法。用穷举法解决（0/1）背包问题，需要考虑给定 n 个物品集合的所有子集，找出总重量不超过背包重量的子集所有可能的子集，计算每个子集的总重量，然后在它们中找到价值最大的子集。

设 $m(i,j)$ 是背包容量为 j，可选择物品为 $i,i+1,\cdots,n$ 时（0/1）背包问题的最优值，可以建立计算 $m(i,j)$ 的递归式如下：

$$m(i,j) = \begin{cases} \max\{m(i+1,j),m(i+1,j-w_i)+v_i\} & j \geqslant w_i \\ m(i+1,j) & 0 \leqslant j < w_i \end{cases}$$

边界条件如下：

$$m(n,j) = \begin{cases} v_n & j \geqslant w_n \\ 0 & 0 \leqslant j < w_n \end{cases}$$

根据上述的递归式，就可求背包问题的最优解了。

1.4　本章小结

计算从它的诞生起，在客观世界和人们的生活中就起着重要作用，并且，目前计算已经深入到人们生活的方方面面，从车牌的识别、人脸的识别等图像识别技术的直接应用，到语音的识别等，都渗透着计算的成果。通过本章的学习，可以了解计算发展的整个过程，以及目前计算的应用领域。

1.5　习题

1. 什么是计算？计算的本质是什么？
2. 简述 λ 演算、递归函数和图灵机之间的关系。
3. 简述形式语言、数字图像处理和语音处理中的计算原理。
4. 请解释 ASCII 码。

第 2 章　计算的理论

本章主要内容提要及学习目标

从最初的人们对计算的感性认识，到计算的形式描述，经历了一个很长的历史时期，也产生了不同的对计算的描述方式，如一般递归函数、λ演算、POST 系统和图灵机。本章主要介绍这些最初产生的关于计算的理论，这些成果都已经在计算的方方面面得到了应用。

2.1　可计算的含义

直观上说，可计算是指可在有穷步骤内得到确定的值，也就是说，一个计算如果在有限步骤之内结束，并且能给出确定的值，则称为可计算的。而描述一个计算步骤的过程又称为算法。

2.1.1　算法与能行过程

算法这个概念还没有确切定义。因为几乎所有问题的解决方法都可由所谓的算法来描述，而问题的多样性和复杂性使得给出算法的确切定义显得很困难，人们通常以"共性"的特征给出算法的一般性描述，而在特定的学科或应用领域将相关的算法概念具体化。

算法（algorithm）是解决一类问题的方法，可以理解为由基本运算及规定的运算顺序所构成的完整和有限的解题步骤。算法的执行过程是针对一类问题中的特例而进行的，即能够对一定规范的特定输入，在有限时间内获得所要求的输出结果，从而达到解决问题的目的。据此，算法应具有以下几个方面的特征。

① 输入项：一个算法有 0 个或多个输入，是算法执行的初始状态，根据实际计算情境设定。如果算法的初始状态由算法本身来确定，可以没有输入。

② 输出项：一个算法必须有一个或多个输出，以反映算法对输入数据加工后的结果。没有输出的算法是毫无意义的。

③ 明确性：算法的每一步骤都有确切的定义，且必须无歧义，以保证算法的实际执行结果是正确的，并能符合人们的希望和要求。

④ 可行性：算法中描述的任何计算步骤都是通过可以实现的基本运算的有限次执行来完成的，或从直观上讲，每个计算步骤至少在原理上能在有限的时间内完成。

⑤ 有穷性：有穷性是指算法的执行过程必须在有限的步骤和时间内终止。

满足前四个特征的一组指令序列在实际应用中不能称为算法，只能称为计算过程。例如，计算机的操作系统就是一个典型的计算过程，操作系统用来管理计算机资源，控制作业的运行，没有作业运行时，计算过程并不停止，而是处于"等待"状态。在计算机应用技术领域，算法通常是针对实际问题而设计并且通过编程的手段实现的，其目的是运用计算机解决实际问题，在此情况下，一个无休止运行而无结果的计算过程是毫无意义的。

算法又可以说成是一个"能行过程"（effective procedure）或"能行方法"（effective method）。

如果用参数的形式来描述问题的状态，那么解决问题的过程是一个问题状态变化的过程。解决问题开始时的状态称为"初始状态"，初始状态的参数称为"输入参数"；解决问题结束时的状态称为"终止状态"，终止状态的参数称为"输出参数"或"输出结果"。

算法的表示方法很多，通常有自然语言、伪代码、流程图、程序设计语言等。用自然语言描述算法往往显得冗长且容易引起歧义，因此很少用于在技术层面上较为复杂的算法描述；伪代码和流程图以结构化的方法来表示算法，可以避免自然语言描述中普遍存在的二义性问题，因而是算法表示的常用工具；用程序设计语言的主要目的就是通过对算法进行编程使之在计算机上得以实现。

2.1.2 算法的描述方法

1. 自然语言描述法

【例2-1】设 m 和 n 是两个正整数，且 $m \geqslant n$，求 m 和 n 的最大公因子的欧几里得算法如下述过程所示。

步骤1：以 n 除 m 得余数 r。

步骤2：如果 $r=0$，则输出答案 n，过程终止；否则转到步骤3。

步骤3：把 m 的值变为 n，n 的值变为 r，转到步骤1。

上述过程由3个步骤组成，输入参数为正整数 m 和 n；每个步骤的描述是明确的并且可以证明过程终止时输出数据为 m 和 n 的最大公因子；过程的每一步骤都是可以通过一些可实现的基本运算（判断）完成；整个过程经过有穷步后终止。因此，求 m 和 n 的最大公因子的欧几里得算法是一个能行过程。因此，求 m 和 n 的最大公因子问题是可计算的。

【例2-2】考虑函数

$$g(n)=\begin{cases}1, & \text{如果 } \pi \text{ 的小数部分有 } n \text{ 个连续的 } 7; \\ 0, & \text{否则}\end{cases}$$

用 $\pi(k)$ 表示 π 小数点后面第 k 位数字，Co 作为计数器，则下面的过程可以计算 $g(n)$。

步骤1：初始化：给定 n 的值，令 $g(n)=0$，计数器 Co=0，参数 $k=1$。

步骤2：求 π 小数点后第 k 位数字 $\pi(k)$。

步骤3：如果 $\pi(k)=7$，则 Co=Co+1；否则 Co=0。

步骤4：如果 Co=n，则输出1，过程终止；如果 Co<n，则 $k=k+1$ 重复上述步骤。

上述过程同样由4个步骤组成，对给定的输入 n，如果 π 小数点后面有 n 个连续的7，那么过程一定会在有限步终止并输出1。但，如果 π 小数点后面没有 n 个连续的7，那么上述过程将无休止地运行下去，而且在任何时候都无法得到我们想要的0的结果，因为 π 是无理数，是个无限不循环的小数。因此，上述过程不是能行过程，也就是不是一个算法。

2. 流程图的方法

图形描述法有很多种，这里只是以流程图为例讲解。图2-1说明了各种图形的意义。

博拉（Bohra）和加柯皮（Jacopini）于1966年提出了三种基本结构作为构造算法的基本单元：顺序结构，如图2-2所示；选择结构，如图2-3所示；循环结构，如图2-4所示。

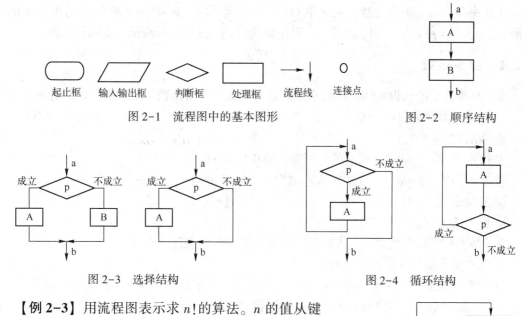

图 2-1　流程图中的基本图形

图 2-2　顺序结构

图 2-3　选择结构

图 2-4　循环结构

【例 2-3】用流程图表示求 $n!$ 的算法。n 的值从键盘输入，如图 2-5 所示。

3. 伪代码的方法

伪代码也是描述算法的一种方法。使用伪代码的目的是使被描述的算法可以容易地以任何一种编程语言实现，如 C 语言或 Java 语言等。因此，伪代码必须结构清晰、代码简单、可读性好，并且类似自然语言，介于自然语言与编程语言之间，以编程语言的书写形式指明算法功能。使用伪代码，不用拘泥于具体实现。相比程序语言，它更类似自然语言。例如，辗转相除法求最大公约数的伪代码描述如下：

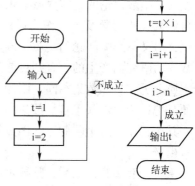

图 2-5　$n!$ 的算法

```
BEGIN
    input m, n;          /＊输入正整数 m 和 n＊/
    r← m mod n;          /＊求 m 被 n 除的余数＊/
    while( r≠0)do
    {
        m← n;n← r;
        r← m mod n;
    }
    print n;             /＊输出最大公约数＊/
END
```

2.2　构造函数的方法

设 A、B 是非空的数集，如果按照某种确定的对应关系 f，使集合 A 中的任意一个数 x，

在集合 B 中都有唯一确定的数 $f(x)$ 和它对应，那么就称 f：$A{\to}B$ 为从集合 A 到集合 B 的一个函数，记作 $y=f(x)$，$x{\in}A$。其中，x 叫作自变量，与 x 值相对应的 y 值叫作函数值。

2.2.1　数论函数

根据高等数学的知识可知，函数有基本初等函数和复合函数。基本初等函数有：

① 对于函数常函数：$y=C$。

② 幂函数：$y=x^a$。

③ 指定函数：$y=a^x$，a 的取值范围为：$a>0$ 且 $a{\neq}1$。

④ 对数函数：$y=\log_a x$，a 的取值范围为：$a>0$ 且 $a{\neq}1$。

⑤ 三角函数。

⑥ 反三角函数。

有了基本初等函数概念后，人们进一步提出了初等函数这个概念：

① 基本初等函数都是初等函数；

② 初等函数通过有限次的加、减、乘、除以及复合运算得到的新函数称为初等函数。

初等函数讨论的是实数域上函数，但在讨论可计算性时，主要关注数论函数，也就是只以自然数（正整数及零）作为讨论的对象。为什么要作这个限制呢？因为这样可以把问题简化，但又不影响问题的实质。例如，后面将要讲的构造函数的递归式和摹状式，都是从自然数集的研究而产生的，直到目前为止，它只能使用到自然数集上；即使推广，推广后的集合本质上仍和自然数集相同，因此，最好把讨论自始至终限于自然数集，以省去许多麻烦，这便是把讨论对象限于自然数集的主要原因。

其次，作了这个限制后，函数的应用范围会不会大大减小呢？不会的！这可以从下列几点看出来。

第一，有了自然数后，整数可以看作自然数对，如 $+3=(3,0)$，$-3=(0,3)$；有理数可以看作自然数的三元组，如 $+\dfrac{1}{2}=(1,0,2)$，$-\dfrac{1}{2}=(0,1,2)$。

第二，实部和虚部为有理数的复数可以看作自然数的六元组，如

$$\frac{1}{2}-\frac{2}{3}\mathrm{i}=(1,0,2,0,2,3)$$

第三，实数可以看作自然数序列；复数可以看作自然数序列对，或看作一种特殊的自然数序列。要把实数看作自然数序列，可以采用如下方法：把每一实数先写成整数加正小数的形式，再把小数部分展成二进制小数，这时，用序列的前两项表示该实数的整数部分，第三项表示小数点与"1"之间"0"的个数，从第四项起，序列的每项表相邻两个"1"之间"0"的个数。例如，对于实数 $-2.2492=-3+0.7508$，把其正小数部分展成二进制便可写成 $-3+0.110000000011010001\cdots$，故这实数可用自然数序列"$0，3，0，0，8，0，1，3，\cdots$"来表示。反之，自然数序列"$0，2，1，4，0，2，3，0，0，1，\cdots$"便表示实数"$-2+0.0100001100100011101\cdots$"，写成十进制为"$-2+0.2735\cdots$"。这样一来，通常在数学中所讨论的各种数，都可表示成自然数组，也可能是自然数有限序列，也可能是自然数无穷序列。因为人们对各种数的认识，正是由自然数出发，一步一步地深入后才认识的，所以这一点也不奇怪。

第四，至于由实数或复数出发，进一步讨论矢量、矩阵、超复数系等，其推广过程更是显而易见。它们可以化归到有穷或无穷自然数序列就更明显了。因此，即使递归函数论仅限于讨论自然数集，但这一点也不妨碍它将来应用到数学各方面中去。

凡以自然数集为定义域及值域的函数叫作数论函数。递归函数论所讨论的数只限于自然数，所以，它所讨论的函数也就限于数论函数了。因此，本节所说的"数"专指自然数，所谓"函数"专指数论函数。

2.2.2　构造函数的方法

定义 2-1（函数叠加）：设函数 $f(x,x_1,\cdots,x_{n-1})$ 为一个 n 元函数，定义 $g(u,x_1,\cdots,x_{n-1})=\sum_{x\leqslant u}f(x,x_1,\cdots,x_{n-1})=f(0,x_1,\cdots,x_{n-1})+\cdots+f(u,x_1,\cdots,x_{n-1})$，则称 $\sum_{x\leqslant u}$ 为函数叠加操作。

定义 2-2（函数叠乘）：设函数 $f(x,x_1,\cdots,x_{n-1})$ 为一个 n 元函数，定义 $g(u,x_1,\cdots,x_{n-1})=\prod_{x\leqslant u}f(x,x_1,\cdots,x_{n-1})=f(0,x_1,\cdots,x_{n-1})*\cdots*f(u,x_1,\cdots,x_{n-1})$，则称 $\prod_{x\leqslant u}$ 为函数叠乘操作。

对于复合函数的概念，一般定义为：对于两个函数 $y=f(u)$ 和 $u=g(x)$，如果通过变量 u，y 可以表示成 x 的函数，那么称这个函数为函数 $y=f(u)$ 和 $u=g(x)$ 的复合函数，记作 $y=f(g(x))$。这种构造函数的方法称为迭置或合成。

定义 2-3（(m,n)迭置法）：设有一个 m 元函数 $f(y_1,\cdots,y_m)$，有 m 个 n 元函数 $g_1(x_1,\cdots,x_n),\cdots,g_m(x_1,\cdots,x_n)$，令 $h(x_1,\cdots,x_n)=f(g_1,\cdots,g_m)$，称为 (m,n) 标准迭置。并称函数 h 是由 m 个 g 对 f 作 (m,n) 迭置而得，简记为 $h=f(g_1,\cdots,g_m)$。

下面再说明另外一种构造函数的方法。先用一个例子来说明。对于一个整数 n，求其阶乘，可以如下定义：首先定义 0 的阶乘 $0!=1$，然后，再定义 $n!=n*((n-1)!)$。用函数的形式表达出来就是如下的公式：

$$f(n)=\begin{cases}1, & n=0\\ n*f(n-1), & n>0\end{cases}$$

这种解决问题的思路也就是先指定 $n=0$ 时的值，然后再由 n 和 $f(n)$ 来构造 $f(n+1)$ 的值。更一般化，函数 f 还可以是一个多元函数，例如，如下定义的函数：

$$f(x,n)=\begin{cases}x, & n=0\\ 2^{f(x,n-1)}, & n>0\end{cases}$$

对于表达式 $n*f(n-1)$ 和 $2^{f(n-1,x)}$，可以看作函数 $h(x,y)=x*y$ 和 $h(x,y,f(x,y))=2^{f(x,y)}$，分别有：

$$f(n)=\begin{cases}1, & n=0\\ h(n,f(n-1)), & n>0\end{cases}$$

和

$$f(x,n)=\begin{cases}x, & n=0\\ h(x,n-1,f(x,n-1)), & n>0\end{cases}$$

这也是一种构造新函数的方法，其一般化的形式见定义 2-4。

定义 2-4　设 g 和 h 分别是给定的 n 元和 $n+2$ 元的函数，那么下列关于 f 的函数方程组

$$f(x_1,x_2,\cdots,x_n,y)=\begin{cases}g(x_1,x_2,\cdots,x_n)\,, & y=0\\h(x_1,x_2,\cdots,x_n,y-1,f(x_1,x_2,\cdots,x_n,y-1))\,, & y>0\end{cases}$$

称为定义 f 的原始递归式（primitive recursion），其中 $x_1,x_2,\cdots,x_n$ 是递归参数，y 称为递归变元。

对于函数 $G(x)$，$G^m(x)$ 定义如下：$G^1(x)=G(x)$；$G^{m+1}(x)=G(G^m(x))$。更一般化的情况为，对于函数 $G(x_1,x_2\cdots\cdots,x_n,y)$：$G^1(x_1,x_2\cdots\cdots,x_n,y)=G(x_1,x_2\cdots\cdots,x_n,y)$；$G^{m+1}(x_1,x_2\cdots\cdots,x_n,y)=G(x_1,x_2\cdots\cdots,x_n,G^m(x_1,x_2\cdots\cdots,x_n,y))$。

如果函数 $G(x_1,x_2\cdots\cdots,x_n,y)$ 具有如下性质，则称 $G(x_1,x_2\cdots\cdots,x_n,y)$ 为关于 y 归宿于 0 的函数：对于任何自然数 y，恒有一个自然数 m，经过 m 次的叠置后，函数的值变为 0，即 $G^m(x_1,x_2\cdots\cdots,x_n,y)=0$。

原始递归式中的 y，每一次只减少了 1，直至为 0 为止。如果用一个关于 y 归宿于 0 的函数替代原来的 y，则得到如下的定义新函数的方法，也就是递归函数的一般递归式。

定义 2-5（一般递归式）：对于 n 元函数 $g(x_1,x_2\cdots\cdots,x_n)$、$n+1$ 元函数 $G(x_1,x_2\cdots\cdots,x_n,y)$ 和 $n+2$ 元函数 $h(x_1,x_2\cdots\cdots,x_n,y_1,y_2)$，且 $G(x_1,x_2\cdots\cdots,x_n,y)$ 关于 y 归宿于 0，则把下列方程组称为定义 f 的一般递归式（general recursion）。

$$f(x_1,x_2,\cdots x_n,y)=\begin{cases}g(x_1,x_2,\cdots x_n)\,, & y=0\\h(x_1,x_2,\cdots,x_n,y-1,f(x_1,x_2,\cdots,x_n,G(x_1,x_2,\cdots,x_n,y)))\,, & y>0\end{cases}$$

在原始递归式中，因为 y 为自然数，并且每一次都减 1，所以用原始递归式定义的新函数的计算过程总能结束，这说明了通过原始递归式定义的函数处处有定义，即是个全函数。在一般递归式中，如果定义 $G(x_1,x_2\cdots\cdots,x_n,y)=y-1$，则一般递归式就退化为原始递归式。一般递归式中的函数 $G(x_1,x_2\cdots\cdots,x_n,y)$，如果是一个全函数，则递归式的计算过程是能结束的；如果 $G(x_1,x_2\cdots\cdots,x_n,y)$ 不是一个全函数，则最后的计算过程可能不会终止，所以，通过一般递归式可能得到一个部分递归函数，即在某些情况下该计算过程可能不终止。对于一般递归式的描述方式，还有另外一种形式，称为摹状式。摹状式一般写为：

$$f(x_1,x_2\cdots\cdots,x_n)=\mu_y(g(x_1,x_2\cdots\cdots,x_n,y)=0)$$

对任何 x_1，$x_2\cdots\cdots$，x_n 都有 y 使得

$$g(x_1,x_2\cdots\cdots,x_n,y)=0$$

式中的符号"μ"表示"最小"之意，称为"μ-算子"，μ_y 表示满足 $g(x_1,x_2\cdots\cdots,x_n,y)=0$ 的最小自然数 y。当不存在 y 使得 $g(x_1,x_2\cdots\cdots,x_n,y)=0$，或者存在某个 $z<y$ 使得 $g(x_1,x_2\cdots\cdots,x_n,y)$ 无定义时，$f(x_1,x_2\cdots\cdots,x_n)=\mu_y(g(x_1,x_2\cdots\cdots,x_n,y)=0)$ 就没有定义，所以，摹状式定义的函数也是部分递归函数。

已经证明摹状式和一般递归式是等价的。

2.3　递归函数

递归函数是递归论这门学科中最基本的概念，其产生可以追溯到原始递归式的使用，如现在所熟知的数的加法与乘法。现代计算机应用技术中，大量的计算过程都是运用递归的形式来描述的，可以说递归技术已经成为计算机科学与技术领域重要的方法工具之一。本节主

要介绍递归函数，包含原始递归函数和一般递归函数。

2.3.1　初等函数

先来认识一些最简单的、最直观地可计算的、被称为本原函数的函数。本原函数包含如下函数：

① 后继函数 Suc，即对任意的 $x \in \mathbf{N}$，$\text{Suc}(x) = x+1$；

② 零函数 O，即对任意的 $x \in \mathbf{N}$，$O(x) = 0$；

③ 投影函数 P_i^n，即对任意的 $n, x_1, x_2, \cdots, x_n \in \mathbf{N}, n \geq 1, 1 \leq i \leq n, P_i^n(x_1, x_2, \cdots, x_n) = x_i$。

这三个函数都是可以按步骤可计算的。下面归纳定义初等函数（elementary functions）集。

① 本原函数是初等函数。

② 如下定义的减法运算是初等函数：

$$\text{sub}(x,y) = \begin{cases} x-y, & x \geq y \\ 0, & \text{否则} \end{cases}$$

③ 如果 $f(y_1, \cdots, y_k)$ 和 $g_1(\mathbf{X}), \cdots, g_k(\mathbf{X})$ 是初等函数，其中 $\mathbf{X} = (x_1, x_2, \cdots, x_n)$。则运用迭置产生的函数 $h(\mathbf{X}) = f(g_1(\mathbf{X}), \cdots, g_k(\mathbf{X}))$ 是初等函数。

④ 设函数 $f(x, x_1, \cdots, x_{n-1})$ 为一个 n 原函数，则使用叠加和叠乘操作得到的函数是初等函数。

$$g(u, x_1, \cdots, x_{n-1}) = \sum_{x \leq u} f(x, x_1, \cdots, x_{n-1})$$

$$g(u, x_1, \cdots, x_{n-1}) = \prod_{x \leq u} f(x, x_1, \cdots, x_{n-1})$$

⑤ 只有有限次使用上述规则得到的函数是初等函数。

对于初等函数，可以用某种程序设计语言来实现计算，所以都是可计算的。同样，它也存在一些严重弱点，例如，如下的函数，完全是可以用某种程序设计语言实现，但却不能用初等函数表示出来。对于函数 $f(x) = 2^x$，用 f^n 表示函数 f 复合 n 次，并约定 $f^0(x) = x$ 为恒等函数或一元投影函数，$f^{n+1}(x) = f(f^n(x))$，令 $g(n,x) = f^n(x)$，那么

$$g(0,x) = x$$
$$g(1,x) = 2^x$$
$$g(2,x) = 2^{2^x}$$
$$\vdots$$
$$g(k,x) = 2^{2^{\cdot^{\cdot^{\cdot^{2^x}}}}}$$

该函数是可以计算的，但 $g(n,x)$ 这个函数不是初等函数。也就是说，通过有限次四则运算和复合运算不可能得到所有的可计算函数。那么如何得到所有的可计算函数呢？首先，考察上面的初等函数就可以知道，对于一些简单的函数，可以直接给出其定义，以上称为基本初等函数；对于复杂的函数，可以通过一些操作和运算构造得到，例如上面的加减乘除四则运算和复合运算。在搞明白这一过程后，接下来的问题就是，能否有新的构造函数的方法，来扩展初等函数集使之包含所有可计算的函数呢？人们由此开始了对可计算函数的研究，从而提出了原始递归函数和一般递归函数等概念，下面对此做简单介绍。

2.3.2 原始递归函数

递归函数最早的形式是"原始递归函数"（primitive recursive function），定义如下。

定义 2-6 按下述规则产生的函数称为原始递归函。

（1）基本函数：下列基本函数是原始递归函数。

① 零函数 O，即对任意的 $x \in \mathbf{N}$，$O(x) = 0$。

② 后继函数 Suc，即对任意的 $x \in \mathbf{N}$，$\mathrm{Suc}(x) = x+1$。

③ 投影函数 P_i^n，即对任意的 $n, x_1, x_2, \cdots, x_n \in \mathbf{N}, n \geqslant 1, 1 \leqslant i \leqslant n, P_i^n(x_1, x_2, \cdots, x_n) = x_i$。

（2）选置：设 $f(y_1, \cdots, y_k)$ 和 $g_1(\boldsymbol{X}), \cdots, g_k(\boldsymbol{X})$ 是原始递归函数，其中 $\boldsymbol{X} = (x_1, x_2, \cdots, x_n)$。则运用选置产生的函数 $h(\boldsymbol{X}) = f(g_1(\boldsymbol{X}), \cdots, g_k(\boldsymbol{X}))$ 是原始递归函数。

（3）原始递归式：设 $f(\boldsymbol{X})$ 和 $g(\boldsymbol{X}, y, z)$ 是原始递归函数，其中 $\boldsymbol{X} = (x_1, x_2, \cdots, x_n)$，则运用原始递归式产生的函数是原始递归函数。

$$h(x_1, x_2, \cdots, x_n, y)$$
$$= \begin{cases} f(x_1, x_2, \cdots, x_n), & y = 0 \\ g(x_1, x_2, \cdots, x_n, y-1, h(x_1, x_2, \cdots, x_n, y-1)), & y > 0 \end{cases}$$

1931 年，哥德尔在证明其著名的不完全性定理时，给出了原始递归函数的描述，并以原始递归式为主要工具，运用编码技术把所有元数学的概念进行了算术化表示。原始递归函数都是可计算的。

【例 2-4】 证明自然数加法 $f(x, y) = x+y$ 是原始递归函数。

证明：首先注意到自然数集上的恒等函数 $I(x) = x$ 是原始递归函数，因为 $I(x) = P_1^1(x)$。于是 $f(x, y) = x+y$ 可以通过如下原始递归式定义，所以 $f(x, y) = x+y$ 是原始递归函数。

$$f(x, y) = \begin{cases} I(x), & y = 0 \\ \mathrm{Suc}(f(x, y-1)), & y > 0 \end{cases}$$

【例 2-5】 证明自然数乘法 $g(x, y) = x \times y$ 是原始递归函数。

证明：已经证明了 $x+y$ 是原始递归的，在此基础上 $g(x, y) = x \times y$ 可以通过递归模式 $g(x, 0) = O(x), g(x, y+1) = g(x, y) + x$ 定义，所以 $g(x, y) = x \times y$ 是原始递归函数。

【例 2-6】 （前继函数和适当减法函数）前继函数 pred 和适当减法函数 sub 的定义如下：

$$\mathrm{pred}(x) = \begin{cases} 0, & x = 0 \\ x-1, & x > 0 \end{cases}$$

$$\mathrm{sub}(x, y) = \begin{cases} x-y, & x \geqslant y \\ 0, & \text{否则} \end{cases}$$

由 $\mathrm{pred}(0) = 0$ 和 $\mathrm{pred}(k+1) = P_2^2(\mathrm{pred}(k), k)$ 可知 pred 能够由原始递归函数经过原始递归运算得到，所以它是原始递归函数。同样的，可以证明适当减去函数是保证函数值为非负数的减法函数也是原始递归的。由 $\mathrm{sub}(x, 0) = x$ 和 $\mathrm{sub}(x, k+1) = \mathrm{pred}(\mathrm{sub}(x, k))$ 可知 sub 是原始递归的。

函数 $g(n, x) = f^n(x)$ 不是初等函数，却是原始递归函数。如下定义的函数：

$$f(x, n) = \begin{cases} x, & n = 0; \\ 2^{f(x, n-1)}, & n > 0 \end{cases}$$

对于表达式 $2^{f(n-1,x)}$，可以看作函数 $h(x,y,f(x,y))=2^{f(x,y)}$，即

$$f(x,n)=\begin{cases} x, & n=0; \\ h(x,n-1,f(x,n-1)), & n>0。\end{cases}$$

所以，$g(n,x)=f^n(x)$ 是原始递归函数。

2.3.3 Ackermann 函数不是原始递归函数

人们发现所有的初等函数都是原始递归的，于是便开始猜测原始递归函数可能穷尽一切可计算的函数。但很快发现这一猜想是不成立的，其中最著名的可计算的但却不是原始递归函数的例子就是德国著名数学家阿克曼（Ackermann）在 1928 年发表的函数，称为阿克曼函数（Ackermann function），定义如下：

$$A(0,x)=x+1$$
$$A(k+1,0)=A(k,1)$$
$$A(k+1,x+1)=A(k,A(k+1,x))$$

Ackermann 函数是可计算的，但不是原始递归的，从而证明原始递归函数集是可计算函数集的真子集。下面用数学归纳法证明：对任意的 m，n，$A(m,n)$ 是可计算的，即可在有穷步骤内确定其值。对 m 归纳：

基步 1：$m=0$ 时，由 $A(0,n)=n+1$，显然对一切 n，$A(m,n)$ 是可计算的。

归纳 1：设 $m=k$ 时，对任意 n，$A(k,n)$ 可在有穷步骤内计算其值。现设 $m=k+1$ 的情况，再对 n 归纳：

基步 2：$n=0$ 时 $A(k+1,0)=A(k,1)$，由归纳（1）的归纳假设，$A(k,1)$ 可计算，因此 $A(k+1,0)$ 是可计算。

归纳 2，设 $n=j$ 时，$A(k+1,j)$ 可计算，那么当 $n=j+1$ 时，$A(k+1,j+1)=A(k,A(k+1,j))$。据归纳 2 的假设，$A(k+1,j)$ 可在有穷步骤内计算其值，其值记为 h；又据归纳 1 的假设，$A(k,h)$ 可在有穷步骤内计算其值，因此 $A(k,A(k+1,j))$ 可计算，从而 $A(k+1,j+1)$ 也是可计算的。第 2 步的归纳过程完成，它证明了当 $m=j+1$ 时对一切 n，$A(m,n)$ 是可计算的。这样，第 1 步的归纳过程也完成，它证明了对任意 m，n，$A(m,n)$ 是可计算。

它最初的一些值如表 2-1 所示。函数 $A(k,x)$ 的值随着自变量，特别是随着 k 的增加而增加的速度非常快。

表 2-1 Ackermann 函数

k \ x	0	1	2	3	4	5
0	1	2	3	4	5	6
1	2	3	4	5	6	7
2	3	5	7	9	11	13
3	5	13	29	61	125	253
4	13	32 765	…			
5	32 765	…				

首先来看它的一个变种 $B(k,x)$，它们仅当 $x=0$ 时不同。$B(k,x)$ 的定义如下：

$$B(0,x)=x+1$$

$$B(k,0)=\begin{cases}2, & k=1\\0, & k=2\\1, & k\geqslant 3\end{cases}$$

$B(k+1,x+1)=B(k,B(k+1,x))$。记 $f_k(x)=B(k,x)$。于是，

$$f_0(x)=x+1$$

$$f_k(0)=\begin{cases}2, & k=1\\0, & k=2\\1, & k\geqslant 3\end{cases}$$

$f_{k+1}(x+1)=f_k(f_{k+1}(x))$。最初的几个 $f_k(x)$ 如下：$f_0(x)=x+1$，$f_1(x)=x+2$，$f_2(x)=2x$，$f_3(x)=2^x$，$f_4(x)=\underbrace{2^{2^{\cdot^{\cdot^2}}}}_{x}$，$f_5(x)=\underbrace{2^{2^{\cdot^{\cdot^2}}}}_{f_5(x-1)}$。由此可知，$f_5(0)=1$，$f_5(1)=2$，$f_5(2)=4$，$f_5(3)=\underbrace{2^{2^{\cdot^{\cdot^2}}}}_{f_5(2)}=\underbrace{2^{2^{\cdot^{\cdot^2}}}}_{4}=65\,536$，$f_5(4)=\underbrace{2^{2^{\cdot^{\cdot^2}}}}_{f_5(3)}=\underbrace{2^{2^{\cdot^{\cdot^2}}}}_{65\,536}$，可见函数 $f_5(x)$ 的增加速度就已经非常快，而 $k>5$ 时，$f_k(x)$ 的增长速度更快，以至于无法用原始递归函数来表达该函数。

下将证明 Ackermann 函数不是原始递归函数。

引理 2-1 Ackermann 函数具有下面的性质：

① $A(k,x)>x$；

② $A(k,x+1)>A(k,x)$；

③ $A(k,x)>k$；

④ $A(k+1,x)>A(k,x)$；

⑤ $A(k+1,x)\geqslant A(k,x+1)$；

⑥ $A(k+2,x)>A(k,2x)$。

证明：① 对 k 做归纳证明：当 $k=0$ 时，$A(0,x)=x+1>x$，结论成立。假设 k 时结论成立，即对任意的 x，$A(k,x)>x$。要证结论对 $k+1$ 也成立。为此再对 x 作归纳证明。当 $x=0$ 时，由归纳假设可知 $A(k+1,0)=A(k,1)>1$。因此结论成立。

假设对 x 成立。即 $A(k+1,x)>x$，要证明对 $x+1$ 也成立，即 $A(k+1,x+1)>x+1$。

由对 k 的归纳假设和对 x 的归纳假设可知，$A(k+1,x+1)=A(k,A(k+1,x))>A(k+1,x)\geqslant A(k+1,x)+1>x+1$。

② 分两种情况讨论：

当 $k=0$ 时，$A(0,x)=x+1$，结论显然成立；

当 $k\geqslant 1$ 时，由定义和 1 得到 $A(k,x+1)=A(k-1,A(k,x))>A(k,x)$。

下面先证明⑤。

⑤ 对 x 作归纳证明：当 $x=0$ 时，$A(k+1,0)=A(k,1)$，结论成立。假设对 x 结论成立，即 $A(k+1,x)\geqslant A(k,x+1)$，要证对 $x+1$ 也成立，即 $A(k+1,x+1)\geqslant A(k,x+2)$。

由归纳假设和①可知，$A(k+1,x)\geqslant A(k,x+1)\geqslant x+2$。再由定义和②，得 $A(k+1,x+1)=A(k,A(k+1,x))\geqslant A(k,x+2)$。

③ 重复使用⑤可得 $A(k,x)\geqslant A(0,x+k)$，而 $A(0,x+k)=x+k+1$，得证 $A(k,x)>k$。

④ 由⑤和②，$A(k+1,x) \geq A(k,x+1) > A(k,x)$。

⑥ 对 x 作归纳证明：当 $x=0$ 时，由④，$A(k+2,0) > A(k,0)$，结论成立。假设对 x 成立，即 $A(k+2,x) > A(k,2x)$。要证对 $x+1$ 成立，即 $A(k+2,x+1) > A(k,2x+2)$。

由定义和④，$A(k+2,x+1) = A(k+1,A(k+2,x)) > A(k,A(k+2,x))$。由归纳假设，$A(k+2,x) > A(k,2x)$，而 $A(k,2x) > 2x$，得 $A(k+2,x) \geq A(k,2x)+1 \geq 2x+1+1$，因此 $A(k+2,x+1) > A(k,2(x+1))$。

引理 2-2　设 n 元函数 f 由 n 元全域函数 $g_1,\cdots,g_m$ 和 m 元全域函数 h 合成得到 $f(x_1,\cdots,x_n) = h(g_1(x_1,\cdots,x_n),\cdots,g_m(x_1,\cdots,x_n))$。如果存在自然数 $k_1,\cdots,k_m$ 和 k_0，使得对所有的 $x_1,\cdots,x_n$ 和 $y_1,\cdots,y_m$ 满足 $g_i(x_1,\cdots,x_n) < A(k_i, \max\{x_1,\cdots,x_n\}), 1 \leq i \leq m$ 和 $h(y_1,\cdots,y_m) < A(k_0, \max\{y_1,\cdots,y_m\})$，则对所有的 $x_1,\cdots,x_n$，满足 $f(x_1,\cdots,x_n) < A(k,\max\{x_1,\cdots,x_n\})$，其中 $k = \max\{k_0,k_1,\cdots,k_m\}+2$。

证明：设 $x^* = \max\{x_1,\cdots,x_n\}$。注意到 $k \geq 2$，由引理 2-1 中的⑤和 Ackermann 函数的定义可知 $A(k,x^*) \geq A(k-1,x^*+1) = A(k-2,A(k-1,x^*))$。

由于 $k-1 > k_i (1 \leq i \leq m)$，根据引理 2-1 中的④和假设的条件可知 $A(k-1,x^*) > A(k_i,x^*) > g_i(x_1,\cdots,x_n), 1 \leq i \leq m$。得到 $A(k-1,x^*) > \max\{g_1(x_1,\cdots,x_n),\cdots,g_m(x_1,\cdots,x_n)\}$，从而 $A(k,x^*) > A(k-2,\max\{g_1(X),\cdots,g_m(X)\})$。而 $k-2 \geq k_0$，所以

$$A(k,x^*) > A(k_0,\max\{g_1(X),\cdots,g_m(X)\}) > h(g_1(X),\cdots,g_m(X)) = f(X)$$

引理 2-3　设 $n+1$ 元全域函数 f 由 n 元全域函数 g 和 $n+2$ 元全域函数 h 原始递归得到，令 $X = (x_1,\cdots,x_n)$，即 $f(X,0) = g(X), f(X,y+1) = h(y,f(X,y),X)$。如果存在自然数 k_1 和 k_2 使得对所有的 $x_1,\cdots,x_n$，y 和 z 满足 $g(X) < A(k_1,\max\{X\})$ 和 $h(y,z,X) < A(k_2,\max\{X,y,z\})$，则对所有的 X 和 y，满足 $f(X,y) < A(k,\max\{X,y\})$，其中 $k = \max\{k_1,k_2\}+3$，当 $n=0$ 时 g 为一固定常数。

证明：设 $x^* = \max\{X\}$，由引理 2-1 中的⑥可知 $A(k,\max\{X,y\}) = A(k,\max\{x^*,y\}) > A(k-2,2\max\{x^*,y\}) \geq A(k-2,x^*+y)$。所以，只要证 $A(k-2,x^*+y) > f(X,y)$ 即可。

对 y 进行归纳证明。当 $y=0$ 时，由于 $k-2 > k_1$，所以 $A(k-2,x^*+0) > A(k_1,x^*) > g(x_1,\cdots,x_n) = f(X,0)$，结论成立。

假设关于 y 成立，下面证明关于 $y+1$ 也成立。由引理 2-1 中的②可知 $A(k-2,x^*+y) > x^*+y \geq \max\{X,y\}$。再由归纳假设 $A(k-2,x^*+y) > f(X,y)$，所以 $A(k-2,x^*+y) > \max\{X,y,f(X,y)\}$。又因 $k-3 \geq k_2$，由 Ackermann 函数的定义和引理 2-1 中的②和④及假设的条件得到 $A(k-2,x^*+y+1) = A(k-3,A(k-2,x^*+y)) > A(k_2,\max\{X,y,f(X,y)\}) = f(X,y+1)$。

引理 2-4　对于任意的 n 元原始递归函数 f，存在自然数 k，使得对所有的 $X = (x_1,\cdots,x_n)$，有 $f(X) < A(k,\max\{X\})$。

该引理的证明，感兴趣的读者可以参与相关文献，这里就不再给出。

定理 2-1　$A(k,x)$ 和 $A(x,x)$ 都不是原始递归函数。

证明：只需证 $A(x,x)$ 不是原始递归的。用反证法。记 $f(x) = A(x,x)$，假设它是原始递归的。由引理 2-4 可知存在常数 k，使得对所有的 x，有 $f(x) < A(k,x)$。取 $x=k$，得 $f(k) < A(k,k) = f(k)$。得到矛盾。

接下来的问题是，除了原始递归函数以外，究竟还有哪些可计算函数呢？又如何给出一个能够穷尽所有可计算函数的数学定义呢？这就是一般递归函数。

2.3.4 一般递归函数

Ackerman 函数是可计算的，但不是原始递归的，这就需要进一步地扩大函数集，能包含所有的可计算函数。1934 年，哥德尔在法国逻辑学家赫尔布兰德（Herbrand）早期工作的启示之下，提出了一般递归函数的定义；1936 年，美国逻辑学家克林又将一般递归函数的概念加以具体化，最终形成了所谓 Herbrand—Gödel—Kleene 部分递归函数（partial recursive function）的概念。一般递归函数的定义如下。

定义 2-7 按下述规则产生的函数称为一般递归函数

1）原始递归函数是一般递归函数

2）如果 $n+1$ 元函数 $g(x_1, x_2 \cdots\cdots, x_n, y)$ 是一般递归函数，则通过摹状式定义的函数 n 元函数 $f(x_1, x_2 \cdots\cdots, x_n)$ 也是一般递归函数。

$$f(x_1, x_2 \cdots\cdots, x_n) = \mu_y(g(x_1, x_2 \cdots\cdots, x_n, y) = 0)$$

定理 2-2 Ackermann 函数是一般递归函数。

关于该定理的证明，请参阅相关文献，这里不再给出。

2.4 λ 演算

通过对程序本质和对软件本质的研究，软件表达能力、软件规模、运行效率都大为改善，但还是存在没有解决好的问题。命令式程序设计语言数据的名值分离等带来的问题，还没有完全解决，这是第一个问题。第二个问题就是悬挂指针。尽可能多用引用和在堆栈框架中分配指针，可消除大量悬挂指针。但引用的对象依然有时空问题没有完全解决。第三个问题是函数副作用。由于冯·诺依曼机的本质是改变变量的存储从而改变程序状态，但是状态时空效应不可免，副作用不可能消除。当然，命令式程序设计语言已经通过结构化程序设计的途径解决了转移语句带来的问题。

传统的命令式程序设计语言之所以存在这些问题是两个方面的原因：一个方面是写不出正确的规格说明，另一方面是程序状态的易变性（mutability）和顺序性（sequencing）使得命令式程序难以应用数学模型。1977 年巴克斯（Backus）在图灵奖的一篇演说中大力宣传发展与数学联系更密切的函数式程序设计语言的必要性。经过努力，非冯范型语言得到巨大的发展，虽然它们还存在各种不同的问题，暂时还无法代替命令式过程语言，但为程序设计语言的研究提供了不少有益的启示。在某些方面，命令式语言难以与它们相比，例如，人工智能专家系统。

λ 演算是一个符号、逻辑系统，其公式就是符号串并按逻辑规则操纵。它使函数概念形式化，是涉及变量、函数、函数组合规则的演算，其目标为可计算性理论建立模型，已经成为多数近代函数式语言的语义基础。λ 演算是个完备的系统，也就是可以表示任何计算函数，所以任何可用 λ 演算仿真实现的语言也是完备的。λ 演算本身并不是可执行程序设计语言，但它简单、数学表达清晰，将它用于研究基础概念和特征是非常恰当的。

λ 演算最主要的涉及两种方法：一个方法是抽象，形式为 $\lambda x. E$，由 λ 说明的 x 在函数体 E 中出现均为形参变元，E 是一个 λ 表达式；另一个方法是应用，形式为 $(\lambda x. E)(a)$，即 E 中的 x 均由 a 置换变成 $E(a)$。这两种方法贯穿于 λ 演算之中，并且生成一切可计算函数。在 λ 演算中一切变量、标识符、表达式都是函数或（复合）高阶函数，例如，$\lambda x. C$（C 为常量）是常函数。

2.4.1　语法规则

1. λ 演算的字母表

① 小写单字符用以命名参数，也叫变量。

② 四个符号 '（'，'）'，'.'，'λ'。

由它们组成符号串叫 λ 表达式，核心 λ 演算表达式是非常冗长的。为了表达更加简练，再增加以下一类符号，见③。

③ 大写单字符、特殊字符（如+、-、＊、／）、大小写组成的标识符代替一个 λ 表达式。

2. 公式

公式递归定义如下：

① 变量是公式，如 y。

② 设 y 是变量、F 是公式，则 $\lambda y. F$ 也是公式。

③ 设 F 和 G 都是公式，则 $(F\ G)$ 也是公式。

3. λ 表达式

上述三种公式及其复合均称 λ 表达式。其中：

① 形如 $\lambda y. F$ 为 λ 函数表达式，以关键字 λ 开始，变量 y 为参数，也叫约束变量。公式 F 为函数体，"$\lambda y.$" 指明 F 中所有的 y 均为形式参数。

② 形如 $(F\ G)$ 为 λ 应用表达式，也称组合表达式。

③ 为了表达清晰，λ 表达式可以任意增加成对括号。以下表达式有相同的语义：

$$(fa)\text{、}f(a)\text{、}(f)a\text{、}(f)(a)\text{、}((f)(a))$$

【例 2-7】 λ 表达式举例

x	变量、公式、表达式。
$(\lambda x. ((y)x))$	函数，体内嵌入应用。
$(\lambda z. (y(\lambda z. x)))$	函数，体内嵌入应用，再次嵌入函数。
$(\lambda z. (zy))x)$	应用表达式。
$\lambda x. \lambda y. \lambda z. (x\lambda x. (uv)w))$	复杂表达式。

4. 简略表示

① 缩写与变形表达。下例各表达式均等效：

$$
\begin{aligned}
\lambda a. \lambda b. \lambda c. \lambda z. E &= \lambda abcz. E \\
&= \lambda(abcz). E \\
&= \lambda(a,b,c,z). E \\
&= \lambda a. (\lambda b. (\lambda c. (\lambda z. E)))
\end{aligned}
$$

② 命名。以大写单字符或标识符命名其 λ 表达式：

$$G = (\lambda x.(y(yx)));((\lambda x.(y(yx)))(\lambda x.(y(yx)))) = (G\ G) = H$$

由于 λ 演算中一切语义概念均用 λ 表达式表达。为了清晰采用命名替换使之更易读。

T	$= \lambda x.\lambda y.x$	//逻辑真值
F	$= \lambda x.\lambda y.y$	//逻辑假值
1	$= \lambda x.\lambda y.x\ y$	//数 1
2	$= \lambda x.\lambda y.x(x\ y)$	//数 2
zerop	$= \lambda n.n(\lambda x.F)T$	//判零函数

zerop 中的 F、T 可以用 λ 表达式展开，其他用法相同。

5. 形式语法

λ 演算可以看作是描述函数的表达式语言。由于核心的 λ 演算没有类型，没有顺序控制等概念，程序和数据没有区分。语法极简单：

<λ 表达式>　::=　<变量>
　　　　　　　|λ<变量>.<λ 表达式>
　　　　　　　|(<λ 表达式><λ 表达式>)
　　　　　　　|(<λ 表达式>)
<变量>　　　::=　<字母>

2.4.2 基本函数

用 λ 演算表示计算首先要表示域，由于 λ 演算系统的值也是公式，则每个域中先定义几个基本公式，其他值通过演算实现。

1. TRUE 和 FALSE 的 λ 表达式

T　$= \lambda x.\lambda y.x$　　T 是参数为 x,y 的"真"函数,体中无 y,返回 x

F　$= \lambda x.\lambda y.y$　　F 是参数为 x,y 的"假"函数,体中无 x,返回 y

2. 整数的 λ 表达式

$0 = \lambda x.\lambda y.y$　　　　　　与 F 的 λ 表达式相同

$1 = \lambda x.\lambda y.x\ y$

$2 = \lambda x.\lambda y.x(x\ y)$

$n = \lambda x.\lambda y.\underbrace{x(\cdots(x\ y)\cdots)}_{n\text{个}}$

3. 基本操作函数

有了表示数的基本函数就可以构造表示操作的基本函数。以下是逻辑操作函数。

$\text{not} = \lambda z.((z\ F)\ T) = \lambda z.((z\lambda x.\lambda y.y)(\lambda x.\lambda y.x))$

$\text{and} = \lambda a.\lambda b.((a\ b)F) = \lambda a.\lambda b.((a\ b)\lambda x.\lambda y.y))$

$\text{or} = \lambda a.\lambda b.((a\ T)b) = \lambda a.\lambda b.((a\ \lambda x.\lambda y.x)b)$

以下是算术操作函数举例：

+=add=$\lambda x. \lambda y. \lambda a. \lambda b. ((z\,a)(y\,a)b)$

*=multiply=$\lambda x. \lambda y. \lambda a. ((x(y\,a)))$

**=sqr=$\lambda x. \lambda y. (y\,z)$

identity=$\lambda x.\,x$ 同一函数

succ=$\lambda n. (\lambda x. \lambda y.\,n\,x(x\,y))$ 后继函数

zerop=$\lambda n.\,n(\lambda x.\,F)\,T=\lambda n.\,n(\lambda z. \lambda x. \lambda y.\,y)(\lambda x. \lambda y.\,y)$ 判零函数

此外，positive（取正整数）、neg（取负）、divide（除法）、subtract（−、减法），pred（前驱）等函数也可以写成 λ 表达式形式，最底层的计算都是以 λ 表达式形式表示的。

核心的 λ 演算只有单目运算，例如：add 1 它返回的结果是函数，再应用到后面的表达式上。这样，3+4 就写 add 3 4，add 3 返回"加 3 函数"应用到 4 上当然就是 7，表达式如下：

$$(\lambda x. \lambda y. \lambda a. \lambda b. ((x\,a)(y\,a)\,b))(\lambda p. \lambda q. (p\,p(p\,q)))(\lambda s. \lambda t. (s\,s\,s(s\,t)))$$
$$\equiv \lambda a. \lambda b. (a(a(a(a(a(a(a\,b)))))))$$

2.4.3 归约

λ 函数的语义是它应用到变元上所实现的数学函数计算。从符号演算的角度，应用就是符号表达式的归约（reduction），归约将复杂的表达式化成简单形式，即按一定的规则对符号表达式进行置换。先看一例。

【例 2-8】 归约数 1 的后继

$(Suc(1))$ $\Rightarrow$ $(\lambda n. (\lambda x. \lambda y.\,n\,x(x\,y))1)$ //写出 Suc 的 λ 表达式

           $\Rightarrow$ $(\lambda x. \lambda y. (1\,x(x\,y)))$

           $\Rightarrow$ $(\lambda x. \lambda y. ((\lambda p. \lambda q.\,p\,q)\,x(x\,y)))$ //写出 1 的 λ 表达式

           $\Rightarrow$ $(\lambda x. \lambda y. ((\lambda q.\,x\,q)(x\,y)))$

           $\Rightarrow$ $(\lambda x. \lambda y.\,x(x\,y))=2$ //按定义

Suc 和 1 都是函数，只不过 1 是常函数。归约实则为置换。第一步是 λn 束定的 n 被 1 置换。展开后，x 置换 p，$(x\,y)$ 置换 q，最后一行不能再置换了，它就是范式，语义为 2。下面介绍是 λ 演算的归约规则。

1. β 归约

β 归约的表达式是一个 λ 应用表达式$(\lambda x.\,M\,N)$，其左边子表达式是 λ 函数表达式，右边是任意 λ 表达式。β 归约表达式 N 置换函数体 M 中 λ 指明的那个形参变量 x。用$[N/x,M]$表示对$(\lambda x.\,M\,N)$的置换。有以下规则：

① 若 x 不在 M 中自由出现，结果为 M；

② 若 $M=x$，结果为 M；

③ 若 $M=LR$，结果为$[N/x,L][N/x,R]$；

④ 若 $M=(P)$，结果为$([N/x,P])$；

⑤ 若 $M=\lambda y.\,E$，$x\neq y$，y 不在 N 中自由出现，结果为 $\lambda y. [N/x,E]$；

⑥ $M=\lambda y.\,E$，$x\neq y$，y 在 N 中自由出现，结果为 $\lambda z. [N/x,[z/y,E]]$，$z\neq x\neq y$ 且不在 M 和 N 中自由出现。

关键的问题是注意函数体中要置换的变量是否自由出现，如：

$$((\lambda x.\, x(\lambda x.\,(x\,y)))(z\,z)) \quad\Rightarrow\quad (z\,z)(\lambda x.\,((z\,z)y)) \quad \text{错误,第二}x\text{个非自由出现}$$
$$\Rightarrow\quad (z\,z)(\lambda x.\,(x\,y)) \qquad\qquad \text{正确}$$

但 β 归约有时并不能简化，如：$(\lambda x.\, x\,x)(\lambda x.\, x\,x)$，归约后仍是原公式，这种 λ 表达式称为不可归约的。对应为程序设计语言中的无限递归。

2. η 归约

η 归约是消除一层约束的归约，形如 $\lambda x.\, Fx$ 的表达式若 x 在 F 中不自由出现，则 $\lambda x.\, F\,x \Rightarrow F$。

3. α 换名

α 换名归约中如发生改变束定性质，则允许换名，也就是把 λ 后跟的变量名替换了，以保证原有束定关系。例如：

$$(\lambda x.\,(\lambda y.\, x))(z\,y) \qquad\qquad (z\,y)\text{中}y\text{是自由变量}$$
$$\Rightarrow\quad \lambda y.\,(z\,y) \qquad\qquad\quad\, \text{此时}\ (z\,y)\ \text{中}y\text{被束定了，错误}$$
$$\Rightarrow\quad (\lambda x.\,(\lambda w.\, x))(z\,y) \qquad \text{因}\ (\lambda y.\, x)\ \text{中函数体无}y\text{，可换名}$$
$$\Rightarrow\quad \lambda w.\,(z\,y) \qquad\qquad\quad\,\, \text{正确}$$

4. 归约约定

（1）顺序：每次归约只要找到可归约的子公式，即一个是 λ 函数表达式，一个是变元，就可以进行归约，λ 演算没有规定顺序。

（2）范式：符号归约当使用除 α 规则外的其他所有变换规则后没有新形式出现，则这种 λ 表达式叫范式。并非所有 λ 表达式均可归约为范式。前述 $(\lambda x.\, x\,x)(\lambda x.\, x\,x)$ 为不可归约的。

（3）解释：范式即 λ 演算的语义解释，归约后形如 $\lambda x.\, F$ 就是函数，形如 $x\,x$，$(y(\lambda x.\, z))$ 就只能解释为数据了，只可以把它放在另一个应用中作变元进一步归约。

上述基本函数均为范式，在它的上面取上有意义的名字可以构成上一层的函数，如 pred $=\lambda n.\,(\text{subtract }n\,1)$ 是一个前驱函数。

5. 综合规约例题

【例 2-9】 以 λ 演算规约 3^2。用 $**$ 表示乘方运算。

$$3**2 = **(3)(2)$$
$$= \lambda x.\,\lambda y.\,(y\,x)(3)(2)$$
$$>_{\beta}(\lambda y.\,(y\,3))(2)$$
$$>_{\beta}((2)3)$$
$$= (\lambda f.\,\lambda c.\, f\,(f\,c))(3)$$
$$>_{\beta}\lambda c.\,(3(3\,c))$$
$$= \lambda c.\,(\lambda f.\,\lambda c.\,(f(f(f(c)))))(3c)) \qquad\qquad\qquad \text{有}c\text{不能置换}c$$
$$=_{\alpha}\lambda c.\,(\lambda f.\,\lambda z.\,(f(f(f(z)))))(3c)$$
$$>_{\beta}\lambda c.\,(\lambda z.\,((3\,c)((3\,c)((3\,c)(z))))) \qquad\qquad \text{再展 3}$$
$$= \lambda c.\,\lambda z.\,(((\lambda f.\,\lambda c.\,(f(f(f(c))))c)((3\,c)((3\,c)(z))))$$
$$=_{\alpha}\lambda c.\,\lambda z.\,(((\lambda f.\,\lambda w.\,(f(f(f(w)))c)((3\,c)((3\,c)(z))))$$
$$>_{\beta}\lambda c.\,\lambda z.\,(((\lambda w.\,(c(c(c(w))))((3\,c)((3\,c)(z)))) \qquad \text{同理展开第二个}c\text{和第三个}c$$
$$= \lambda c.\,\lambda z.\,(((\lambda w.\,(c(c(c(w))))((\lambda p.\,(c(c(c(c(p))))))((\lambda q.\,(c(c(c(q))))))(z))))$$

$>_\beta \lambda c. \lambda z. (((\lambda w. (c(c(c(c(w))))) (\lambda p. (c(c(c(c(p)))))) (((c(c(c(c(z))))))$

$>_\beta \lambda c. \lambda z. (((\lambda w. (c(c(c(c(w))))) (((c(c(c(c(c(c(z)))))))))))))$

$>_\beta \lambda c. \lambda z. (c(c(c(c(c(c(c(c(c(z)))))))))))))))) = 9$

2.4.4　增强 λ 演算

可以看到只用最底层 λ 演算是极其复杂的。用高层命名函数，语义清晰。不仅如此，保留一些常见关键字，语义更清晰。例如，可以如下定义一个 if_then_else 为名的函数，当 p 为 "真" 时，执行 m；否则为 n：

if_then_else =λp. λm. λn. p m n

【例 2-10】 当条件表达式为真时 if_then_else 函数的归约

(if_then_else)t m n $\Rightarrow$ (λp. λm. λn. p m n) t m n

$\Rightarrow$ (λm. λn. (t m n)) m n $\Rightarrow$ (λm. λn. (λx. λy. x) m n) M N

$\Rightarrow$ (λm. λn. (λy. m) n) m n $\Rightarrow$ (λm. λn. m) m n

$\Rightarrow$ (λn. m n)=>m

同理 p 为 F 时可归约为取 n 的值。LISP 的条件函数 cond(E1 E2 E3) 就是这样做的。但这样太不直观了。在核心 λ 演算基础上，增强 λ 演算增加了以下表达式。

1. if 表达式

可保留显式 if…then…else 形式：(if_then_else) E1 E2 E3 = if E1 then E2 else E3

其中 E1，E2，E3 为 λ 表达式。表达式中的形参可用 λp. 形式抽取到最右边：

λm. λn. if(zerop n) then 0 else (divide m n)

zerop 是除零函数，当 n 为零时令其为零，其次序仍为先归约 E1，根据返回值选择 E2 或 E3。

2. Let/where 表达式

如果有高阶函数：(λn. multiply n (succ n)) (add i 2)。以 add i 2 置换变元 n 得：

multiply (add i 2) (succ (add i 2))

这样当函数较长时仍不清晰，于是设关键字 let … in…

let n = add i 2 in

multiply n (succ n)

这样就清晰多了。它的一般情况是：let a = b in E $\equiv$ (λa. E) b $\equiv$ E where a=b

对于更为复杂的 λ 表达式：

(λf. E2) (λx. E1) = let f = λx. E1 in E2 = let f x = E1 in E2

其中形如 $f=\lambda x. E1$ 的 λx，可移向左边为 $f x=E1$。因为 f 是 $\lambda x. E1$ 的替换名，它应用到变元 x 上和 x 是 E1 的形参效果是一样的。例如，

sqr	=	λn. multiply n n　整个是 λ 函数表达式
sqr$n$	=	multiply$n$ n　两应用表达式也相等

let 表达式在 ML 和 LISP 中直接采用，Miranda 用 where 关键字使程序更好读，let 直到 E 完结构成一个程序块。Miranda 只不过把 where 块放在 E 之后。

3. 元组表达式

先看形如 $(E1,E2)$ 的有序对，再扩展到多元组。

【例 2-11】 屏幕上的点处理。设 p 表示点对 (x,y) 则

$$(x,y) \equiv \text{pair } x\, y \qquad //\text{pair 构造函数}$$

一旦构造成统一元组，要处理时有：

$$\text{let}(x,y)=E1 \text{ in } E2 \equiv \text{let } p=E1 \text{ in let } x = \text{first } p \text{ in let } y = \text{second } p \text{ in } E2$$

其中 $\text{first } p \Rightarrow \text{first pair } x\, y \Rightarrow x$

$$\text{second } p \Rightarrow \text{second pair } x\, y \Rightarrow y$$

为选择函数，当 E2 中有 x，y 出现时选出后即可计算。

一般情况下 n 元组是 $p=(x_1,x_2,\cdots,x_n)$，建立在 p 上函数有：

$$\text{let } f(x_1,x_2,\cdots,x_n)=E1 \text{ in } E2 \equiv \text{let } fp=E1 \text{ in}$$
$$\text{let } x_1=\text{first } p \text{ in}$$
$$\text{let } x_2=\text{second } p \text{ in}$$
$$\vdots$$
$$\text{let } x_n=n\_th\ p \text{ in } E2$$

若 E1 中用到元组值，从以上表达式中可得到确切定义。更进一步简化，通过名字把 E1 传到 E2，例如，let max{x,y} = if x>y then x else y in sqr max{x,y}

2.4.5　LISP 语言简介

LISP 是一门历史悠久的语言，它是由麦卡锡于 1958 年就开始设计的一门语言，全名叫 LISt Processor，也就是"表处理语言"。从 LISP 分支出来的 Scheme、ML 等语言在很多场合的应用也很广泛。相比 C/C++、Pascal、Java 这些"过程式语言"，LISP 的风格却是大相径庭的。LISP 的基本语法很简单，它甚至没有保留字，只有两种基本的数据，仅有的一种基本的语法结构就是表达式，而这些表达式同时也就是程序结构，但 LISP 使用最基本的语言结构定义却可以完成其他语言难以实现的、最复杂的功能。

现在先来看看 LISP 语言中的基本元素。LISP 的表达式是一个原子（atom）或表（list）。原子（atom）是一个字母序列，如 abc；表是由零个或多个表达式组成的序列，表达式之间用空格分隔开，放入一对括号中，如：abc、( )、(abc xyz)、(a b (c) d)。最后一个表是由四个元素构成的，其中第三个元素本身也是一个表。LISP 中的表达式也有值，如果表达式 e 得出值 v，则称为 e 返回值 v。如果一个表达式是一个表，那么把表中的第一个元素叫作操作符，其余的元素叫作自变量。下面给出 LISP 的 7 个基本操作符。

1.（quote x）操作符

（quote x）返回 x，简记为'x

2.（atom x）操作符

当 x 是一个原子或者空表时（atom x）返回原子 t，否则返回空表( )。在 LISP 中习惯用原子 t 表示真，而用空表( )表示假。

> （atom 'a）
> t
> （atom '(a b c)）
> ( )
> （atom '( )）
> t

quote 操作符的作用：通过引用（quote）一个表，避免它被求值。一个未被引用的表达式作为自变量，atom 将其视为代码，例如：

> （atom（atom 'a）)
> t

反之一个被引用的表仅仅被视为表：

> （atom '(atom 'a)）
> ( )

引用看上去有些奇怪，因为很难在其他语言中找到类似的概念，但正是这一特征构成了 LISP 最为与众不同的特点——代码和数据使用相同的结构来表示，而用 quote 来区分它们。

3.（eq x y）操作符

当 x 和 y 的值相同或者同为空表时（eq x y）返回 t，否则返回空表( )：

> （eq 'a 'a）
> t
> （eq 'a 'b）
> ( )
> （eq '( ) '( )）
> t

4.（car x）操作符

要求 x 是一个表，（car x）返回 x 中的第一个元素，例如：

> （car '(a b)）
> a

5.（cdr x）操作符

要求 x 是一个表，（cdr x）返回 x 中除第一个元素之外的所有元素组成的表，例如：

> （cdr '(a b c)）
> (b c)

6.（cons x y）操作符

要求 y 是一个表，（cons x y）返回一个表，这个表的第一个元素是 x，其后是 y 中的所有元素，例如：

> (cons 'a '(b c))
(a b c)
> (cons 'a (cons 'b (cons 'c ( ))))
(a b c)

7. 条件分支

在 LISP 中，由 cond 操作符完成条件分支，cond 是 7 个操作符中最后一个，操作也是形式最复杂的一个，形式为：

(cond (p1 e1) (p2 e2)…(pn en))

p1 到 pn 为条件，e1 到 en 为结果，cond 操作符依次对 p1 到 pn 求值，直到找到第一个值为原子 t 的 p，此时把对应的 e 作为整个表达式的值返回，例如：

> (cond ((eq 'a 'b) 'first) ((atom 'a) 'second))
second

在这 7 个操作符中，除 quote 和 cond 之外，以其他的五个操作符开头的表达式总是要对它的所有自变量求值，然后产生结果，把这样的表达式叫作函数。

8. 函数

在 LISP 中采用如下形式描述一个函数：

(lambda (p1 p2 … pn) e)

其中，pi 为原子，在函数中称之为参数，e 是表达式，也就是函数体。

调用一个函数的方式如下：

((lambda (p1 p2… pn) e) a1 a2… an)

其中 ai 为表达式，称之为实参。

整个函数的调用过程如下：每一个表达式 ai（实参）先求值，然后再将这些实参代入 e 中求值，最后的结果即为整个表达式的返回值。如果一个表达式的第一个元素是一个原子，但不是基本操作符，也就是不是那 7 个基本操作，如：(f a1 a2… an)，并且 f 的值是一个函数 (lambda (p1 p2… pn) e)，则上述表达式等价于 ((lambda (p1 p2… pn) e) a1 a2… an)。

高阶函数（high order function）在 LISP 语言中占有重要的地位，甚至可以说是 LISP 如此与众不同的主要原因。即把一个函数本身当作另一个函数的自变量，在现代的 C++ 中提出的 "functor" 这个概念其实就是高阶函数在 C++ 中的一种实现。

可以看到，至今为止，函数都还没有名字。函数可以没有名字，也就是匿名函数，这正是 LISP 的另一大特色，LISP 可以让程序员把数据和名字剥离开。函数没有名字会带来一个问题，那就是无法在函数中调用自身，所以 LISP 提供了一种形式可以用一个标识符来引用函数：

(label f (lambda (p1 p2… pn) e))

这个表达式和前面的简单 lambda 表达式等价，但是在 e 中出现的所有 f 都会被替换为整个 lambda 表达式，也就是递归。LISP 提供了一种简写形式：

(defun f (p1 p2… pn) e)

如何取一个表中的第二个、第三个或第 n 个元素？取第二个元素可以采用如下形式：

(car (cdr x))

同理，取第三个元素是这样的：

(car (cdr (cdr x)))

事实上，这种组合在 LISP 中经常要用到。为了方便，LISP 提供了一个通用模式：cxr，其中 x 为 a 或 d 的序列，来简记 car 和 cdr 的组合，例如：

```
> (cadr '((a b) (c d) e))
(c d)
> (caddr '((a b) (c d) e))
e
> (cdar '((a b) (c d) e))
(b)
```

另外，使用(list e1 e2… en)来表示(cons e1 (cons e2 (… (cons en '())…)))。

```
> (cons 'a (cons 'b (cons 'c '())))
(a b c)
> (list 'a 'b 'c)
(a b c)
```

现在介绍一些新的常用函数，(null x)，测试 x 是否为空表。例如：

```
> (null 'a)
()
> (null '())
t
```

(and x y)，逻辑与，当且仅当 x 和 y 都不是空表时返回't，否则返回空表。

```
> (and 'a 'b)
t
> (and (atom 'a) (eq 'b 'c))
()
```

(not x)，逻辑非，当 x 是空表时返回't，否则返回空表。例如，

```
> (not 'a)
()
> (not (eq 'a 'b))
t
```

(append x y)，连接两个表 x 和 y，注意它与 cons 和 list 之间的不同之处。例如：

```
> (append '(a b) '(c d))
```

```
(a b c d)
> ( append '( ) '( x y ) )
(x y)
```

（pair x y），这里 x 和 y 是两个长度相同的表，pair 生成一个表，其中每个元素是 x 和 y 中相应位置上的元素组成的一个元素对，这个函数的返回值类似于其他语言中的 map 或 dictionary 的概念。例如：

```
> ( pair '( a b c ) '( x y z ) )
( ( a x ) ( b y ) ( c z ) )
```

（assoc x y），其中 x 是一个原子，y 是一个形如 pair 所返回的表，assoc 在 y 中查找第一个左元素为 x 的元素对并返回。例如：

```
> ( assoc 'a '( ( a x ) ( b y ) ) )
x
> ( assoc 'a '( ( a ( foo bar ) ) ( b y ) ( c z ) ) )
( foo bar )
```

（subst x y z），在表 z 中将任意层次上出现的原子 y 都替换为表达式 x。例如：

```
> ( subst '( x y ) 'b '( a b ( a b c ) d ) )
( a ( x y ) ( a ( x y ) c ) d )
```

下面给出这些常用函数的简单实现：

```
( defun null ( x )
( eq x '( ) ) )
( defun and ( x y )
( cond ( x ( cond ( y 't ) ( 't '( ) ) ) )
( 't '( ) ) ) )
( defun not ( x )
( cond ( x '( ) )
( 't 't ) ) )
( defun append ( x y )
( cond ( ( null x ) y )
( 't ( cons ( car x ) ( append ( cdr x ) y ) ) ) ) )
( defun pair ( x y )
( cond ( ( and ( null x ) ( null y ) ) '( ) )
( ( and ( not ( atom x ) ) ( not ( atom y ) ) )
( cons ( list ( car x ) ( car y ) )
( pair ( cdr ) ( cdr y ) ) ) ) ) )
( defun assoc ( x y )
( cond ( ( eq ( caar y ) x ) ( cadar y ) )
( 't ( assoc x ( cdr y ) ) ) ) )
( defun subst ( x y z )
( cond ( ( atom z )
```

```
(cond ((eq z y) x)
('t z)))
('t (cons (subst x y (car z))
(subst x y (cdr z)))))))
```

在 LISP 中，最常用的重复其实并不是真正意义上的重复，而是递归，这也是绝大多数函数式语言的一个共同特征：函数的嵌套和递归，构成了整个程序逻辑。

2.4.6　其他高级语言中的 λ 表达式

目前很多语言都能识别 λ 表达式，下面简单介绍一下 C++、Java 和 Python 语言中的 λ 表达式。

1. C++语言中的 λ 表达式

λ 函数也就是一个函数，它的语法定义如下：

[capture](parameters) mutable ->return-type{statement}

下面介绍各个部分的意义。

① [capture]：捕捉列表。捕捉列表总是出现在 Lambda 函数的开始处。实际上，[] 是 λ 引出符。编译器根据该引出符判断接下来的代码是否是 λ 函数。捕捉列表能够捕捉上下文中的变量以供 λ 函数使用。

[] 不捕捉取任何变量。

[&] "&" 表示以引用的方式捕捉所有父作用域的变量，包括 this。

[=] "=" 表示以值传递的方式捕捉所有父作用域的变量，包括 this。

[var] 表示值传递方式捕捉变量 var。

[this] 表示值传递方式捕捉当前的 this 指针。

所谓父作用域，也就是包含 λ 函数的语句块，通俗地说就是包含 λ 的 "{}" 代码块。上面的捕捉列表还可以进行组合，例如：

[=, &a, &b] 表示以引用传递的方式捕捉变量 a 和 b，以值传递方式捕捉其他所有变量；

[&, a, this] 表示以值传递的方式捕捉变量 a 和 this，引用传递方式捕捉其他所有变量。

不过值得注意的是，捕捉列表不允许变量重复传递。下面一些例子就是典型的重复，会导致编译时期的错误。例如：

[=, a] 这里已经以值传递方式捕捉了所有变量，但是重复捕捉 a 了，会报错的；

[&, &this] 这里 & 已经以引用传递方式捕捉了所有变量，再捕捉 this 也是一种重复。

② (parameters)：参数列表。与普通函数的参数列表一致。如果不需要参数传递，则可以连同括号 "()" 一起省略。

③ mutable：mutable 修饰符。默认情况下，λ 函数总是一个 const 函数，mutable 可以取消其常量性。在使用该修饰符时，参数列表不可省略（即使参数为空）；

④ ->return-type：返回类型。用追踪返回类型形式声明函数的返回类型。可以在不需要返回值的时候也可以连同符号 "->" 一起省略。此外，在返回类型明确的情况下，也可

以省略该部分，让编译器对返回类型进行推导。

⑤ {statement}：函数体。内容与普通函数一样，不过除了可以使用参数之外，还可以使用所有捕获的变量。

下面是一个简单的 C++程序的例子。从下面的例子中可以看出，λ 表达式不仅可以定义匿名函数，还可以把 λ 表达式赋值给一个变量，这样便于引用。

```cpp
#include <iostream>
using namespace std;
int main( ){
    int a = 10;
    auto func1 = [ = ]{return a + 1;};
    auto func2 = [&]{return a + 1;};
    cout << func1( ) << endl;
    cout << func2( ) << endl;
    a++;
    cout << func1( ) << endl;
    cout << func2( ) << endl;
    return 0;
}
```

输出结果为：

```
11
11
11
12
```

为什么第三个结果是 11，而第四个结果是 12 呢？这是因为在 func1 表达式中，a 被视为一个常量，一旦初始化后不会再改变，可以认为是在表达式中 copy 了一个跟 a 同名的 const 变量，而在 func2 表达式中，a 仍然在使用父作用域中的值，所以使用 λ 函数的时候，如果需要捕捉的值成为 λ 函数的常量，通常会使用按值传递的方式捕捉；相反，如果需要捕捉的值成为 λ 函数运行时的变量，则应该采用按引用方式进行捕捉。再看下面的例子：

```cpp
#include <iostream>
using namespace std;
int main( ){
    int a = 10;
    cout << [ = ]{return ++a;}( ) << endl;
    cout << [&]{return ++a;}( ) << endl;
    return 0;
}
```

编译会报错，说 a 是只读的，换成下面的代码就可以了。

```cpp
#include <iostream>
using namespace std;
```

```
int main( ) {
    int a = 10;
    cout << [ = ] ( ) mutable { return ++a; } ( ) << endl;
    cout << [ & ] { return ++a; } ( ) << endl;
    return 0;
}
```

这是因为默认情况下，λ 函数总是一个 const 函数，mutable 可以取消其常量性。按照规定，一个 const 的成员函数是不能在函数体内修改非静态成员变量的值。

2. Java 语言中的 λ 表达式

Java 8 中 λ 表达式的语法如下：

(parameters) ->expression 或 (parameters) -> { statements; }

λ 表达式实质是一种实现方法的简洁表达形式，在没有用 λ 表达式之前，假如想定义一个 Runable，如下所示：

```
public class LambdaStudy {
    public static void main( String… args) {
        Runnable r = new Runnable( ) {
            public void run( ) {
                System. out. println( "Howdy, world!" );
            }
        }
        r. run( );
    }
}
```

通过引入 λ 表达式，实现上述功能只需要写如下代码，简洁很多。

```
public class LambdaStudy {
    public static void main( String… args)        {
        Runnable r2 = ( ) -> System. out. println( "Howdy, world!" );
        r2. run( );
    }
}
```

在 Java 8 中，每一个 λ 表达式必须有一个函数式接口与之对应，所谓函数式接口 (functional interface，FI) 就是只包含一个抽象方法的普通接口，java. lang. Runnable、java. util. Comparator 都是函数式接口，函数式接口可以被隐式转换为 λ 表达。Java 8 提供了 java. util. function 包用于支持函数式编程，其中的 FI 主要分为以下四大类。

① 功能性接口：Function。

② 断言性接口：Predicate。

③ 供给性接口：Supplier。

④ 消费性接口：Consumer。

如下的实例能够正确输出 HelloWorld。

```
public class LambdaTest2 {
    public interface TestInterface {
        public void test1();
    }
    public static void doSomething(TestInterface test) {
        test.test1();
    }
    public static void main(String[] args) {
        doSomething(() -> System.out.println("HelloWorld"));
    }
}
```

但如下的程序却会报错，因为 com.chen.LambdaTest3.TestInterface 中找到多个非覆盖抽象方法，所以不是函数式接口。

```
public class LambdaTest3 {
    public interface TestInterface {
        public void test1();
        public void test2(int a);
    }
    public static void doSomething(TestInterface test) {
        test.test1();
    }
    public static void main(String[] args) {
        doSomething(() -> System.out.println("HelloWorld"));
    }
}
```

3. Python 语言中的 λ 表达式

Python 允许使用 lambda 关键字来创建匿名函数。Python 的 λ 表达式基本语法是在关键字 lambda 和冒号"："之间放函数的参数，可以有多个参数，用逗号"，"隔开；冒号右边是计算公式，并且其值为返回值。下面首先定义一个普通的函数：

```
>>> def ds(x):
        return(2 * x + 1)
>>> ds(10)
21
```

如果使用 λ 语句来定义这个函数，就会变成这样：

```
>>> g = lambda x:(2 * x + 1)
>>> g(10)
21
```

再例如，如下的普通函数。

```
>>> def add(x,y):
        return(x + y)
>>> add(10,20)
30
```

变成 λ 表达式就是：

```
>>> g = lambda x,y:(x + y)
>>> g(10,20)
30
```

λ 表达式的作用有以下几方面。

① Python 写一些执行脚本时，使用 lambda 就可以省下定义函数过程，例如，如果只是需要写个简单的脚本来管理服务器时间，就不需要专门定义一个函数，然后再写调用，使用 λ 就可以使得代码更加精简。

② 对于一些比较抽象并且整个程序执行下来只需要调用一两次的函数，有时候给函数起个名字也是比较头疼的问题，使用 λ 表达式就不需要考虑命名的问题了。

③ 简化代码的可读性。λ 表达式使程序的表达更简洁，便于阅读。

使用 λ 函数要注意，λ 函数可以接收任意多个参数，包括可选参数，并且返回单个表达式的值。λ 函数不能包含命令，包含的表达式不能超过一个。下面是一个用 λ 表达式给出的一个排序函数

```
class Person:
    age = 0
    gender = 'male'
    def __init__(self,age,gender):
        self.age = age
        self.gender = gender
    def toString(self):
        return 'Age:'+str(self.age)+'/tGender:'+self.gender
List=[Person(21,'male'),People(20,'famale'),Person(34,'male'),Person(19,'famale')]
print 'Befor sort:'
for p in List:
    print p.toString()
List.sort(lambda p1, p2:cmp(p1.age,p2 age))
print '/n After ascending sort:'
for p in List:
    print p.toString()
List.sort(lambda p1, p2:-cmp(p1.age, p2.age))
print '/n After descending sort:'
for p in List:
    print p.toString()
```

上面的代码定义了一个 Person 类，并通过 lambda 函数，实现了对包含 Person 类对象的列表按照 People 的年龄，进行升序和降序排列。

2.5　波斯特系统及其应用

波斯特系统（Post system，PS）亦称波斯特正规系统或组合系统，由数理逻辑学家波斯特（Emil L. Post）于 20 世纪 20 年代研究，并在 1943 年发表。该系统在形式上与逻辑学中的形式系统十分相似。具体地，波斯特系统 PS 包括一个字母表 Σ，其中的常元和变元分别组成 U 和 V，且 $\Sigma = U \cup V$，以及由 Σ 上的字组成的有穷公理集 S（S 中字也称原始假设）和一个有穷的产生程序 P，P 中的元素为形如 $a_1, a_2, \cdots, a_n \rightarrow a$ 的 n 元产生式，其中 n 为自然数。从 PS 的公理 S 出发，有穷多次运用 P 中的产生式可以推出 Q，则称 Q 为 PS 的一个定理。

波斯特提出的产生式在两个方面得到了应用。第一个应用就是人工智能领域的专家系统，有一类专家系统是基于产生式规则的，这类专家系统也称为产生式系统。第二个应用就是形式语言中用于产生语言的形式文法。以乔姆斯基为代表的生成语法理论的形成与发展大大促进了语言的形式化研究，这个理论的理论基础就是波斯特提出的产生式系统。

2.5.1　波斯特系统简介

一个波斯特规范系统是一种基于串操作的系统，从一些字符串开始，重复使用声明的规则对字符串进行变换，由此而得到一种形式语言。具体地定义如下。

定义 2-8　一个波斯特规范系统是一个三元组 $<A, I, R>$，其中 A 是一个有限字母表；I 是一个初始字的有限集合；R 是一个转换字符串的规则的集合，这些规则也称为产生式，并且每个规则具有如下的形式：

$$
\begin{array}{cccccccc}
g_{10} & \$_{11} & g_{11} & \$_{12} & g_{12} & \cdots & \$_{1m_1} & g_{1m_1} \\
g_{20} & \$_{21} & g_{21} & \$_{22} & g_{22} & \cdots & \$_{2m_2} & g_{2m_2} \\
\vdots & \vdots & \vdots & \vdots & \vdots & & \vdots & \vdots \\
g_{k0} & \$_{k1} & g_{k1} & \$_{k2} & g_{k2} & \cdots & \$_{km_k} & g_{km_k} \\
& & & & \downarrow & & & \\
h_0 & \$'_1 & h_1 & \$'_2 & h_2 & \cdots & \$_n & g_n
\end{array}
$$

这里 g 和 h 是给定的固定文字，$\$$ 和 $\$'$ 为变量，代表任意文字。在箭头前面的字符串和在箭头后面的字符串分别称为规则的前驱和结论，还要求结论中的 $\$'$ 是前驱中的某个 $\$s$，以及规则的每个前驱和结论中都存在至少一个变量。

【例 2-12】 $A = \{ [,] \}$，$I = [ ]$，R 由以下规则构成：

① $\$ \rightarrow [\ \$ \ ]$

② $\$ \rightarrow \$ \$$

③ $\$_1 \$_2 \rightarrow \$_1 [\ ] \$_2$

一个新的合式括号表达式的推导过程如下：

[ ]	初始字
[ ][ ]	由②
[[ ]][ ]	由①
[[ ]][ ]][[ ]][ ]]	由②
[[ ]][ ]][ ]][[ ]][ ]]	由③

定义 2-9　如果一个波斯特规范系统只有一个初始字，且其规则为如下的简单形式：

$$g\$ \to \$h$$

则称为正规波斯特系统。

对于波斯特规范系统和正规系统之间的关系，波斯特本人还证明了如下结论：

给定字母集 A 上的波斯特规范系统，可以从该系统构造一个波斯特正规系统，可能需要扩大字母集，使得由正规系统在字母集 A 产生的字的集合和原系统产生的字的集合相同。

2.5.2　基于产生式的专家系统

1965 年美国的纽威尔和西蒙利用波斯特系统的原理建立了一个人类的认知模型。同年，斯坦福大学利用产生式系统结构设计出第一个专家系统 DENDRAL。本节介绍人工智能中基于产生式的专家系统，主要包含如下三个方面的内容：首先介绍一个专家系统的例子，其次介绍专家系统的构成要素，最后介绍专家系统的推理规则。

1. 专家系统的例子

建立动物识别专家系统的规则库，规则库由 15 条规则组成，规则名分别是：R1，R2，…，R15，规则库的符号名为 RS。编写一段程序，把 15 条规则组成一个表直接赋值给规则库 RS。

（RS

　　（（R1

　　　　（if（animal has hair））　　　　　　若动物有毛发(F1)

　　　　（then（animal is mammal）））　　则动物是哺乳动物(M1)

　　（（R2

　　　　（if（animal gives milk））　　　　　若动物有奶(F2)

　　　　（then（animal is mammal）））　　则动物是哺乳动物(M1)

　　（（R3

　　　　（if（animal has feathers））　　　　若动物有羽毛(F9)

　　　　（then（animal is bird）））　　　　则动物是鸟(M4)

　　（（R4

　　　　（if（animal flies））　　　　　　　　若动物会飞(F10)

　　　　（animal lays eggs））　　　　　　　且生蛋(F11)

　　　　（then（animal is bird）））　　　　则动物是鸟(M4)

　　（（R5

　　　　（if（animal eats meat））　　　　　若动物吃肉类(F3)

　　　　（then（animal is carnivore）））　则动物是食肉动物(M2)

```
((R6
    (if (animal Raspointed teeth))        若动物有犀利牙齿(F4)
        (animal has claws)                且有爪(F5)
        (animal has forword eyes))        且眼向前方(F6)
    (then (animal is carnivore))))        则动物是食肉动物(M2)
((R7
    (if (animal has mammal))              若动物是哺乳动物(M1)
        (animal has hoofs))               且有蹄(F7)
    (then (animal is ungulate))))         则动物是有蹄类动物(M3)
((R8
    (if (animal has mammal))              若动物是哺乳动物(M1)
        (animal chews cud))               且反刍(F8)
    (then (animal is ungulate))))         则动物是有蹄类动物(M3)
((R9
    (if (animal is mammal))               若动物是哺乳动物(M1)
        (animal is carnivore)             且是食肉动物(M2)
        (animal has tawny color)          且有黄褐色(F12)
        (animal has dark sports))         且有暗斑点(F13)
    (then (animal is cheetah))))          则动物是豹(H1)
((R10
    (if (animal is mammal))               若动物是哺乳动物(M1)
        (animal is carnivore)             且是食肉动物(M2)
        (animal has tawny color)          且有黄褐色(F12)
        (animal has black stripes)        且有黑色条纹(F15)
    (then (animal is tiger))))            则动物是虎(H2)
((R11
    (if (animal is ungulate))             若动物是有蹄类动物(M3)
        (animal has long neck)            且有长脖子(F16)
        (animal has long legs)            且有长腿(F14)
        (animal has dark sports))         且有暗斑点(F13)
    (then (animal is giraffe))))          则动物是长颈鹿(H3)
((R12
    (if (animal is ungulate))             若动物是有蹄类动物(M3)
        (animal has black stripes)        且有黑色条纹(F15)
    (then (animal is zebra)))             则动物是斑马(H4)
((R13
    (if (animal is bird))                 若动物是鸟(M4)
```

	（animal does not fly）	且不会飞（F17）
	（animal has long neck）	且有长脖子（F16）
	（animal has long legs））	且有长腿（F14）
	（animal black and white））	且有黑白二色（F18）
	（then （animal is ostrich）））	则动物是驼鸟（H5）

```
（（R14
    （if （animal is bird））          若动物是鸟（M4）
    （animal does not fly）           且不会飞（F17）
    （animal swims）                 且会游泳（F19）
    （animal black and white））      且有黑白二色（F18）
    （then （animal is penguin）））    则动物是企鹅（H6）
（（R15
    （if （animal is bird））          若动物是鸟（M4）
    （animal flies well））           且善飞（F20）
    （then （animal is albatross）））  则动物是信天翁（H6）
```

在上述规则的说明中，F1~F20 是初始事实或证据，M1~M4 是中间结论，H1~H7 是最终结论。用逻辑公式表示 15 条规则，其形式如表 2-2 所示。

表 2-2　15 条规则的产生式

规则号	规则	前件	后件
R1	F1→M1	F1	M1
R2	F2→M1	F2	M1
R3	F9→M4	F9	M4
R4	F10∧F11→M4	F10∧F11	M4
R5	F3→M2	F3	M2
R6	F4∧F5∧F6→M2	F4∧F5∧F6	M2
R7	F7∧M1→M3	F7∧M1	M3
R8	F8∧M1→M3	F8∧M1	M3
R9	F12∧F13∧M1∧M2→H1	F12∧F13∧M1∧M2	H1
R10	F12∧F15∧M1∧M2→H2	F12∧F15∧M1∧M2	H2
R11	F13∧F14∧F16∧M3→H3	F13∧F14∧F16∧M3	H3
R12	F15∧M3→H4	F15∧M3	H4
R13	F14∧F16∧F17∧F18∧M4→H5	F14∧F16∧F17∧F18∧M4	H5
R14	F17∧F18∧F19∧M4→H6	F17∧F18∧F19∧M4	H6
R15	F20∧M4→H7	F20∧M4	H7

2. 基于产生式专家系统的构成要素

在产生式系统中，论域的知识分为两部分：用事实表示静态知识，如事物、事件和它们之间的关系；用产生式规则表示推理过程和行为。由于这类系统的知识库主要用于存储规则，因此也把这类系统称为基于规则的系统（rule-based system）。产生式系统由三部分组成，即总数据库（global database），产生式规则库（set of product rules）和控制策略（control strategies）。

1）总数据库（global database）

总数据库又称综合数据库、上下文等，用于存放求解过程中各种当前信息的数据结构，如问题的初始状态、事实或证据、中间推理结论和最后结果等，其中的数据是产生式规则的处理对象。数据库中的数据根据应用的问题不同，可以是常量、变量、谓词、表结构、图像等。

例如，关于动物世界的产生式系统有如下数据库：

...

（Mammal Dog）

（Eat Dog Meat）

...

从另一个角度，数据库可视为推理过程中间结果的存储池。随着中间结果的不断加入，使数据库描述的问题状态逐步转变为目标状态。

2）产生式规则库（set of product rules）

产生式规则库是某领域知识用规则形式表示的集合，其中包含将问题从初始状态转换到目标状态的所有变换规则。当产生式规则中某条规则的前提与数据总库中的事实相匹配时，该规则库就被激活，并把其结论作为新的事实存入总数据库。规则的一般形式为：

条件→行为

或

前提→结论

用一般计算机程序语言表示为：

if...then...

其中左部确定了该规则可应用的先决条件，右部描述应用这条规则所采取的行动或得出的结论。在确定规则的前提或条件时，通常采用匹配的方法，即查看全局数据库中是否存在规则的前提或条件所指的情况。若存在则匹配成功，否则，认为失败。

3）控制策略（control strategies）

控制策略，或称控制系统，它是产生式系统的推理机，是规则的解释程序。它规定了如何选择一条可应用的规则对全局数据库进行操作，即决定了问题求解过程或推理路线。通常情况下，控制策略负责产生式规则前提或条件与全局数据库中数据的匹配，按一定的策略从匹配通过的规则中选出一条加以执行，并在合适的时候结束产生式系统的运行。其基本的控制流程为：匹配、冲突解决和操作。

（1）匹配，也称识别。在这一步，把当前数据库与规则的执行条件部分相匹配。如果两者完全匹配，则把这条规则称为触发规则。当按规则的操作部分去执行时，称这条规则为启用规则。在一个循环的匹配阶段，若有多于一条的规则激活，就称引起了一个冲突。

（2）冲突解决，即决定首先使用哪一条规则。冲突解决的策略分为3类：

① 选用首条激活的规则加以执行。

② 选用已激活规则中最好的加以执行。

③ 执行所有激活的规则。

（3）操作，操作就是执行规则的操作部分。经过操作后，当前数据库将被修改，然后，其他的规则有可能被使用。

3. 专家系统的推理规则

产生式系统推理机的推理方式有正向推理、逆向推理和双向推理 3 种，下面分别做简单介绍。

1）正向推理

正向推理是从已知事实出发，通过规则库求得结论。正向推理称为数据驱动方式，也称自底向上的方式。推理过程如下。

（1）规则集中规则的前件与数据库中的事实进行匹配，得到匹配的规则集合。

（2）从匹配规则集合中选择一条规则作为使用规则。

（3）执行使用规则，将该使用规则后件的执行结果送入数据库。

（4）重复这个过程直至达到目标。

具体地说，如果数据库中含有 A，而规则库中有规则 $A \rightarrow B$，那么这条规则便是匹配规则，进而将后件 B 送入数据库。这样可不断扩大数据库，直至数据库中包含目标，便成功结束。如有多条匹配规则，则需从中选一条作为使用规则，不同的选择方式直接影响求解效率。

在动物识别系统中，包含有如下几个规则：

规则 R2　　如果该动物能产乳，

　　　　　　　那么它是哺乳动物。

规则 R8　　如果该动物是哺乳动物，它能反刍，

　　　　　　　那么它是有蹄动物。

规则 R9　　如果该动物是有蹄动物，

　　　　　　　　它有长颈，有长腿，

　　　　　　　　且有暗斑点，

　　　　　　　那么它是长颈鹿。

这样的例子就是用了正向推理。

2）逆向推理

逆向推理是从目标出发，逆向使用规则，找到已知事实。逆向推理也称目标驱动方式或称自顶向下的方式，其推理过程如下。

（1）规则集中的规则后件与假设的目标事实进行匹配，得到匹配的规则集合。

（2）从匹配规则集合中选择一条规则作为使用规则。

（3）将使用规则的前件作为新的假设子目标。

（4）重复这个过程，直至每个子目标为已知事实后成功结束。

如果目标明确，使用逆向推理效率较高，所以人们经常使用。

从上面的推理过程可以看出，做逆向推理时可以假设一个结论，然后利用规则去推导支持假设的事实。

在动物识别系统中，为了识别一个动物，可以进行以下的逆向推理。

（1）假设这个动是长颈鹿的话，为了检验这个假设，根据 R9，要求这个动物是长颈、长腿且是有蹄动物。

（2）假设全局数据库中已有该动物是长腿、长颈等事实，我们还要验证"该动物是有蹄动物"。为此，规则 R8 要求该动物是"反刍"动物且是"哺乳动物"。

（3）要验证"该动物是哺乳动物"，根据规则 R2，要求该动物是"产乳动物"。现在已经知道该动物是"产乳"和"反刍"动物，即各子目标都是已知事实，所以逆向推理成功，即"该动物是长颈鹿"假设成立。

3）双向推理

双向推理，又称混合推理，既自顶向下，又自底向上，从两个方面做推理，直至某个中间界面上两个方向的结果相符后成功结束。不难想象这种双向推理较正向推理或逆向推理所形成的推理网络要小，从而推理效率更高。

例如：在动物识别系统中，已知某动物具有特征：长腿、长颈、反刍、产乳。为了识别一个动物，可以进行以下的双向推理。

（1）首先假设这个动物是长颈鹿，为了检验这个假设，根据 R9，要求这个动物是长颈、长腿且是有蹄动物。这是逆向推理得到的中间结论。

（2）根据该动物产乳，由规则 R2 知该动物是哺乳动物；再加上该动物反刍，由规则 R8 知道该动物是有蹄动物而且是偶蹄动物。这是正向推理得到的中间结论。

（3）有（1）和（2）得到的中间结论——"有蹄动物"重合，而（1）中的另两个中间结论"长颈、长腿"是已知事实，所以假设"这个动物是长颈鹿"是正确的。

2.5.3　产生式在形式语言中的应用

形式语言理论是计算机科学的一个重要分支，这一领域是在 1956 年前后形成的。那时，乔姆斯基在他的自然语言的研究中给出了文法的数学模型，就是采用对波斯特提出的产生式加以限制的方法将文法分成了四类。尽管这四类文法还不能够很好地描述自然语言，但却令人满意地描述了程序设计语言 ALGOL，人们利用上下文无关文法定义了程序设计语言的语法，从而发现了文法的概念对于程序设计很重要。这就很自然地引出了语法制导编译和编译程序的概念，大大促进了计算机编译系统的发展。

形式语言理论涉及的内容有语言的形式化表示和语言的生成与识别。形式语言的生成和识别中，有两种方法，一种是形式文法，另一种是自动机理论。形式文法的表达形式也就是利用了波斯特提出的产生式；自动机理论除了后面将要介绍的图灵机，还有有限自动机、下推自动机和线性界限自动机，它们所产生的语言分别对应着 0 型语言、3 型语言、2 型语言和 1 型语言。文法和自动机都是用于生成和识别语言的，所以在讨论文法之前首先讨论语言的形式化表示和性质。本节介绍语言的形式化表示和文法，将在下一节介绍自动机中的图灵机。

1. 语言的形式化表示及其性质

语言学家乔姆斯基，毕业于宾西法尼亚大学，最初从产生语言的角度研究语言。他从三个方面对于语言学进行了研究。

（1）表示（representation）——无穷语言的表示。

（2）有穷描述（finite description）——研究的语言要么是有穷的，要么是可数无穷的，这里主要研究可数无穷语言的有穷描述。

（3）结构（structure）——语言的结构特征。

从以上研究主题可以看出，在讨论语言处理时，首先要说清楚语言的表达方式。本节就来说明语言的形式化表示及其性质。

定义 2-10（字母表（alphabet））　字母表 Σ 是一个非空有穷集合，字母表中的元素称为该字母表的一个字母（letter），又叫作符号（symbol）或者字符（character）。

【例 2-13】$\{a,b,c,d\}$、$\{a,b,c,\cdots,z\}$、$\{0,1\}$ 都是字母表。

字符有整体性（monolith，也叫不可分性）和可辨认性（distinguishable，也叫可区分性）两个特性。

定义 2-11（字母表的乘积（product））　$\Sigma_1\Sigma_2 = \{ab \mid a \in \Sigma_1,\ b \in \Sigma_2\}$

【例 2-14】$\{0,1\}\{0,1\} = \{00,01,10,11\}$

$\{0,1\}\{a,b,c,d\} = \{0a,0b,0c,0d,1a,1b,1c,1d\}$

$\{a,b,c,d\}\{0,1\} = \{a0,a1,b0,b1,c0,c1,d0,d1\}$

$\{aa,ab,bb\}\{0,1\} = \{aa0,aa1,ab0,ab1,bb0,bb1\}$

定义 2-12（字母表 Σ 的 n 次幂）　设 ε 由 Σ 中的 0 个字符组成的串，字母表 Σ 的 n 次幂归纳定义如下：

$$\Sigma^0 = \{\varepsilon\},\quad \Sigma^n = \Sigma^{n-1}\Sigma$$

定义 2-13（Σ 的正闭包）　$\Sigma^+ = \Sigma \cup \Sigma2 \cup \Sigma^3 \cup \Sigma^4 \cup \cdots$

定义 2-14（Σ 的克林闭包）　$\Sigma^* = \Sigma^0 \cup \Sigma^+ = \Sigma^0 \cup \Sigma \cup \Sigma^2 \cup \Sigma^3 \cup \cdots$

【例 2-15】$\{0,1\}^+ = \{0,1,00,01,11,000,001,010,011,100,\cdots\}$

$\{0,1\}^* = \{\varepsilon,0,1,00,01,11,000,001,010,011,100,\cdots\}$

$\{a,b,c,d\}^+ = \{a,b,c,d,aa,ab,ac,ad,ba,bb,bc,bd,\cdots,aaa,aab,aac,aad,aba,abb,abc,\cdots\}$

$\{a,b,c,d\}^* = \{\varepsilon,a,b,c,d,aa,ab,ac,ad,ba,bb,bc,bd,\cdots,aaa,aab,aac,aad,aba,abb,abc,\cdots\}$

定义 2-13 和定义 2-14 也可以表述如下：

$\Sigma^* = \{x \mid x$ 是 Σ 中的若干个，包括 0 个字符，连接而成的一个字符串$\}$

$\Sigma^+ = \{x \mid x$ 是 Σ 中的至少一个字符连接而成的字符串$\}$

定义 2-15（句子（sentence））　Σ 是一个字母表，$\forall x \in \Sigma^*$，x 叫作 Σ 上的一个句子。

定义 2-16（句子相等）　对于两个句子，如果它们对应位置上的字符都对应相等，则称它们相等的。句子也称为字（word）、字符行、符号行（line）、字符串、符号串（string）等。

定义 2-17（出现（apperance））　设 $x,y \in \Sigma^*$，$a \in \Sigma$，句子 xay 中的 a 叫作 a 在该句子中的一个出现。当 $x = \varepsilon$ 时，a 的这个出现为字符串 xay 的首字符。如果 a 的这个出现是字符串 xay 的第 n 个字符，则 y 的首字符的这个出现是字符串 xay 的第 $n+1$ 个字符。当 $y = \varepsilon$ 时，a 的这个出现是字符串 xay 的尾字符。

定义 2-18（句子的长度（length））　$\forall x \in \Sigma^*$，句子 x 中字符出现的总个数叫作该句子的长度，记作 $|x|$。长度为 0 的字符串叫作空句子，记作 ε。

【例 2-16】$|abaabb| = 6$，$|bbaa| = 4$，$|\varepsilon| = 0$，$|bbabaabbbaa| = 11$。

注意区别 ε 和 $\{\varepsilon\}$。ε 是一个句子。$\{\varepsilon\} \neq \varnothing$。这是因为 $\{\varepsilon\}$ 不是一个空集，它是含有一个空句子 ε 的集合。$|\{\varepsilon\}| = 1$，而 $|\varnothing| = 0$。

定义 2-19（连接（concatenation））　$x,y \in \Sigma^*$，x,y 的连接是由串 x 直接相接串 y 所

组成的，记作 xy。

定义 2-20（串 x 的 n 次幂） $x^0 = \varepsilon$、$x^n = x^{n-1}x$。

【例 2-17】设 $x = 001$，$y = 1101$，则 $x^0 = y^0 = \varepsilon$，$x^4 = 001001001001$，$y^4 = 1101110111011101$。

设 $x = 0101$，$y = 110110$，则 $x^2 = 01010101$，$y^2 = 110110110110$，$x^4 = 0101010101010101$。

性质 2-1 Σ^* 上的连接运算具有如下性质。

① 结合律：$(xy)z = x(yz)$。

② 左消去律：如果 $xy = xz$，则 $y = z$。

③ 右消去律：如果 $yx = zx$，则 $y = z$。

④ 唯一分解性：存在唯一确定的 a_1、a_2、$\cdots$、$a_n \in \Sigma$，使得 $x = a_1a_2\cdots a_n$。

⑤ 单位元素：$\varepsilon x = x\varepsilon = x$。

定义 2-21（前缀与后缀） 设 x，y，z，w，$v \in \Sigma^*$，且 $x = yz$，$w = yv$。

① y 是 x 的前缀（prefix）。

② 如果 $z \neq \varepsilon$，则 y 是 x 的真前缀（proper prefix）。

③ z 是 x 的后缀（suffix）。

④ 如果 $y \neq \varepsilon$，则 z 是 x 的真后缀（proper suffix）。

⑤ y 是 x 和 w 的公共前缀（common prefix）。

⑥ 如果 x 和 w 的任何公共前缀都是 y 的前缀，则 y 是 x 和 w 的最大公共前缀。

⑦ 如果 $x = zy$，$w = vy$，则 y 是 x 和 w 的公共后缀（common suffix）。

⑧ 如果 x 和 w 的任何公共后缀都是 y 的后缀，则 y 是 x 和 w 的最大公共后缀。

【例 2-18】字母表 $\Sigma = \{a,b\}$ 上的句子 abaabb 的前缀、后缀、真前缀和真后缀如下。

前缀：ε, a, ab, aba, abaa, abaab, abaabb。

真前缀：ε, a, ab, aba, abaa, abaab。

后缀：ε, b, bb, abb, aabb, baabb, abaabb。

真后缀：ε, b, bb, abb, aabb, baabb。

约定：

① 用小写字母表中较为靠前的字母 a，b，c，$\cdots$ 表示字母表中的字母。

② 用小写字母表中较为靠后的字母 x，y，z，$\cdots$ 表示字母表上的句子。

③ 用 x^T 表示 x 的倒序。例如，如果 $x = abc$，则 $x^T = cba$。

定义 2-22（子串（substring）） $w, x, y, z \in \Sigma^*$，且 $w = xyz$，则称 y 是 w 的子串。

定义 2-23（公共子串（common substring）） 设 t、u、v、w、x、y、$z \in \Sigma^*$，且 $t = uyv$，$w = xyz$，则称 y 是 t 和 w 的公共子串（common substring）。如果 $y_1, y_2, \cdots, y_n$ 是 t 和 w 的公共子串，且 $\max\{|y_1|, |y_2|, \cdots, |y_n|\} = |y_j|$，则称 y_j 是 t 和 w 的最大公共子串。

定义 2-24（语言（language）） $\forall \mathcal{L} \subseteq \Sigma^*$，$\mathcal{L}$ 称为字母表 Σ 上的一个语言（language），$\forall x \in \mathcal{L}$，$x$ 叫作 $\mathcal{L}$ 的一个句子。

【例 2-19】如下集合都是 $\{0,1\}$ 上的不同语言：$\{00,11\}$，$\{0,1\}$，$\{0,1,00,11\}$，$\{0,1,00,11,01,10\}$，$\{00,11\}^*$，$\{01,10\}^*$，$\{00,01,10,11\}^*$，$\{0\}\{0,1\}^*\{1\}$，$\{0,1\}^*\{111\}\{0,1\}^*$。

【例 2-20】如下都是语言的例子。

$\mathcal{L}_1 = \{0,1\}$。

$Ł_2 = \{00,01,10,11\}$。

$Ł_3 = \{0,1,00,01,10,11,000,\cdots\} = \Sigma^+$。

$Ł_4 = \{\varepsilon,0,1,00,01,10,11,000,\cdots\} = \Sigma^*$。

$Ł_5 = \{0^n \mid n \geq 1\}$。

$Ł_6 = \{0^n 1^n \mid n \geq 1\}$。

$Ł_7 = \{1^n \mid n \geq 1\}$。

$Ł_8 = \{0^n 1^m \mid n,m \geq 1\}$。

$Ł_9 = \{0^n 1^n 0^n \mid n \geq 1\}$。

$Ł_{10} = \{0^n 1^m 0^k \mid n,m,k \geq 1\}$。

$Ł_{11} = \{x \mid x \in \Sigma^+ \text{且 } x \text{ 中 0 和 1 的个数相同}\}$。

$Ł_{12} = \{x \mid x = x^T, x \in \Sigma\}$。

$Ł_{13} = \{xx^T \mid x \in \Sigma^+\}$。

$Ł_{14} = \{xx^T \mid x \in \Sigma^*\}$。

$Ł_{15} = \{xwx^T \mid x,w \in \Sigma^+\}$。

$Ł_{16} = \{xx^T w \mid x,w \in \Sigma^+\}$。

定义 2-25（语言的乘积(product)）　$Ł_1 \subseteq \Sigma_1^*$，$Ł_2 \subseteq \Sigma_2^*$，则称 $Ł_1 Ł_2 = \{xy \mid x \in Ł_1, y \in Ł_2\}$ 为语言 $Ł_1$ 与 $Ł_2$ 的乘积。$Ł_1 Ł_2$ 是字母表 $\Sigma_1 \cup \Sigma_2$ 上的语言。

定义 2-26（语言的幂、正闭包和克林闭包）　$\forall Ł \subseteq \Sigma^*$，$Ł$ 的 n 次幂 $Ł^n$ 定义为：

① 当 $n=0$ 是，$Ł^n = \{\varepsilon\}$；

② 当 $n \geq 1$ 时，$Ł^n = Ł^{n-1} Ł$。

正闭包 $Ł^+ = Ł \cup Ł^2 \cup Ł^3 \cup Ł^4 \cup \cdots$。

克林闭包 $Ł^* = Ł^0 \cup Ł \cup Ł^2 \cup Ł^3 \cup Ł^4 \cup \cdots$。

2. 形式文法

英语句子 "The man gives me a book" 在语法上是正确的，且是一个可接受的句子，但句子 "The book gives me a man" 就不是可接受的句子。怎样才能识别一个句子在语法上是正确的呢？通常是看一看这个句子的语法单位主语、名词、动词等是否在正确的位置上出现。这种分析可用一棵树来表示，通常把它称为句子的语法树或分析树。图 2-6 便是句子 "The man gives me a bottle" 的分析树。

这种分析过程是可逆的，还可以把语法用作生成合法句子的方法，生成许多同类型的句子。例如，

> A gentelman gives me a gift.
>
> The worker gives me a knife.

于是得到生成语言的一种方法，叫作形式文法（formal grammar），简称文法。文法的概念最早是由语言学家们在研究自然语言理解中完成形式化的。一个语言的文法是一个具有有穷多个规则的集合，利用这些规则就能够系统地生成这个语言的所有句子。下面我们再来分析一下中文句子的情况。例如，有如下五个句子。

（1）吉林是寒冷的城市。

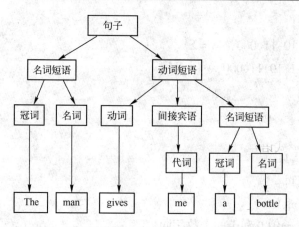

图 2-6　句子 "The man gives me a book" 的分析树

（2）北京是祖国的首都。

（3）集合论是数学的基础。

（4）形式语言是很难的课程。

（5）中国进入 WTO。

把<主名词短语><动词短语><句号>取名为<句子>，则这 5 个句子的主体结构为：

<句子>=<主名词短语><动词短语><句号>

<主名词短语>={吉林，北京，集合论，形式语言，中国}

<句号>={。}

<动词短语>=<动词><宾名词短语>。

<宾名词短语>={北京、吉林、形式语言、集合、WTO、寒冷的城市、祖国的首都、数学的基础}。

<动词>={是、进入}。

上述规则可以用图 2-7 表示。

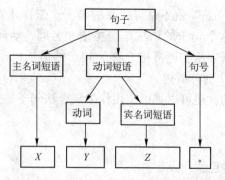

图 2-7　句子 （1） ～ （5） 的分析树

如果 X 为 "吉林"，Y 为 "是"，Z 为 "寒冷的城市"，则得到句子 （1）。其他的四个句子也可以类似生成。对于图 2-7 中的所表现出来的规则，可以用产生式 $\alpha \rightarrow \beta$ 的形式表示出来，如下：

<句子>→<主名词短语><动词短语><句号>

<动词短语>→<动词><宾名词短语>

<动词>→是

<动词>→进入

<主名词短语>→北京

<主名词短语>→吉林

<主名词短语>→形式语言

<主名词短语>→中国

<主名词短语>→集合论

<宾名词短语>→WTO

<宾名词短语>→寒冷的城市

<宾名词短语>→祖国的首都

<宾名词短语>→数学的基础

<句号>→。

从上面可以看到，表示一个语言需要以下 4 个要素。

① 形如<主名词短语>和<宾名词短语>的"符号"。它们表示相应语言结构中某个位置上可以出现的一些内容。每个"符号"对应的是一个集合，在该语言的一个具体句子中，句子的这个位置上能且仅能出现相应集合中的某个元素。所以，这种"符号"代表的是一个语法范畴。

② <句子>。所有的"规则"，都是为了说明<句子>的结构而存在，相当于说，定义的就是<句子>。

③ 形如北京的"符号"。它们是所定义语言的合法句子中将出现的"符号"。仅仅表示自身，称为终极符号。

④ 所有的"规则"都呈 $\alpha \to \beta$ 的形式，这些"规则"就是产生式。

定义 2-27　文法 $G = (V, T, P, S)$

V：为变量（variable）的非空有穷集。$\forall A \in V$，A 叫作一个语法变量（syntactic variable），简称为变量，也可叫作非终极符号（nonterminal）。英文字母表较为前面的大写字母，如 A，B，C，…表示语法变量。

T：为终极符（terminal）的非空有穷集。$\forall a \in T$，a 叫作终极符。由于 V 表示变量的集合，T 中的字符是语言的句子中出现的字符，所以，有 $V \cap T = \varnothing$。英文字母表较为前面的小写字母，如 a，b，c，…表示终极符号。

S：$S \in V$，为文法 G 的开始符号（start symbol）。

P：为产生式的非空有穷集合。P 中的元素均具有形式 $\alpha \to \beta$，被称为产生式，读作：α 定义为 β。其中 $\alpha \in (V \cup T)^+$，且 α 中至少有 V 中元素的一个出现。$\beta \in (V \cup T)^*$。α 称为产生式 $\alpha \to \beta$ 的左部，β 称为产生式 $\alpha \to \beta$ 的右部。在形式语言理论中，产生式又叫语法规则。对一组有相同左部的产生式 $\alpha \to \beta_1, \alpha \to \beta_2, \cdots, \alpha \to \beta_n$，可以简单地记为 $\alpha \to \beta_1 \mid \beta_2 \mid \cdots \mid \beta_n$，读作 α 定义为 β_1，或者 $\beta_2, \cdots$，或者 β_n，称它们为 α 产生式，$\beta_1, \beta_2, \cdots, \beta_n$ 称为候选式（candidate）。

【例 2-21】 以下四元组都是文法。

① $(\{S\},\{0,1\},\{S\rightarrow 01\mid 0S1\mid 1S0\},S)$。

② $(\{S\},\{0,1\},\{S\rightarrow 0\mid 0S\},S)$。

③ $(\{S,A\},\{0,1\},\{S\rightarrow 01\mid 0S1\mid 1S0\mid SA,A\rightarrow 0\mid 1\},S)$。

④ $(\{S,A,B,C,D\},\{a,b,c,d,\#\},\{S\rightarrow ABCD,S\rightarrow abc\#,A\rightarrow aaA,AB\rightarrow aabbB,BC\rightarrow$ $bbccC,cC\rightarrow cccC,CD\rightarrow ccd\#,CD\rightarrow d\#,CD\rightarrow\#d\},S)$。

⑤ $(\{S\},\{0,1\},\{S\rightarrow 00S,S\rightarrow 11S,S\rightarrow 00,S\rightarrow 11\},S)$。

定义 2-28（推导（derivation）） 设 $G=(V,T,P,S)$ 是一个文法，如果 $\alpha\rightarrow\beta\in P,\gamma,\delta\in(V\cup T)^{*}$，则称 $\gamma\alpha\delta$ 在 G 中直接推导出 $\gamma\beta\delta$，记为 $\gamma\alpha\delta\Rightarrow_{G}\gamma\beta\delta$，读作 $\gamma\alpha\delta$ 在文法 G 中直接推导出 $\gamma\beta\delta$。"直接推导"简称为推导，也称为派生。

定义 2-29（归约（reduction）） 如果 $\gamma\alpha\delta\Rightarrow_{G}\gamma\beta\delta$，则称 $\gamma\beta\delta$ 在文法 G 中直接归约成 $\gamma\alpha\delta$。在不特别强调归约的直接性时，"直接归约"可以简称为归约。

定义 2-30$(V\cup T)^{*}$ 上的二元关系 $\Rightarrow_{G}$、$\Rightarrow_{G}^{+}$、$\Rightarrow_{G}^{*}$ 定义如下。

① $\alpha\Rightarrow_{G}^{n}\beta$：表示 α 在 G 中经过 n 步推导出 β；β 在 G 中经过 n 步归约成 α。即，存在 $\alpha_{1},\alpha_{2},\cdots,\alpha_{n-1}\in(V\cup T)^{*}$ 使得 $\alpha\Rightarrow_{G}\alpha_{1},\alpha_{1}\Rightarrow_{G}\alpha_{2},\cdots,\alpha_{n-1}\Rightarrow_{G}\beta$。

② 当 $n=0$ 时，有 $\alpha=\beta$。即 $\alpha\Rightarrow_{G}^{0}\alpha$。

③ $\alpha\Rightarrow_{G}^{+}\beta$：表示 α 在 G 中经过至少 1 步推导出 β；β 在 G 中经过至少 1 步归约成 α。

④ $\alpha\Rightarrow_{G}^{*}\beta$：表示 α 在 G 中经过若干步推导出 β；β 在 G 中经过若干步归约成 α。

在根据上下文能确定 G，则分别用 $\Rightarrow$、$\Rightarrow^{+}$、$\Rightarrow^{*}$、$\Rightarrow^{n}$ 代替 $\Rightarrow_{G}$、$\Rightarrow_{G}^{+}$、$\Rightarrow_{G}^{*}$、$\Rightarrow_{G}^{n}$。

【例 2-22】 设 $G=(\{S\},\{a\},\{S\rightarrow a\mid aS\},S)$

S	$\Rightarrow aS$	使用产生式 $S\rightarrow aS$
	$\Rightarrow aaS$	使用产生式 $S\rightarrow aS$
	$\Rightarrow aaaS$	使用产生式 $S\rightarrow aS$
	$\Rightarrow aaaaS$	使用产生式 $S\rightarrow aS$
	$\cdots$	使用产生式 $S\rightarrow aS$
	$\Rightarrow a\cdots aS$	使用产生式 $S\rightarrow aS$
	$\Rightarrow a\cdots aa$	使用产生式 $S\rightarrow a$

定义 2-31（语言（language）） 由文法 G 产生的语言为 $\mathcal{L}(G)=\{w\mid w\in T^{*}\text{且}S\Rightarrow^{*}w\}$。

定义 2-32（句子（sentence）） $\forall w\in\mathcal{L}(G)$，$w$ 称为 G 产生的一个句子。也就是说，句子 w 是从 S 开始，在 G 中可以推导出来的终极符号行，它不含语法变量。

定义 2-33（句型（sentential form）） $G=(V,T,P,S)$，对于 $\forall\alpha\in(V\cup T)^{*}$，如果 $S\Rightarrow^{*}\alpha$，则称 α 是 G 产生的一个句型。也就是说，句型 α 是从 S 开始，在 G 中可以推导出来的符号行，它可能含有语法变量。

【例 2-23】 产生标识符的文法。标识符是程序设计语言中经常使用的，用于命名变量、文件名等。例如 C/C++ 语言对标识符的定义为：以下划线或者字母开头的数字、字母和下划线组成的字符串。下面的文法就是该规则的描述。

$G=(\{<标识符>,<字母>,<字符串>,<阿拉伯数字>\},\{\_,0,1,\cdots,9,A,B,C,\cdots,Z,a,b,c,$

…,z},P,<标识符>)

P 由如下产生式组成：

<标识符>→<字母> | <字母><字符串> | _<字符串>

<字符串>→<字母> | <阿拉伯数字> | <字母><字符串>

<字符串>→_<字符串> | 阿拉伯数字><字符串>

<字母>→A | B | C | D | E | F | G | H | I | J | K | L | M | N | O | P | Q | R | S | T | U | V | W | X | Y | Z

<字母>→a | b | c | d | e | f | g | h | i | j | k | l | m | n | o | p | q | r | s | t | u | v | w | x | y | z

<阿拉伯数字>→0 | 1 | 2 | 3 | 4 | 5 | 6 | 7 | 8 | 9

3. 文法的乔姆斯基体系

定义 2-34　对于文法 G=(V,T,P,S)，对文法不做任何限制，则 G 叫作 0 型文法（type 0 grammar），也叫作短语结构文法（phrase structure grammar，PSG）。$Ł(G)$ 叫作 0 型语言，也可以叫作短语结构语言（PSL）、递归可枚举集（recursively enumerable）。

定义 2-35　设 G 是 0 型文法。如果对于 $\forall \alpha \to \beta \in P$，均有 $|\beta| \geq |\alpha|$ 成立，则称 G 为 1 型文法（type 1 grammar），或上下文有关文法（context sensitive grammar，CSG）。$Ł(G)$ 叫作 1 型语言（type 1 language）或者上下文有关语言（context sensitive language，CSL）。

定义 2-36　设 G 是 1 型文法。如果对于 $\forall \alpha \to \beta \in P$，均有 $|\beta| \geq |\alpha|$，并且 $\alpha \in V$ 成立，则称 G 为 2 型文法（type 2 grammar），或上下文无关文法（context free grammar，CFG）。$Ł(G)$ 叫作 2 型语言（type 2 language）或者上下文无关语言（context free language，CFL）。

定义 2-37　设 G 是 2 型文法。如果对于 $\forall \alpha \to \beta \in P$ 均具有 A→w 和 A→wB 的形式，其中 A，$B \in V$，$w \in T^{+}$。则称 G 为 3 型文法（type 3 grammar），也可称为正则文法（regular grammar，RG）或者正规文法。$Ł(G)$ 叫作 3 型语言（type 3 language），也可称为正则语言或者正规语言（regular language，RL）。

关于四种文法，有如下的结论：

① 如果一个文法 G 是 RG，则它也是 CFG、CSG 和 PSG。反之不一定成立。

② 如果一个文法 G 是 CFG，则它也是 CSG 和 PSG。反之不一定成立。

③ 如果一个文法 G 是 CSG，则它也是 PSG。反之不一定成立。

④ RL 也是 CFL、CSL 和 PSL。反之不一定成立。

⑤ CFL 也是 CSL 和 PSL。反之不一定成立。

⑥ CSL 也是 PSL。反之不一定成立。

⑦ 当文法 G 是 CFG 时，$Ł(G)$ 却可以是 RL。

⑧ 当文法 G 是 CSG 时，$Ł(G)$ 可以是 RL、CSL。

⑨ 当文法 G 是短语结构文法时，$Ł(G)$ 可以是 RL、CSL 和 CSL。

2.5.4　Prolog 语言简介

作为产生式系统的另一个应用就是逻辑式程序设计语言，其典型代表就是 Prolog，它是 programming in logic 的缩写。它建立在逻辑学的理论基础之上，最初被运用于自然语言等研究领域。现在它已广泛地应用在人工智能的研究中，它可以用来建造专家系统、自然语言理解、智能知识库等。同时它对一些通常的应用程序的编写也很有帮助。使用它能够比其他的语言更快速地开发程序，因为它的编程方法更像是使用逻辑的语言来描述程序。Prolog 主要应用了产生式系统的正向推理。

Prolog 是以谓词逻辑为基础，使计算机能够进行归结演绎，有 Turbo Prolog 和 Visual Prolog 等版本。该程序设计语言设计三个最基本语句：事实、规则和查询。

1）事实

表示对象的状态、性质或对象之间的关系。例如，p(x,y)，其中的 p 是谓词，它描述事物的性质或事物间关系；参数 x 和 y，代表事物。例如 likes（xiaofang，badminton）小芳喜欢打羽毛球。

2）规则

规则表示对象之间的因果关系、蕴含关系或对应关系，形如：

$$p(x,y):-q1(x1,y2),q2(x2,y2),\cdots,qn(xn,yn).$$

其中，":-" 表示蕴含，由前件可以推出后件。"," 表示合取，即所有条件都为真时，判断语句为真，其含义为：若 q1(x1,y2),q2(x2,y2),…,qn(xn,yn) 均为真时，p(x,y) 为真。"." 表示语句的结束。

3）查询（目标）

把事实和规则写入 Prolog 程序之后，就可以用 Prolog 查询语句查询有关问题的答案。

目标的结构可以与事实或者是规则相同，可以使一个简单的谓词，也可以使多个谓词的组合。有的系统用"Goal:p(x,y)"表示查询，有的系统用"? - student(john)"表示查询。

另一个需要说明的问题是：Prolog 语言中，一般小写字母开头的标识符表示常量，以大写字母开头的标识符为变量。

【例 2-24】Mia、Jody 和 Yolanda 都是妇女，Jody 演奏的是空中吉他，则使用了以下四个事实描述：

```
woman(mia).
woman(jody).
woman(yolanda).
playsAirGuitar(jody).
```

当查询 PrologMia 是不是个女人时，可以用如下语句：

```
? - woman(mia).
```

Prolog 将回答：

```
yes
```

【例 2-25】假设知识库中有如下事实和规则：

```
happy(yolanda).
listens2Music(mia).
listens2Music(yolanda):- happy(yolanda).
playsAirGuitar(mia):- listens2Music(mia).
playsAirGuitar(yolanda):- listens2Music(yolanda).
```

问 mia 扮演空气吉他：

    ? – playsAirGuitar(mia).

Prolog 会回答 "yes"。虽然在知识库中不能直接找到到事实 playsAirGuitar(mia)，但在知识库中有规则 "playsAirGuitar(mia):– listens2Music(mia)."，此外，知识库中还包含事实 "listens2Music(mia)"。因此 Prolog 可以使用规则的演绎推理推断出 playsAirGuitar(mia)。

2.6 图灵机

虽然一般递归函数给出了可计算函数的严格数学定义，但是在具体计算过程的每个步骤中，选用什么样的初始函数和执行怎样的基本运算仍然是不明确的。为消除这些不确定的因素，英国数学家图灵全面分析了人在计算过程中的行为特点，把计算建立在一些简单、明确的基本操作之上，并于 1936 年发表文章，给出了一种抽象的计算模型，也称为自动机。该计算模型有自己的 "指令系统"，每条 "指令" 代表一种基本操作，任何算法可计算函数都可通过由指令序列组成的 "程序" 在该自动机上完成计算。图灵的工作第一次把计算和自动机联系起来，对以后计算科学和人工智能的发展产生了巨大的影响。这种 "自动机" 就是现在人们熟知的 "图灵机"。

图灵的基本思想是用机器来模拟人们用纸和笔进行数学运算的过程，他把这样的过程看作下列两种简单的动作。

（1）在纸上写上或擦除某个符号。

（2）把注意力从纸的一个位置移动到另一个位置，在计算的每个阶段，人要决定下一步的动作（进入下一个状态）依赖于两个方面：

① 此人当前所关注的纸上某个位置的符号；

② 此人当前思维的状态。

对应于上述几个方面，一台图灵机应由以下四个部分组成：

① 作为 "纸" 的一条两端无穷的 "带子"，被分割成一个个小格，可以理解为 "寄存器"，可以向 "寄存器" 中 "写入" 或 "擦除" 某个符号；

② 有一个移动的装置，能够在 "纸上" 移动，从一个 "寄存器" 到另一个 "寄存器"；

③ 在移动装置上有一个 "读头"，能 "读出" 和 "改写" 某个 "寄存器" 中的内容；

④ 有一个状态存储器，能够记录当前的状态。

将上述 4 个部分组装起来便是一台图灵机，图 2-8 是图灵机模型的示意图。

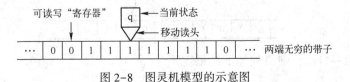

图 2-8 图灵机模型的示意图

定义 2-38 图灵机 $M = (K, \Sigma, \Gamma, \delta, q_0, B, F)$，其中：

K 是有穷的状态集合 $\{q_0, q_1, \cdots, q_n\}$；$q_0 \in K$，是初始状态；

Γ 是所允许的带符号集合，其中 $B \in \Gamma$ 是空白符；

$\Sigma \subseteq \Gamma - \{B\}$，是输入字符集合；

$F \subseteq K$，是终止状态集合。

δ 称为指令集合：由形如 $(q_iS_j \to S_kR(LN)q_n)$ 的规则组成，其中，q_i 是机器目前所处的状态，S_j 是机器从方格中读入的符号，S_k 是机器用来代替 S_j 写入方格的符号，R、L、N 分别表示右移一格、左移一格、不移动。q_n 为下一步机器的状态。

对于指令集，有时也用动作（状态转移）函数来表述，也就是 δ 是一个 $K \times \Gamma \to \Gamma \times \{L, R, N\} \times K$ 的函数，$\delta(q,a) = (b,z,p)$ 表示状态 q 下读头所读符号为 a 时，读头位置的符号变为 b；同时读头根据 z 的值进行动作，如果 z 为 L 读写头左移，如果 z 为 R 读写头右移，如果 z 为 N 读写头不移动；同时，状态变为 p。

机器从给定带子上的某起点出发，其动作完全由其初始状态值及机内指令集来决定。计算结果是从机器停止时带子上的信息得到。

指令死循环：假设 $K = \{q_0, q_1, q_2, q_3\}$，$\{q_3\}$ 是终止状态集，$\Sigma = \{0,1\}$，$\Gamma = \{0,1,B\}$，指令集为 $\{q_00 \to 0Nq_1, q_10 \to 0Rq_2, q_21 \to 1Lq_1, q_20 \to 0Lq_3\}$，如果带上的符号为 "01"，机器处于 q_0 状态，并且指向字符 0，则根据该指令系统，机器永不停机。

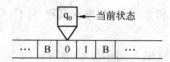

指令二义性：假设 $K = \{q_0, q_1, q_2\}$，指令集为 $\{q_10 \to 0Rq_2, q_10 \to 1Lq_1\}$，则在 q_1 状态下遇到字符 0 就不能确定该执行那个动作，从而导致二义性。

【例 2-26】$K = \{q_0, q_1, q_2, q_3\}$，$\{q_3\}$ 是终止状态集，$\Sigma = \{0,1\}$，$\Gamma = \{0,1,B\}$，指令集为：$\{q_00 \to 1Lq_1; q_01 \to 0Lq_2; q_0B \to BNq_3; q_10 \to 0Lq_1; q_11 \to 1Lq_1; q_1B \to BNq_3; q_20 \to 1Lq_1; q_21 \to 0Lq_2; q_2B \to 1Lq_3\}$。如果带子上的输入信息为 10100010，读写头位对准最右边第一个为 0 的方格，且状态为 q_0，也就是初始状态为：

按照上述指令集执行后，输出正确的计算结果是什么？执行的过程如下。

执行命令 $q_00 \to 1Lq_1$，则得到如下结果：

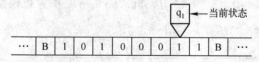

执行命令 $q_11 \to 1Lq_1$，则得到如下结果：

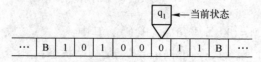

执行命令 $q_10 \to 0Lq_1$，则得到如下结果：

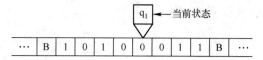

执行命令 $q_1 0 \to 0Lq_1$，则得到如下结果：

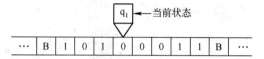

执行命令 $q_1 0 \to 0Lq_1$，则得到如下结果：

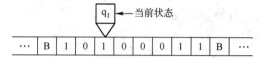

执行命令 $q_1 1 \to 1Lq_1$，则得到如下结果：

执行命令 $q_1 0 \to 0Lq_1$，则得到如下结果：

执行命令 $q_1 1 \to 1Lq_1$，则得到如下结果：

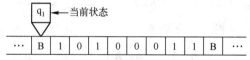

执行命令 $q_1 B \to BNq_3$，此时停机：

这个过程把串 10100010 变成了串 10100011，相当于加 1 操作。如果带上的串为 11111111，并且读写头对准最右侧的 1，也就是初始状态如下所示。

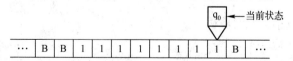

则执行过程如下：执行命令 $q_0 1 \to 0Lq_2$，则得到如下结果：

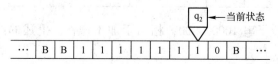

执行命令 $q_2 1 \rightarrow 0Lq_2$，则得到如下结果：

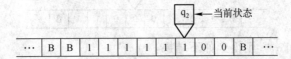

执行命令 $q_2 1 \rightarrow 0Lq_2$，则得到如下结果：

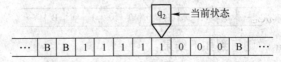

执行命令 $q_2 1 \rightarrow 0Lq_2$，则得到如下结果：

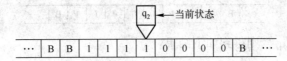

执行命令 $q_2 1 \rightarrow 0Lq_2$，则得到如下结果：

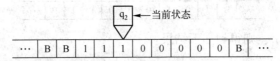

执行命令 $q_2 1 \rightarrow 0Lq_2$，则得到如下结果：

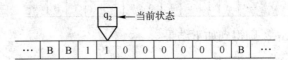

执行命令 $q_2 1 \rightarrow 0Lq_2$，则得到如下结果：

执行命令 $q_2 1 \rightarrow 0Lq_2$，则得到如下结果：

执行命令 $q_2 B \rightarrow 1Lq_3$，此时停机：

此时串 11111111 成了串 100000000，相当于加 1 操作。上述的图灵机就是执行了加 1 操作。

【例 2-27】 设计一个图灵机，该图灵机能求有符号的二进制数的补码运算。

分析：首先输入字符集和带符集分别为 $\Sigma = \{0,1\}$ 和 $\Gamma = \{0,1,B\}$。对于有符号数的求补码，分为两种情况，也就是正数的补码是它本身，不需要做任何处理，负数的补码，除符号位外，逐位取反，然后再加 1 即可。求补码的过程，首先要判断是正数，还是负数。如果是正数，也就是最高位为 0，则终止计算过程。如果是负数，也就是最高位为 1，需要进行求补码的运算，该过程可以分为两步：首先把除符号位的其他各位都取反，然后再执行加 1 操作，这样，就需要一个状态记住逐位取反的过程，不妨用 q_1 记录该状态，带头从左向右移动，逐位取反即可，当到遇到空白符 B 时，就转变为加 1 的操作，加的操作需要两个状态来记录，就是有进位和没进位的情况，分别用 q_2 和 q_3 表示，进行加 1 操作时的初始状态也没有进位，所以处于 q_3 状态。同样的，因为求补码不存在溢出的问题，所以，最后遇到符号位肯定是 q_3 的状态下，读取最高位 1，这时候，不需要改变带符，继续右移就遇到了空白符 B，进入终止状态 q_4，结束执行过程。据此，可以如下设计求补码的图灵机：输入字符集和带符集分别为 $\Sigma = \{0,1\}$ 和 $\Gamma = \{0,1,B\}$，$K = \{q_0,q_1,q_2,q_3,q_4\}$，$\{q_4\}$ 是终止状态集，指令集为：$\{q_0B \rightarrow BRq_0, q_00 \rightarrow 0Nq_4; q_01 \rightarrow 1Rq_1; q_11 \rightarrow 0Rq_1; q_11 \rightarrow 0Rq_1; q_1B \rightarrow BLq_3; q_30 \rightarrow 1Lq_3; q_31 \rightarrow 0Lq_2; q_21 \rightarrow 0Lq_2; q_20 \rightarrow 1Lq_3; q_3B \rightarrow BNq_4\}$。

2.7　本章小结

本章介绍了主要的计算模型，这些计算模型有递归函数、λ 演算、波斯特系统和图灵机。首先介绍了算法和能行可计算的知识，以及算法的各种描述方法。其次，介绍了递归函数的基本概念和结论，这是对可计算的一种描述方法。再次，介绍了计 λ 演算，包含 λ 演算的语法、函数、规约及增强的 λ 演算；作为 λ 演算的应用，介绍了函数式程序设计语言 LISP，还进一步介绍了 C++、Java 和 Python 语言中的 λ 表达式。最后，介绍了波斯特的产生式系统，以及产生式系统在专家系统和形式语言中的应用，还进一步介绍了 Prolog 语言。本章最后介绍了图灵机的基本知识。通过本章的学习，可以了解主要的几种计算模型。

2.8　习题

1. 设 A 是阿克曼函数，试计算 A(2,1) 和 A(1,2)。

2. 设 $f(x)$ 表示 x 的各位数字之和，证明 $f(x)$ 是原始递归函数。

3. 证明 $[\log_2^x]$ 是原始递归函数。$[a]$ 表示对 a 取整。

4. 归约以下 λ 表达式

(1) $((\lambda x. \lambda y. x)u)$

(2) $((\lambda x. \lambda y. z)u)$

(3) $((\lambda x. \lambda u. ux)u)$

(4) $((\lambda x. \lambda x. uu)u)$

5. 文法 $G = (\{S,A\}, \{a,b\}, P, S)$，其中 $P = \{S \rightarrow aAS; A \rightarrow SbA; A \rightarrow SS; S \rightarrow a; A \rightarrow ba\}$，判

断 aaaabbba 是不是该文法生成的一个句子。

6. 说明图灵机 $M = (K, \Sigma, \Gamma, \delta, q_0, B, F)$ 运行过程，并说明其功能。$K = \{q_0, q_1, q_f\}$；$\Sigma = \{0, 1, B\}$，其中，B 表示空格；$\Gamma = \{0, 1\}$；$F = \{q_f\}$；指令集为 δ：$\{q_0 1 \to 0Rq0, q_0 0 \to 1Rq_0, q_0 bB \to BNq_1, q_1 b \to BNq_f\}$。

7. 在图灵机 $M = (K, \Sigma, \Gamma, \delta, q_0, B, F)$ 中，$K = \{q_0, q_1, q_2, q_3\}$，$\Sigma = \{0, 1, B\}$，其中，B 表示空格；$\Gamma = \{0, 1\}$；$F = \{q_3\}$；指令集为 δ：$\{q_0 0 \to 0Lq_1, q_0 1 \to 0Lq_2, q_0 B \to BNq_3, q_1 0 \to 0Lq_1, q_1 1 \to 0Lq_1, q_1 B \to BNq_3, q_2 0 \to 0Lq_1, q_2 1 \to 0Lq_2, q_2 B \to BNq_3\}$。如果带子上的输入信息是 11100101，读入头对准最右边第一个为 1 的方格。请写出计算结果。

8. 设 x_1 和 x_2 是两个正整数，给出计算 x_1 和 x_2 的最小公倍数的图灵机。

9. 试比较 C++、Python、Java 语言中 λ 表达式的异同。

10. 文法 $G = (\{S, A, B\}, \{a, b\}, P, S)$，其中 P 由下列产生式组成：

      S→aB   A→bAA   S→bA   B→b   A→a   B→bS   A→aS   B→aBB

请判断该文法是什么类型的文法？Ł(G) = ？

11. 文法 $G = (\{S, A, B\}, \{0, 1\}, P, S)$，其中 P 由下列产生式组成：

      S→0A   A→1B   S→1B   B→1B   S→0B→1   A→0AB→0   A→0S

请判断该文法是什么类型的文法？Ł(G) = ？

12. 有如下知识库

    woman(mia).

    woman(jody).

    woman(yolanda).

    loves(vincent, mia).

    loves(marsellus, mia).

    loves(pumpkin, honey_bunny).

    loves(honey_bunny, pumpkin).

如果询问 "? - woman(X)."，将得到什么样的结果？为什么？

第 3 章　计算在硬件方面的实践

本章主要内容提要及学习目标

人们在对计算的理论模型的研究同时，也从未停止过对自动计算装置的研究。随着研究的深入，研制出了数字电子计算机，在冯·诺依曼领导的小组的努力下，又提出了存储程序原理，成为现代计算机的体系结构。本章主要介绍冯·诺依曼体系结构，以及建立在该体系结构上的数字电子计算机的构成和各部件功能。通过本章的学习，掌握冯·诺依曼的体系结构、建立在该体系结构上的计算机的工作原理、组成和各功能部件。

3.1　冯·诺依曼的计算模型

计算机的诞生历经了很长一段时间。1946 年 2 月，世界上第一台电子计算机 ENIAC，也就是 electronic numerical integrator and calculator 的英文简写，即电子数字积分计算器，在美国加州问世，ENIAC 使用了 18 000 个电子管和 86 000 个其他电子元件，有两个教室那么大，占地 170 平方米，重达 30 吨，耗电 140~150 kW，运算速度只有每秒 300 次各种运算或 5000 次加法运算，耗资 100 万美元以上。尽管 ENIAC 有许多不足之处，但毕竟是计算机的始祖，揭开了计算机时代的序幕。ENIAC 是世界上第一台开始设计并投入运行的数字电子计算机，但它还不具备现代计算机的主要原理特征——存储程序和程序控制。

提出存储程序原理的人是美籍匈牙利科学家冯·诺依曼（John von Neumann，1903—1957），他领导设计了具有存储程序功能的计算机叫 EDVAC（electronic discrete variable automatic computer，电子离散变量自动计算机）。EDVAC 从 1946 年开始设计，于 1950 年研制成功。但是，世界上第一台投入运行的存储程序式的电子计算机是 EDSAC（the electronic delay storage automatic calculator，延迟存储电子自动计算机），它是由英国剑桥大学的维尔克斯（Wilkes）教授在接受了冯·诺依曼的存储程序思想后于 1947 年开始领导设计的，该机于 1949 年 5 月制成并投入运行，比 EDVAC 早一年多。

冯·诺依曼是 20 世纪最重要的数学家之一，在现代计算机、博弈论、核武器和生化武器等诸多领域内有杰出建树的最伟大的科学全才之一，被后人称为"计算机之父"和"博弈论之父"。1944 年，冯·诺依曼参加原子弹的研制工作，该工作涉及极为困难的计算。在对原子核反应过程的研究中，要对一个反应的传播做出"是"或"否"的回答。解决这一问题通常需要通过几十亿次的数学运算和逻辑指令，尽管最终的数据并不要求十分精确，但所有的中间运算过程均不可缺少，且要尽可能保持准确。他所在的洛·斯阿拉莫斯实验室为此聘用了一百多名女计算员，从早到晚计算，还是远远不能满足需要。被计算所困扰的诺依曼在一次极为偶然的机会中知道了 ENIAC 计算机的研制计划，从此他投身到计算机研制这一宏伟的事业中。他们在共同讨论的基础上，于 1945 年发表了一个全新的"存储程序通用电子计算机方案"，也就是 EDVAC。

"存储程序通用电子计算机方案"的报告广泛而具体地介绍了制造电子计算机和程序设计的新思想，向世界宣告"电子计算机的时代开始了"。作为一台计算机，必须具有如下功能：

① 把需要的程序和数据送至计算机中；

② 必须具有长期记忆程序、数据、中间结果及最终运算结果的能力；

③ 能够完成各种算术、逻辑运算和数据传送等数据加工处理的能力；

④ 能够根据需要控制程序走向，并能根据指令控制机器的各部件协调操作；

⑤ 能够按照要求将处理结果输出给用户。

对应的，计算机主要由以下五大部件组成。

① 存储器。存储器用来存放数据和程序。指令和数据均采用二进制表示，并且以同等地位存放于存储器中，存放位置由地址确定，均可按地址寻访；指令由操作码和地址码组成，操作码用来表示操作的性质，地址码用来表示操作数所在存储器中的位置；指令在存储器中按顺序存放，通常指令是按顺序执行的，特定条件下，可以根据运算结果或者设定的条件改变执行顺序。

② 运算器。机器以运算器为中心，输入输出设备和存储器的数据传送通过运算器；运算器能执行算数运算和逻辑运算，并将中间结果暂存到运算器中。

③ 控制器。控制器主要用来控制和指挥程序和数据的输入运行，以及处理运算结果；能根据存放在存储器中的指令序列（程序）进行工作，并由一个程序计数器控制指令的执行；且具有判断能力，能根据计算结果选择不同的工作流程。

④ 输入设备。输入设备用来将人们熟悉的信息形式转换为机器能够识别的信息形式，常见的有键盘，鼠标等。

⑤ 输出设备。输出设备可以将机器运算结果转换为人们熟悉的信息形式，如打印机输出，显示器输出等。

运算器和控制器集成在一起，称为中央处理器（CPU）。图 3-1 展示了计算机的组成。

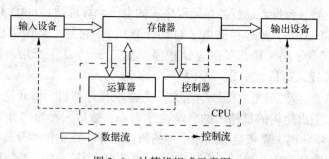

图 3-1　计算机组成示意图

这些部件是如何连接起来的呢？微型计算机是通过总线把它们连接在一起的。有了总线结构以后，系统中各功能部件之间的相互关系变为各个部件面向总线的单一关系，一个部件只要符合总线标准，就可以连接到采用这种总线标准的系统中，使系统功能得到扩展。总线分为控制总线、数据总线、地址总线。三总线结构如图 3-2 所示。

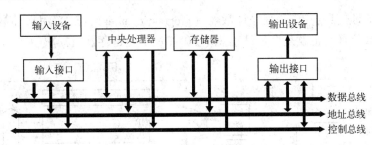

图 3-2　微型计算机三总线结构

3.2　工作原理

冯·诺依曼结构计算机的基本工作原理是存储程序和程序控制，按照程序编排的顺序，一步一步地取出命令，自动地完成指令规定的操作。

所谓存储程序，就是程序和数据都存储在内存中，所以，计算机中有两股信息在流动，一种信息是控制信息，它控制机器的各部件执行指令规定的各种操作；另一种是数据，即各种原始数据、中间结果和程序等。原始数据和程序要由输入设备输入并经运算器存于存储器中，最后结果由运算器通过输出设备输出。在运行过程中，数据被从存储器读入运算器进行运算，中间结果也要存入存储器中。人们编排的指令序列，即程序，也是以数据的形式由存储器送入控制器，再由控制器向机器的各个部分发出相应的控制信号。

如果想让计算机工作，就得先把程序编出来，然后通过输入设备送到存储器中保存起来，即程序存储。同样，也需要把数据输入到存储器中。根据冯·诺依曼的设计，计算机应能自动执行程序，而执行程序又归结为逐条执行指令。

基本过程如下。

（1）预先把控制计算机如何进行操作的指令序列（称为程序）和原始数据输入到计算机内存中，每一条指令中明确规定了计算机从哪个地址取数，进行什么操作，然后送到什么地方去等步骤。

（2）计算机在运行时，先从内存中取出第 1 条指令，通过控制器的译码器接收指令的要求，再从存储器中取出数据进行指定的运算和逻辑操作等，然后再按地址把结果送到内存中去。第一条指令执行完毕，接下来，取出第 2 条指令，在控制器的指挥下完成规定操作，依此进行下去，直到遇到停止指令。更详细的指令执行过程如下。

① 取出指令：从存储器某个地址中取出要执行的指令送到 CPU 内部的指令寄存器。

② 分析指令：把保存在指令寄存器中的指令译码，形成该指令对应的微操作。

③ 执行指令：指令译码器向各个部件发出相应控制信号，完成指令规定的操作。

④ 回写。

下面用一个简化的计算机模型进行说明，该模型如图 3-3 所示。MDR 为主存数据寄存器（memory data register）；MAR 为主存地址寄存器（memory address register）。MDR 和 MAR 的作用是帮助完成 CPU 和主存储器之间的通信；MAR 用来保存数据被传输位置的地址或者数据来源位置的地址，MDR 保存要被写入地址单元或者从地址单元读出的数据。IR 是指令寄存器（instructinon register），用来存放指令，存放当前正在执行的指令，包括指令的操作码，地址码，地址信息；PC 是程序计数器（program counter），是 Y 用来计数的，指示指令在存储器的存放位置，也就是个地址信息。R0～Rn-1 是寄存器组，X、F 和 Z 也是寄存器。

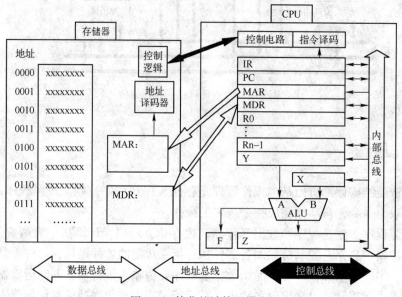

图 3-3　简化的计算机模型

下面以 ADD R0,[6] 的执行为例进行说明。该指令的功能是实现通用寄存器 R0 的内容加上地址为 6 存储单元的内容，并把结果放到 R0 寄存器中。假设 R0 里面数为 $(00000111)_2$，十进制为 7，地址为 0110（[6]）存储单元内容为 00000101，十进制为 5，并假设加法指令的编码为 10101010。

1. 程序和数据的输入

假设程序和数据都已经输入到了机器中，状态如图 3-4 所示。

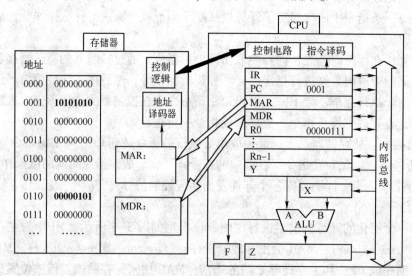

图 3-4　模型机的初始状态

2. 取出指令的过程

控制器发出控制信号将 PC 寄存器里面的地址通过内部总线传送到 MAR 寄存器里，如图 3-5 所示。带箭头的虚线表示了数据或者指令编码的流向，后面相同。

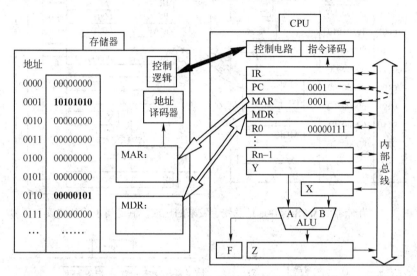

图 3-5　把 PC 中的信息送到 MAR 中

MAR 寄存器将地址送到地址总线上，与此同时控制电路会在控制总线上发出控制信号，并表示这次访问存储器是读取数据，如图 3-6 所示。

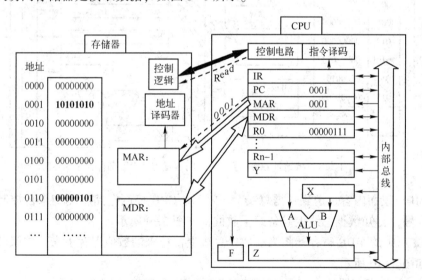

图 3-6　发出读信号读取地址

存储器中的 MAR 寄存器收到地址总线上的地址，并将其保存下来，存储器里面的控制逻辑也会收到控制总线过来的控制信号，得知这次操作是读操作，如图 3-7 所示。

存储器通过地址译码器对应地址 0001 存储单元内容，并将该存储单元内容送到 MDR 寄存器中。存储器的控制逻辑会通过控制总线向 CPU 反馈当前的传输已经准备好了，如图 3-8所示。

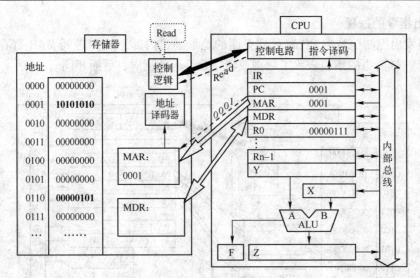

图 3-7   存储器的 MAR 保存地址总线上发来的地址控制逻辑也收到"读"信号

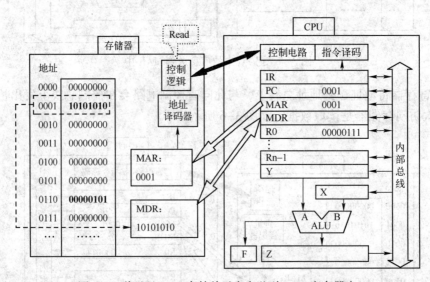

图 3-8   将地址 0001 存储单元内容送到 MDR 寄存器中

同时 MDR 里面内容也送到数据总线上，随后，CPU 控制电路检测到来自控制总线准备好 Ready 信号，得知数据总线上准备好了数据，如图 3-9 所示。

因此 CPU 中的 MDR 寄存器将当前数据总线上传送来的数值保存下来，这就获得了要取的指令，如图 3-10 所示。

CPU 中 MDR 寄存器的内容要传送到 IR 指令寄存器中，如图 3-11 所示。

PC 寄存器更新为下一条指令的地址。0001 变为 0010，取指阶段到此完成，如图 3-12 所示。

3. 分析指令

① 控制器分析指令的操作性质。

② 控制器向有关部件发出指令所需控制信号。

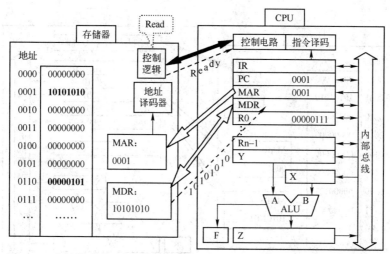

图 3-9　存储器中的 MDR 寄存器中的内容准备送到 CPU 的 MDR 寄存器中

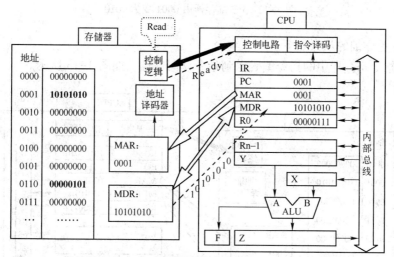

图 3-10　存储器中的 MDR 寄存器中的内容保存到 CPU 的 MDR 寄存器中

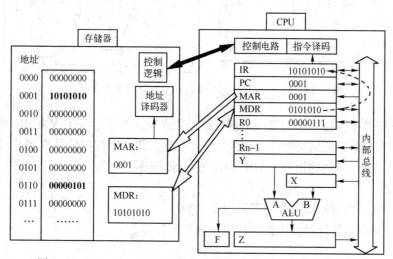

图 3-11　CPU 中 MDR 寄存器的内容要传送到 IR 指令寄存器中

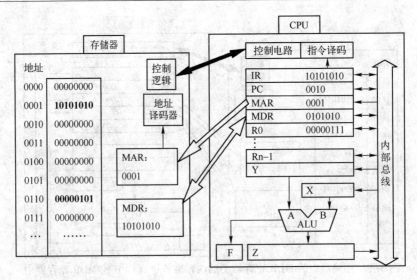

图 3-12　PC 寄存器由 0001 变为 0010

上述过程更详细的步骤如下。

当前 IR 指令寄存器中的指令编码送到指令译码部件，如图 3-13 所示。

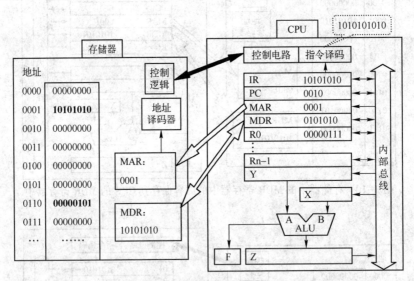

图 3-13　IR 指令寄存器中的指令编码送到指令译码部件

指令译码部件根据指令编码很快会发现这是一条加法指令，而且是把 R_0 和存储器地址为 6 的单元内容相加，把结果存入 R0 中。控制电路据此产生控制信号发到相关部件中译码阶段到此完成。译码得到的指令：ADD R0, [6]，如图 3-14 所示。

4. 执行指令

① 控制器从通用寄存器或存储器取出操作数。

② 控制器命令运算器对操作数进行指令规定的运算。

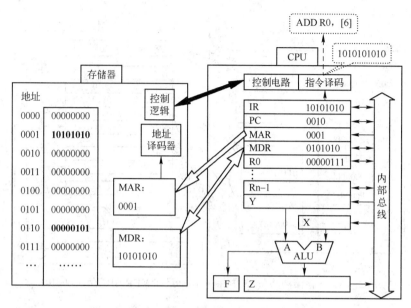

图 3-14　译码得到的指令：ADD R0,[6]

上述过程更详细的步骤如下。

根据这条指令需要去取操作数，其中一个操作数在存储器中地址为 6 的单元，因此在 MAR 寄存器中放入要取的操作数地址 0110（十进制的 6），如图 3-15 所示。

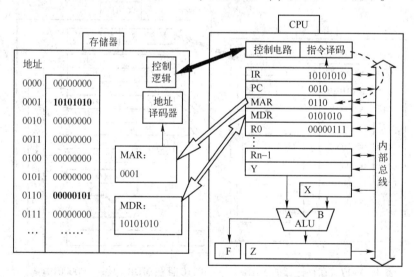

图 3-15　把 0110 放在 CPU 的 MAR 寄存器中

MAR 寄存器将地址发送到地址总线，同时控制电路发送读取的信号到控制总线，存储器的控制逻辑和 MRA 寄存器会接收到相应的信号，然后查找到对应地址 0110 里面的内容 00000010，送到 MDR 寄存器，存储器控制逻辑向 CPU 反馈当前数据已经准备好的信号，MDR 内容会被放到地址总线上，CPU 接收数据并放在 MDR 寄存器中，如图 3-16 所示。

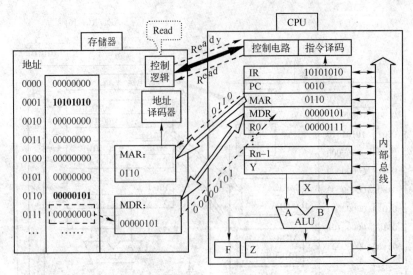

图 3-16   在存储器的 MAR 中保存 0110 且在 MDR 中保存 00000101

CPU 里面 MDR 寄存器数据要参与加法运算，CPU 控制器会将 MDR 寄存器数据通过内部总线传送到 ALU 的输入 Y 寄存器中，这一个操作数已经准备好了。另一个操作数存放在 R0 寄存器中，因此控制器会将 R0 里面的数据通过内部总线传送到 ALU 另一个输入端 X 寄存器，如图 3-17 所示。

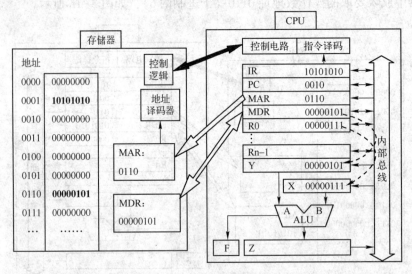

图 3-17   在存储器的 MAR 中保存 0110 且在 MDR 中保存 00000101

现在两个操作数 R0 和 6 已经准备好了，在控制电路的控制下，ALU 会进行运算将 X 和 Y 寄存器里面的内容进行加法运算，结果是 00001100，十进制是 10，如图 3-18 所示。到此执行阶段就结束了。

5. 回写

将运算结果写入通用寄存器或存储器。现在运算结果还在 ALU 的输出端 Z 寄存器，控制电路会给出相应控制信号，将 Z 寄存器内容传送到 R0 寄存器中，R0 里面原来的数据会被新的结果覆盖。这个加法运算的结果就保存到 R0 寄存器中，如图 3-19 所示。回写阶段到此完成。

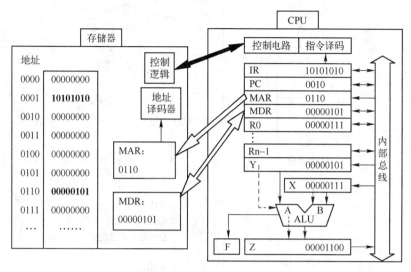

图 3-18 ALU 执行加法运算

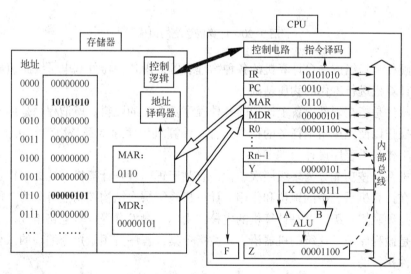

图 3-19 把 Z 寄存器中的数据回写到 R0 寄存器中

以上用一个简化的计算机模型说明了一个指令的执行过程。计算机在运行时，先从内存中取出第一条指令，通过控制器的译码，按指令的要求，从存储器中取出数据进行指定的运算和逻辑操作等加工，然后再按地址把结果送到内存中去。接下来，再取出第二条指令，在控制器的指挥下完成规定操作。依此进行下去。直至遇到停止指令。

3.3 数字电子计算机系统的基本组成

一个完整的计算机系统应包括硬件系统和软件系统两大部分。本节介绍数字电子计算机的基本组成，包含硬件系统的构成和软件系统的构成，如图 3-20 所示。

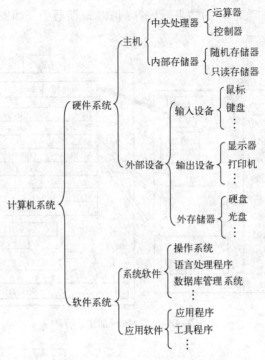

图 3-20　计算机系统的组成

计算机硬件是指组成一台计算机的各种物理装置，由各种器件和电子线路组成。各种物理器件，是计算机进行工作的物质基础。

计算机软件是指在硬件设备上运行的各种程序及有关的资料。所谓程序是用于指挥计算机执行各种操作以便完成指定任务的指令集合。计算机程序通常都是由计算机语言来编制，编制程序的工作称为程序设计。

把计算机系统按功能分为多级层次结构，有利于正确理解计算机系统的工作过程，明确软件和硬件在计算机系统中的地位和作用。计算机系统层次结构按功能可分为 7 层。

第零级是硬联逻辑级，这是计算机的内核，由门、触发器等逻辑电路组成。

第一级是微程序级。这级的机器语言是微指令集，程序员用微指令编写的微程序，一般是直接由硬件执行的。

第二级是传统机器级，这级的机器语言是该机的指令集，程序员用机器指令编写的程序可以由微程序进行解释。

第三级是操作系统级，从操作系统的基本功能来看，一方面它要直接管理传统机器中的软硬件资源，另一方面它又是传统机器的延伸。

第四级是汇编语言级，这级的机器语言是汇编语言，完成汇编语言翻译的程序叫作汇编程序。

第五级是高级语言级，这级的机器语言就是各种高级语言，通常用编译程序来完成高级语言翻译的工作。

第六级是应用语言级，这一级是为了使计算机满足某种用途而专门设计的，因此这一级语言就是各种面向问题的应用语言。

3.4　计算机的发展历程

计算机从 20 世纪 40 年代诞生至今，随着数字科技的革新，计算机差不多每 10 年就更新换代一次。到目前为止，从硬件上来划分，计算机的发展经历了四个阶段，它们是电子管时代、晶体管时代、中小规模集成电路时代和大规模集成电路时代。表 3-1 中展示了这些信息。

表 3-1　数字电子计算机的发展历史

发展阶段	逻辑元件	运算速度（每秒）	软　　件	应　　用
第一代 （1946—1958）	电子管	几千次到几万次	机器语言、汇编语言	军事研究、科学计算
第二代 （1958—1964）	晶体管	几十万次	监控程序、高级语言	数据处理、事务处理
第三代 （1964—1971）	中小规模集成电路	几十万次到几百万次	操作系统、编辑系统、应用程序	有较大发展、开始广泛应用
第四代 （1971 至今）	大规模集成电路	上千万次到上亿次	操作系统完善、数据库系统、高级语言发展、应用程序发展	广泛应用到各个领域

第一代：电子管计算机。20 世纪 40 年代中期，冯·诺依曼参加了宾夕法尼亚大学的小组，1945 年设计出电子离散可变自动计算机 EDVAC，将程序和数据以相同的格式一起储存在存储器中。这使得计算机可以在任意点暂停或继续工作，机器结构的关键部分是中央处理器，它使计算机所有功能通过单一的资源统一起来。电子管的外形如图 3-21 所示。

第二代：晶体管计算机。晶体管的发明大大促进了计算机的发展，晶体管代替了体积庞大电子管，电子设备的体积不断减小。1956 年，晶体管在计算机中使用，晶体管和磁芯存储器导致了第二代计算机的产生。第二代计算机体积小、速度快、功耗低、性能更稳定。首先使用晶体管技术的是早期的超级计算机，主要用于原子科学的大量数据处理，这些机器价格昂贵，生产数量极少。1960 年，出现了一些成功地用在商业领域、大学和政府部门的第二代计算机。第二代计算机用晶体管代替电子管，还有现代计算机的一些部件，如打印机、磁带、磁盘、内存、操作系统等。计算机中存储的程序使得计算机有很好的适应性，可以更有效地用于商业用途。在这一时期出现了更高级的 COBOL 和 FORTRAN 等语言，以单词、语句和数学公式代替了二进制机器码，使计算机编程更容易。新的职业，如程序员、分析员和计算机系统专家，与整个软件产业由此诞生。图 3-22 展示了晶体管的外形。

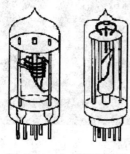

图 3-21　电子管的外形

图 3-22　晶体管的外形

　　第三代：中小规模集成电路计算机。20 世纪 60 年代初期，美国的基尔比和诺伊斯发明了集成电路，引发了电路设计革命。随后，集成电路的集成度以每 3 至 4 年提高一个数量级的速度增长。1962 年 1 月，IBM 公司采用双极型集成电路，生产了 IBM 360 系列计算机。第三代计算机用集成电路作为逻辑元件，使用范围更广，尤其是一些小型计算机在程序设计技术方面形成了三个独立的系统：操作系统、编译系统和应用程序，统称为软件。图 3-23 展示了中小规模集成电路的外形。

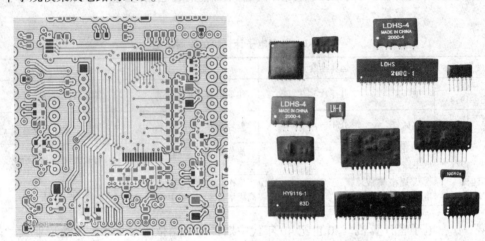

图 3-23　中小规模集成电路

　　第四代：大规模集成电路计算机。1971 年发布的 INTEL 4004，是微处理器（CPU）的开端，也是大规模集成电路发展的一大成果。INTEL 4004 用大规模集成电路把运算器和控制器做在一块芯片上，虽然字长只有 4 位、且功能很弱，但它是第四代计算机在微型机方面的先锋。1972—1973 年，8 位微处理器相继问世，最先出现的是 INTEL 8008。尽管它的性能还不完善，但展示了无限的生命力，驱使众多厂家技术竞争，微处理器得到了蓬勃的发展。后来出现了 INTEL 8080、MOTOROLA 6800。1978 年以后，16 位微处理器相继出现，微型计算机达到一个新的高峰。INTEL 公司不断推进着微处理器的革新。紧随 8086 之后，又研制成功了 80286、80386、80486、奔腾（PENTIUM）、奔腾二代（PENTIUM Ⅱ）、奔腾三代（PENTIUM Ⅲ）、奔腾四代（PENTIUM Ⅳ）。目前已经使用 64 位微处理器了。图 3-24 展示了大规模集成电路的外形。

图 3-24　大规模集成电路

个人电脑（PC）不断更新换代，日益风靡世界。第四代计算机以大规模集成电路作为逻辑元件和存储器，使计算机向着微型化和巨型化两个方向发展。从第一代到第四代，计算机的体系结构都是相同的，即都由控制器、存储器、运算器和输入输出设备组成，都是冯·诺依曼体系结构。

3.5　计算机硬件系统

计算机硬件的基本功能是接受计算机程序的控制，并实现数据输入、运算、数据输出等一系列根本性的操作。在基本的硬件结构方面，一直沿袭着冯·诺依曼的传统框架，如图 3-1 所示，即计算机硬件系统由控制器、运算器、存储器、输入设备、输出设备五大基本部件构成。

1. 控制器

控制器是计算机的控制部件，它控制其他部件协调统一的工作，并能完成对指令的分析和执行，是计算机的控制中心，实现处理过程的自动化。计算机系统各个部件在控制器的控制下协调地进行工作：

① 控制器控制输入设备将数据和程序从输入设备输入到内存储器；

② 在控制器指挥下，从存储器取出指令送入控制器；

③ 控制器分析指令，指挥运算器、存储器执行指令规定的操作；

④ 运算结果由控制器控制送到存储器保存或送到输出设备输出。

2. 运算器

用于加工、处理数据的部件，其功能是在控制器的指挥下，对信息或数据进行处理和运算，主要完成对数据的算术运算和逻辑运算，其内部有一个算术逻辑运算部件（arithmetical logic unit，ALU）和若干种类不同的寄存器。

控制器和运算器构成 CPU，CPU 的性能基本决定了计算机的性能，CPU 是整个计算机系统的核心，图 3-25 展示了 CPU 的外形。主要性能参数如下。

图 3-25　中央处理器（CPU）

1）主频、外频、倍频

CPU 的主频：其实指的就是 CPU 时钟频率。英文全称：CPU clock speed，简单地说也就是 CPU 运算速度。一般来说，主频越高，CPU 的速度也就越快。至于外频就是系统总线的工作频率；而倍频则是指 CPU 外频与主频相差的倍数。三者是有十分密切的关系的：主频=外频×倍频。

2）内存总线速度

英文全称是 memory-bus speed。CPU 处理的数据是从主存储器那里来的，而主存储器指的就是平常所说的内存了。一般放在外存（磁盘或者各种存储介质）上面的资料都要通过内存，再进入 CPU 进行处理。所以与内存之间通道的内存总线的速度对整个系统性能就显得很重要，由于内存和 CPU 之间的运行速度或多或少会有差异，因此便出现了二级缓存，来协调两者之间的差异，而内存总线速度就是指 CPU 与二级（L2）高速缓存和内存之间的通信速度。

3）扩展总线速度

英文全称是 Expansion-Bus Speed。扩展总线指的就是指安装在微机系统上的局部总线，如 VESA 或 PCI 总线。打开计算机的时候会看见一些插槽般的东西，这些就是扩展槽，而扩展总线就是 CPU 联系这些外部设备的桥梁。

4）地址总线宽度

地址总线宽度决定了 CPU 可以访问的物理地址空间，简单地说就是 CPU 到底能够使用多大容量的内存。

5）数据总线宽度

数据总线负责整个系统的数据流量的大小，而数据总线宽度则决定了 CPU 与二级高速缓存、内存，以及输入/输出设备之间一次数据传输的信息量。

6）动态处理

动态处理是应用在高能奔腾处理器中的技术，创造性地把三项专为提高处理器对数据的操作效率而设计的技术融合在一起。这三项技术是多路分流预测、数据流量分析和猜测执行。动态处理并不是简单执行一串指令，而是通过操作数据来提高处理器的工作效率。

3. 存储器

存储器是计算机的记忆装置，主要是存放程序和数据。有内存储器（主存储器/内存）、外存储器（辅助存储器/外存）和缓冲存储器 Cache。内存储器（memory）直接和运算器、控制器、I/O 设备交换信息；有随机存储器 RAM（random access memory）和只读存储器 ROM（read-only memory）两种。图 3-26 展示了内存的外形。

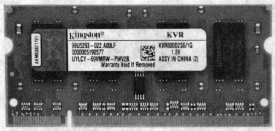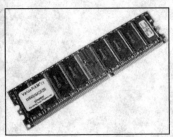

图 3-26　内存条

1）内存储器

（1）RAM（读写存储器）

RAM 的特点是可以随时根据需要读出或写入新的信息，一旦关机（断电）后，信息不再保存，即可读、可写、断电信息消失。RAM 分为静态存储器 SRAM 和动态存储器 DRAM

两种。其中，只要静态存储器 SRAM 的存储单元上加有工作电压，它上面存储的信息就将保持。主存储器一般采用动态存储器 DRAM。动态 RAM 由于是利用 MOS 管极间电容保存信息，因此随着电容的漏电，信息会逐渐丢失，为了补偿信息的丢失，要每隔一定时间对存储单元的信息进行刷新。

目前主要使用的是同步动态存储器 SDRAM（synchronous dynamic RAM）和双速率 DDR SDRAM（double data rate SDRAM）内存储器。RDRAM（rambus DRAM）是美国 Rambus 公司研制的另一种性能更高、速度更快的内存，有很大的发展前景。

（2）ROM（只读存储器）

对于 ROM 而言，只有在特定条件下才能写入，通常只能读出而不能写入，断电后，ROM 中的原有内容保持不变，即可读、不可写、断电信息不消失。ROM 一般用来存放自检程序、配置信息等，如计算机启动用的 BIOS 芯片。

ROM 在制造过程中，将资料以一特制光罩（mask）烧录于线路中，其资料内容在写入后就不能更改。它又分为可编程只读存储器（PROM），用一定设备将编好的程序固化在 PROM 中，仅能写录一次；可擦可编程只读存储器（EPROM），写入其中的内容需用紫外光长时间照射才能擦除；电可擦可编程只读存储器（EEPROM），运作原理类似 EPROM，但是抹除的方式是使用高电场来完成，因此不需要透明窗。

在计算机系统里，RAM 一般用作内存，ROM 用来存放一些硬件的驱动程序，也就是固件。

（3）Cache（高速缓冲内存/缓存）

高速缓冲存储器 Cache 用于提高 DRAM（动态存储器）与 CPU 之间的传输速率，其基于的原理是内存中"程序执行与数据访问的局域性行为"。当 CPU 处理数据时，它会先到高速缓存中去寻找，如果数据因之前的操作已经读取而被暂存其中，就不需要再从主内存中读取数据——CPU 的运算速度要比内存快得多，因此若要经常存取主内存的话，就必须等待数个 CPU 周期从而造成浪费，为此在此传输过程中放置一存储器，存储 CPU 经常使用的数据和指令。这样可以提高数据传输速度。Cache 可分为一级缓存和二级缓存。

① 一级缓存，即 L1 Cache。集成在 CPU 内部中，用于 CPU 在处理数据过程中数据的暂时保存。由于缓存指令和数据与 CPU 同频工作，L1 Cache 缓存的容量越大，存储信息越多，可减少 CPU 与内存之间的数据交换次数，提高 CPU 的运算效率。但因高速缓冲存储器均由静态 RAM 组成，结构较复杂，在有限的 CPU 芯片面积上，L1 Cache 的容量不可能做得太大。

② 二级缓存，即 L2 Cache。由于 L1 Cache 容量的限制，为了再次提高 CPU 的运算速度，在 CPU 外部放置一高速存储器，即二级缓存。工作主频比较灵活，可与 CPU 同频，也可不同。CPU 在读取数据时，先在 L1 中寻找，再从 L2 寻找，然后是内存，再后是外存储器。所以 L2 对系统的影响也不容忽视。

凡是位于速度相差较大的两种硬件之间的，用于协调两者数据传输速度差异的结构，均可称为 Cache。现在 Cache 的概念已经被扩充了：不仅在 CPU 和主内存之间有 Cache，而且在内存和硬盘之间也有 Cache（磁盘高速缓存），甚至在硬盘与网络之间也有某种意义上的"Cache"（Internet 临时文件夹）。

2）外存储器

外存储器即辅助存储器，用来存储大量暂时不参加运算或处理的数据和程序，是主存的后备和补充，也是计算机的一种重要的外部设备。微型计算机常用的外存储器有软磁盘存储器、硬磁盘存储器和光盘存储器，如图 3-27 所示。

图 3-27　外存储器

软盘驱动器和硬盘驱动器可分别对软磁盘和硬磁盘进行数据读写，软磁盘（简称软盘）和硬磁盘（简称硬盘）都是磁表面数据存储介质，它们分别由圆形的软质和硬质薄片基质均匀地涂上一层磁性材料而构成。使用时，通过驱动器中的读写磁头在磁盘上进行磁-电转换，完成数据读写，工作过程类似于常用的磁带录音机的放音和录音。

（1）软磁盘（Floppy Disk 或 FD）

软磁盘是人们广泛使用的一种廉价存储介质。它是由聚酯塑料盘涂布一层磁薄膜而制成的。这种磁膜容易磁化并有一定的矫顽力，如氧化铁、渗钴氧化铁、钡铁氧体等。

按盘片的直径来分，软盘有 8 英寸，5.25 英寸（约 130 mm，简称 5 寸盘）和 3.5 英寸（约 90 mm，简称 3 寸盘）等几种。目前这种类型的存储器已经被淘汰了。

按软盘驱动器磁头工作方式，可以分为单面（single side，SS）读写和双面（double side，DS）读写；按数据记录方式又有单密度（single density，SD）、双密度（double density，DD）和高密度（high density，HD）3 种，单密盘和双密盘统称为低密盘；按扇区划分又有硬分段和软分段之分。

当软盘不在驱动器内时，金属滑片自动盖住封套上的开口。软盘背面右下角为写保护手拨开关，当滑片盖住孔时，磁盘能进行读写访问，打开此孔时，即为写保护。

为方便使用、高效操作，在盘片和软磁盘驱动器上设置了反插保护装置，当操作员不慎将盘片插反或弄错方向时，保护装置起作用，使盘片插不进，这样可及早发现错误并及时纠正。

① 软盘的存储格式

存储在软盘上的信息是按一定的格式排列存放的，就像在停车场上要给每辆汽车划出停放位置一样，故新磁盘使用之前一般应进行格式化。格式化的主要操作就是划分扇区，指明其大小并写入地址标志。

存储容量按下列公式计算：

$$存储容量=面数×每面的磁道数×每道扇区数×每扇区字节数$$

② 软盘驱动器

软盘驱动器（floppy disk drive）简称软驱，由机械转动装置和读写磁头两部分组成。机械部分又由主轴驱动系统和磁头定位系统组成。

软驱的全部机械运动与读写操作，必须在软盘控制适配卡（插在母板的扩展槽中或集成在主板上）的控制下完成。该卡把驱动器与主板连接起来，使磁盘存储系统成为整个计算机系统的一个有机组成部分。

（2）硬盘

硬盘是计算机系统最主要的外部存储设备，硬盘驱动器主要由磁盘组、读写磁头、定位机构和传动系统部件组成。主要性能指标有容量、读写速度、转速、数据缓存、平均存取时间等，存储容量的分档则很多，从最初的 20 MB 到数 GB 甚至几百 GB，及至现在的几 T 等。目前硬盘采用的有 IDE 标准接口、ESDI 标准接口、SCSI 标准接口等。其中，IDE 是智能驱动设备（intelligent driver equipment）的英文缩写，为微型机所采用，ESDI 是增强性小型设备接口（enhanced small device interface）的英文缩写，为 IBM PS/2 所采用，SCSI 是计算机小系统接口（small computer system interface）的英文缩写，为 Apple 的 Macintosh 所采用。当然，这些接口也不限于只连接硬盘机，还可以连接打印机、光盘机等外部设备。

（3）光盘存储器

光盘存储器利用强激光束把信息存储在光盘上，形成一组组凹坑。

自 20 世纪 80 年代初 CD 光盘从音响领域跨入计算机领域之后，CD 光盘的技术和应用发展很快，性能有了大幅度提高。目前，用于计算机系统的光盘有 3 大类：只读型光盘、一次写入型光盘和可抹型光盘。

① 只读型光盘 CD-ROM（compact disk read only memory）

只能写一次，即在制造时由厂家把信息写入，写好后信息永久保存在光盘上。将光盘通过光盘驱动器接在微机系统上，就能读出盘上的信息。

从光盘读出信息时，把光盘插入光盘驱动器中（驱动器装有功率较小的激光光源，不会烧坏盘面），由于光盘表面的凹凸不平，故使反射光强弱的变化经过解调后，通过微机的显示器即可在屏幕上阅读输出的信息。

CD-ROM 非常适合存储百科全书、技术手册、图书目录、文献资料等内容庞大的信息。

CD-ROM 的进一步发展是 DVD-ROM（digital video disk-read only memory）。一张 DVD-ROM 盘片的存储容量可达 4.7 GB 甚至更大，DVD-ROM 驱动器的数据传输速率也更高，并可兼容 CD-ROM 光盘片。CD-ROM 驱动器有 32 速、40 速多种，DVD-ROM 驱动器也有双速、3 速、4 速、5 速等。

大型软件一般都以 CD-ROM 光盘为载体。经常见到的是 CD-ROM 出版物（光盘图书），它容量大、体积小，图、文、声、像并茂，阅读起来非常方便。读者只需根据索引或输入所要查找的条目，机器即可找出所有相关的信息。在阅读某个条目时，也可随时跳到其他相关的条目，完全免去了来回翻阅查找之苦。不仅如此，在阅读时，读者还可随时写下自己的阅读体会和注解，对于需要引用的一些数据、插图、文字段落等可以打印输出，或者在屏幕上剪裁下来，"贴"到自己所编写的文稿中去。

CD-ROM 技术的另一应用是摄影领域。Kodak 公司将传统的冲洗技术与数字图像处理、数字显示相结合，使照相术经历了一次革命。拍摄后的胶卷经冲洗成负片之后，在工作站上使用彩色扫描仪输入计算机，经过图像压缩处理后，使用 CD-R 刻录机把它们写入 CD 光盘中。一张光盘可"冲洗"约 100 张照片（3 卷胶卷），还可配以文字说明、背景音乐及语言解说，它们可以在多媒体 PC 机上播放。

② 一次写入型光盘 CD-R

这种光盘原则上属于读写型光盘，可以由用户写入数据，写入后可以直接读出。但是，它只能写入一次，写入后不能擦除、修改，因此称它为一次写入、多次读出的 WORM（write once read many disk），或简称为 WO，也称 CD-R（CR-recordable，可录式 CD 光盘）。

WORM 的这些特点使它在不允许随意更改文件档案的应用领域获得市场。目前，微机上可配置的 CD 刻录机，可将信息写入 CD-R 光盘。在 CD-R 中，信息写入之后不可改写，所使用的盘片的几何尺寸、信息记录的物理格式和逻辑格式与 CD-ROM 一样，因而可在普通 CD-ROM 驱动器上读出信息。数据可以分多次向盘上写入（称为 multi-session）。CD-R 驱动器也有单速、双速、3 速、4 速等多种，6 倍速 CD-R 写一张盘只需 10 min。

③ 可抹型光盘 CR-RW

可抹型光盘（erasable optical disk）是能够重写的光盘。它有 3 种主要类型：磁光型、相变型、染料聚合物型。目前，在计算机系统中使用的是磁光型（magneto optical disk）可抹光盘。

④ DVD-ROM

DVD 是比 VCD 水平更高的新一代 CD 产品。它有 DVD-ROM，DVD-RAM，DVD-Video，DVD-Audio 多种类型产品，存储容量达 4.7 GB 以上。其中 DVD-Video 采用 MPEG-2 标准，把分辨率更高的图像和环绕立体声的伴音按 MPEG-2 压缩编码后存储在高密度光盘上，读出速度可达 10 Mbps。

（4）可移动存储器

可移动存储器具有体积小、携带方便和支持即插即用等优点，逐渐成为软盘的替代品。目前主要有闪存盘（U 盘）、MP3、MP4 和移动硬盘等。

4. 输入输出设备

主板上有一块 flash memory（快速电擦除可编程只读存储器，也称为"闪存"）集成电路芯片，其中存放着一段启动计算机的程序，微机开机后自动引导系统，称为基本输入/输出系统（BIOS）。

主板上有一片 CMOS 集成芯片，它有两大功能，一是实时时钟控制，二是由 SRAM 构成的系统配置信息存放单元。CMOS 采用电池和主板电源供电，当开机时，由主板电源供电；断电后由电池供电。系统引导时，一般可通过 Del 键，进入 BIOS 系统配置分析程序修改 CMOS 中的参数。

1）输入设备

把原始数据和处理这些数据的程序通过输入接口输入到计算机的存储器中。

功能：将数据、程序及其他信息，从人们熟悉的形式转换为计算机能够识别和处理的形式输入到计算机内部。

常用输入设备：键盘、鼠标、扫描仪、光笔、写字板、数字化仪、条形码阅读器、数码相机、扫描仪、模/数（A/D）转换器等。从读取数据的角度看，当从磁盘、光盘、电子盘或磁带读取文件时，它们是输入设备。扫描仪也是一种捕获图像的设备，可将捕获的图像转化为计算机可以显示、编辑、存储和输出的数字格式。图 3-28 展示了鼠标和键盘的外形。

图 3-28　鼠标和键盘

2）输出设备

输出设备就是将计算机内部二进制形式的数据信息转换成人们所需要的或其他设备能接受和识别的信息形式。常用输出设备：显示器、打印机、绘图仪、音响、喇叭、数/模（D/A）转换器等。从保存数据的角度看，当向磁盘、光盘、电子盘或磁带保存文件时，它们是输出设备。

（1）显示器

显示器，如图 3-29 所示，是计算机最基本的输出设备，是用户与计算机之间对话的主要信息窗口，由监视器和显示适配器（显卡）两部分组成，它能在程序控制下，动态地以字符、图形或图像的形式显示程序的运行结果。

目前显示器有液晶显示器 LCD 和阴极射线管 CRT 显示器。

图 3-29　显示器

① 像素：即光点，这些连续色调其实是由许多色彩相近的小方点所组成，这些小方点就是构成影像的最小单位"像素"（Pixel）。这种最小的图形的单元能在屏幕上显示通常是单个的染色点。越高位的像素，其拥有的色板也就越丰富，越能表达颜色的真实感。

② 点距：指屏幕上相邻两个相同颜色的荧光点之间的最小距离。点距越小，显示质量就越好。目前，CRT（cathode-raytube，阴极射线管）显示器光点点距大多为 0.20~0.28 mm，LCD（liquid crystal diode，液晶二极管，液晶显示器）的点距多为 0.28~0.32 mm。

③ 分辨率：分辨率（resolution）就是屏幕图像的精密度，是指显示器所能显示的点数的多少。由于屏幕上的点、线和面都是由点组成的，显示器可显示的点数越多，画面就越精细，同样的屏幕区域内能显示的信息也越多，所以分辨率是个非常重要的性能指标之一。以分辨率为 1024×768 的屏幕来说，即每一条水平线上包含有 1024 个像素点，共有 768 条扫描线，即扫描列数为 1 024 列，行数为 768 行。

④ 垂直刷新频率：也叫场频，是指每秒显示器重复刷新显示画面的次数，以 Hz 表示。这个刷新的频率就是通常所说的刷新率。根据 VESA 标准，75 Hz 以上为推荐刷新频率。

⑤ 水平刷新频率：也叫行频，是指显示器 1 秒内扫描水平线的次数，以 kHz 为单位。在分辨率确定的情况下，它决定了垂直刷新频率的最大值。

⑥ 带宽：是显示器处理信号能力的指标，单位为 MHz。是指每秒扫描像素的个数，可以用"水平分辨率×垂直分辨率×刷新率"这个公式来计算带宽的数值。

显示适配器用来将显示器与主板连接起来的接口电路，有 CGA（color graphics adapter，彩色图形显示控制卡）、EGA（enhanced graphics adapter，增强型图形显示控制卡）和 VGA（video graphics array，视频图形显示控制卡）、SVGA（Super VGA）和 TVGA，分辨率可达到 $1024 * 768$ 甚至可达 $1024 * 1024$、$1280 * 1024$、$1600 * 1280$。

（2）打印机

打印机，如图 3-30 所示，是计算机系统最基本的设备之一。打印机按印字方式可分为击打式打印机和非击打式印字机两种。

图 3-30　针式打印机、激光打印机、喷墨打印机

击打式打印机：利用机械原理由打印头通过色带把字体或图形打印在打印纸上。主要有点阵式（如 EPSON LQ-1600K）和字模式打印机两种。

非击打式印字机：利用光、电、磁、喷墨等物理和化学的方法把字印出来。主要有激光打印机、喷墨打印机和热敏打印机三种。喷墨打印机利用特制技术把墨水微粒喷在打印纸上绘出各种文字符号和图。激光打印机是激光扫描技术和电子照相技术相结合的产物，是页式打式打印机，它具有很好的印刷质量和打印速度。

3.6　本章小结

本章主要介绍冯·诺依曼体系结构，以及建立在该体系结构上的数字电子计算机的工作原理、构成和各部件功能。需要掌握冯·诺依曼模型，理解在该模型下计算机的组成和工作原理。掌握计算机的发展历史，计算机各部件的工作原理、性能指标等。

3.7　习题

一、简答题

1. 简述冯·诺依曼体系结构原理。
2. 简述冯·诺依曼体系结构的计算机的工作原理。
3. 简述数字电子计算的构成，并说明它与冯·诺依曼体系结构之间的关系。
4. 简述微型机的三总线结构。
5. 把运算器和控制器集成在一起形成 CPU 的意义是什么？
6. 内存和外存的原理有什么不同？
7. 试说明 RAM 和 ROM 的区别和联系。
8. 试说明缓存的作用和意义。
9. 世界上第一台冯·诺依曼体系结构的计算机的名称是什么？

10. 在只有加法器的计算机中，如何实现减法运算、乘法运算和除法运算？

二、单项选择题

1. 一个完整的计算机系统包括____。
   ① 主机、键盘、显示器　　　　② 计算机及其外部设备
   ③ 系统软件与应用软件　　　　④ 计算机的硬件系统和软件系统

2. 微型计算机的运算器、控制器及内存储器的总称是____。
   ① CPU　　　② ALU　　　③ MPU　　　④ 主机

3. 在微型计算机中，微处理器的主要功能是进行____。
   ① 算术逻辑运算及全机的控制　　② 逻辑运算
   ③ 算术逻辑运算　　　　　　　　④ 算术运算

4. 反映计算机存储容量的基本单位是____。
   ① 二进制位　　② 字节　　③ 字　　④ 双字

5. 在微机中，应用最普遍的字符编码是____。
   ① ASCII 码　　② BCD 码　　③ 汉字编码　　④ 补码

6. DRAM 存储器的中文含义是____。
   ① 静态随机存储器　　　　② 动态只读存储器
   ③ 静态只读存储器　　　　④ 动态随机存储器

7. 微型计算机的发展是以____的发展为表征的。
   ① 微处理器　　② 软件　　③ 主机　　④ 控制器

8. 世界上公认的第一台电子计算机诞生在____。
   ① 1945 年　　② 1946 年　　③ 1948 年　　④ 1952 年

9. 个人计算机属于____。
   ① 小巨型机　　② 中型机　　③ 小型机　　④ 微机

10. 一个字节的二进制位数是____。
    ① 2　　② 4　　③ 8　　④ 16

11. 在微机中，bit 的中文含义是____。
    ① 二进制位　　② 字节　　③ 字　　④ 双字

12. 在下列设备中，属于输出设备的是____。
    ① 硬盘　　② 键盘　　③ 鼠标　　④ 打印机

13. 在微型计算机中，下列设备属于输入设备的是____。
    ① 打印机　　② 显示器　　③ 键盘　　④ 硬盘

14. 鼠标是微机的一种____。
    ① 输出设备　　② 输入设备　　③ 存储设备　　④ 运算设备

15. 断电会使原存信息丢失的存储器是____。
    ① 半导体 RAlkI　② 硬盘　　③ ROM　　④ 软盘

16. 在下列存储器中，访问速度最快的是____。
    ① 硬盘存储器　　　　② 软盘存储器
    ③ 磁带存储器　　　　④ 半导体 RAM（内存储器）

17. 微型计算机硬件系统主要包括存储器、输入设备、输出设备和____。

  ① 中央处理器　　② 运算器　　　　③ 控制器　　　　④ 主机

18. 硬盘连同驱动器是一种____。

  ① 内存储器　　② 外存储器　　③ 只读存储器　　④ 半导体存储器

19. 把微机中的信息传送到软盘上，称为____。

  ① 拷贝　　　　② 写盘　　　　③ 读盘　　　　④ 输出

20. 计算机的内存储器比外存储器____。

  ① 速度快　　　② 存储量大　　③ 便宜　　　　④ 以上说法都不对

三、多项选择题

1. 计算机内部采用二进制主要原因是____。

  ① 存储信息量大

  ② 二进制只有 0 和 1 两种状态，在计算机设计中易于实现

  ③ 运算规则简单，能够节省设备

  ④ 数据输入输出方便

  ⑤ 易于应用逻辑代数来综合、分析计算机中有关逻辑电路，为逻辑设计提供方便

2. 计算机的存储系统一般是指____。

  ① ROM　　② 光盘　　③ 硬盘　　④ 软盘　　⑤ 内存　　⑥ 外存　　⑦ RAM

3. 下列设备中属于输入设备的是____。

  ① 显示器　　② 键盘　　③ 打印机　　④ 绘图仪　　⑤ 鼠标器　　⑥ 扫描仪　　⑦ 光笔

4. 下列软件中属于系统软件的是____。

  ① 操作系统　　　　② 诊断程序　　　　③ 编译程序

  ④ 目标程序　　　　⑤ 解释程序　　　　⑥ 应用软件包

5. 在下列叙述中，正确的命题有____。

  ① 计算机是根据电子元件来划分代次；而微型机通常根据 CPU 的字长划分代次

  ② 数据处理也称为信息处理，是指对大量信息进行加工处理

  ③ 内存储器按功能分为 ROM 和 RAM 两类，关机后它们中信息都将全部丢失

  ④ 内存用于存放当前执行的程序和数据，它直接和 CPU 打交道

  ⑤ 逻辑运算是按位进行的，不存在进位与借位，运算结果为逻辑值

6. 常见的显示卡（显示器适配器）有____。

  ① CRT　　② CGA　　③ CPU　　④ VGA　　⑤ TVGA　　⑥ EGA

7. 在微机系统中，常用的输出设备是____。

  ① 显示器　　　　② 键盘　　　　③ 打印机　　　　④ 绘图仪

  ⑤ 鼠标器　　　　⑥ 扫描仪　　　　⑦ 光笔

8. 计算机的主机主要是由____等器件组成。

  ① 输入部件　　　　② 输出部件　　　　③ 运算器

  ④ 控制器　　　　　⑤ 内存储器　　　　⑥ 外存储器

9. 计算机的主要应用领域是____。

  ① 科学计算　　　　② 数据处理　　　　③ 过程控制

  ④ 计算机辅助设计和辅助教学　　　⑤ 人工智能

10. 下列____均是未来计算机的发展趋势。

　　　①巨型化　　　　　②多媒体化　　　　　③网络化
　　　④功能简单化　　　⑤微型化

11. 关于 CPU，下面说法中____都是正确的。
　　　① CPU 是中央处理单元的简称　　　　　② CPU 可以代替存储器
　　　③微机的 CPU 通常也叫作微处理器　　　④ CPU 是微机的核心部件

12. 在下列有关存储器的几种说法中，____是正确的。
　　　①辅助存储器的容量一般比主存储器的容量大
　　　②辅助存储器的存取速度一般比主存储器的存取速度慢
　　　③辅助存储器与主存储器一样可与 CPU 直接交换数据
　　　④辅助存储器与主存储器一样可用来存放程序和数据

13. 计算机的主要特点是____。
　　　①运行速度快　　　　②擅长思考　　　　③存储容量大
　　　④分辨率高　　　　　⑤有数据传输和通信能力
　　　⑥有存储程序和逻辑判断能力

14. 计算机硬件系统是由____、输入设备和输出设备等部件组成的。
　　　①主机　　②控制器　　③键盘　　④运算器　　⑤显示器　　⑥存储器

15. 下列设备中属于输入设备的是____。
　　　①显示器　②键盘　　③打印机　　④绘图仪　　⑤鼠标　　⑥扫描仪　　⑦光笔

16. 计算机多媒体包括____。
　　　①声音　　②图像　　③文字　　④动画　　⑤报纸

17. 组装一台多媒体计算机，下列部件中____是必需的。
　　　①声卡　　②光驱　　③打印机　　④键盘　　⑤绘图仪

四、填空题

1. 第一台电子计算机_____诞生于_____年的美国。

2. 一个完整的计算机系统包括_____系统和_____系统两大部分。

3. 计算机硬件系统的 5 个组成部分是_____、_____、_____、_____、_____。

4. 中央处理器（CPU）由_____和_____构成。

5. 计算机的外部设备包括_____和_____设备。

6. 存储器的作用是_____和_____。

第 4 章   计算机中的信息表示

本章主要内容提要及学习目标

本章主要讲了计算机中的信息表示，包含数字、文字、图像、语音及视频的表示原理和方法。通过本章的学习，掌握各种信息表示的原理和方法。

4.1   数制及其相互转换

本节介绍数据的表示单位和数据进制，以及各种进制之间的相互转化。

4.1.1   数据的表示单位

要处理的信息在计算机中被称为数据。所谓数据，是可以由人工或自动化手段加以处理的事实、概念、场景和指示的表示形式，包括字符、符号、表格、声音和图形等。数据可在物理介质上记录或传输，并通过外部设备被计算机接收，经过处理而得到结果。计算机对数据进行解释并赋予一定意义后，便成为人们所能接收的信息。计算机中数据的常用单位有位（bit）、字节（byte）和字（word）。

1) 位

计算机中最小的数据单位是二进制的一个数位，简称为位。正如前面所讲的那样，一个二进制位可以表示两种状态（0 或 1），两个二进制位可以表示四种状态（00、01、10、11）。显然，位越多，所表示的状态就越多。

2) 字节

字节是计算机中用来表示存储空间大小的最基本单位。一个字节由 8 个二进制位组成。例如，计算机内存的存储容量、磁盘的存储容量等都是以字节为单位进行表示的。

除了用字节为单位表示存储容量外，还可以用千字节（KB）、兆字节（MB）及吉字节（GB）等表示存储容量。它们之间存在下列换算关系：

$1\,B = 8\,b$

$1\,KB = 2^{10}\,B = 1\,024\,B$

$1\,MB = 2^{10}\,KB = 2^{20}\,B = 1\,048\,576\,B$

$1\,GB = 2^{10}\,MB = 2^{30}\,B = 1\,073\,741\,824\,B$

3) 字

字和计算机中字长的概念有关。字长是指计算机在进行处理时一次作为一个整体进行处理的二进制数的位数，具有这一长度的二进制数则被称为该计算机中的一个字。字通常取字节的整数倍，是计算机进行数据存储和处理的运算单位。

计算机按照字长进行分类，可以分为 8 位机、16 位机、32 位机和 64 位机等。字长越长，那么计算机所表示数的范围就越大，处理能力也越强，运算精度也就越高。在不同字长的计算机中，字的长度也不相同。例如，在 8 位机中，一个字含有 8 个二进制位，而在 64 位机中，一个字则含有 64 个二进制位。

计算机处理的数据分为数值型和非数值型两类。数值型数据指数学中的代数值，具有量的含义，且有正负之分、整数和小数之分；而非数值型数据是指输入到计算机中的所有信息，没有量的含义，如数字符号 0~9、大写字母 A~Z 或小写字母 a~z、汉字、图形、声音及其一切可印刷的符号+、-、!、#、%、>等。

在计算机科学中，常用的数制是十进制、二进制、八进制、十六进制四种。人们习惯于采用十进位，简称十进制。但是由于技术上的原因，计算机内部一律采用二进制表示数据，而在编程中又经常使用十进制，有时为了表述上的方便还会使用八进制或十六进制。因此，了解不同及其相互转换是十分重要的。

数值在计算机中表示形式为机器数，计算机只能识别 0 和 1，使用的是二进制，而在日常生活中人们使用的是十进制，正如亚里士多德早就指出的那样："今天十进制的广泛采用，只不过是绝大多数人生来具有 10 个手指头这个解剖学事实的结果。尽管在历史上手指计数（5，10 进制）的实践要比二或三进制计数出现的晚。"在日常生活中人们并不经常使用二进制，因为它不符合人们的固有习惯。但在计算机内部的数是用二进制来表示的，这主要有以下几个方面的原因。

① 电路简单、易于表示。计算机是由逻辑电路组成的，逻辑电路通常只有两个状态。例如开关的接通和断开，晶体管的饱和和截止，电压的高与低等。这两种状态正好用来表示二进制的两个数码 0 和 1。若是采用十进制，则需要有十种状态来表示十个数码，实现起来比较困难的。

② 可靠性高。两种状态表示两个数码，数码在传输和处理中不容易出错，因而电路更加可靠。

③ 运算简单。二进制数的运算规则简单，无论是算术运算还是逻辑运算都容易进行。十进制的运算规则相对烦琐，现在已经证明，R 进制数的算术求和、求积规则各有 $R(R+1)/2$ 种。如采用二进制，求和与求积运算法只有 3 个，因而简化了运算器等物理器件的设计。

④ 逻辑性强。计算机不仅能进行数值运算而且能进行逻辑运算。逻辑运算的基础是逻辑代数，而逻辑代数是二值逻辑。二进制的两个数码 1 和 0，恰好代表逻辑代数中的"真"（True）和"假"（False）。

由于二进制具有这么多的优点，所以计算机中的数据和信息都采用二进制，当然输入到计算机中的任何数值型和非数值型数据都必须转换为二进制。

4.1.2　常用进制及其相互转换

带有进制的计数法，有两种。

第一种方式是，把该数用小括号括起来在小括号的右下角标明该进制的基数，如：$(123.23)_{10}$ 说明数 123.23 为十进制数。如果是 R 进制，则表示为 $(\cdots\cdots)_R$。

第二种方式是，在该数的后面加上相应的大写字母表示相应的进制。在计算机中，常常用到的有二进制、八进制、十进制、十六进制。分别用字母 B（Binary）表示二进制，例如，1110101.1101B 为二进制数；用字母 Q 或者 O（Octal）表示八进制，例如，123Q 为八进制数；用字母 D（Decimal）表示十进制，例如，123D 为十进制数；用字母 H（Hexadecimal）表示十六进制，例如，123ABH 为十六进制数。

1. R 进制转换成十进制数

方法：按照位权展开求和扩展到一般形式，一个 R 进制数，基数为 R，用 0，1，$\cdots$，$R-1$ 共 R 个数字符号来表示，且逢 R 进一，因此，各位的位权是以 R 为底的幂。一个 R 进制数的数 $(N)_R = (k_n k_{n-1} \cdots k_0 k_{-1} k_{-2} \cdots k_{-m})_R$，按位权展开式为：

$$(N)_R = k_n \times R^n + k_{n-1} \times R^n + \cdots + k_0 \times R^0 + k_{-1} \times R^{-1} + k_{-2} \times R^{-2} + \cdots + k_{-m} \times R^{-m}。$$

【例 4-1】 十进制数 1999.123D 按照位权方式展开为：

$$1 \times 10^3 + 9 \times 10^2 + 9 \times 10^1 + 9 \times 10^0 + 1 \times 10^{-1} + 2 \times 10^{-2} + 3 \times 10^{-3} = 1999.123D$$

从该例可以看出，任何一个十进制数都可以按照位权展开求和，而且等式两边的结果是相等的。那么对于二进制而言当然也可以。

【例 4-2】 把二进制数 1111011.010B 按位权展开为：

$$1 \times 2^6 + 1 \times 2^5 + 1 \times 2^4 + 1 \times 2^3 + 0 \times 2^2 + 1 \times 2^1 + 1 \times 2^0 + 0 \times 2^{-1} + 1 \times 2^{-2} + 0 \times 2^{-3} = 123.375D$$

所以 1111011.010B = (123.375)D。

【例 4-3】 例如，$(1111.11)_2 = 1 \times 2^3 + 1 \times 2^2 + 1 \times 2^1 + 1 \times 2^0 + 1 \times 2^{-1} + 1 \times 2^{-2} = 15.75D$

根据上述例子可知，八进制、十六进制等 R 进制转换成十进制的方法为：先为该数进行标位，其方法为，以小数点为分界线，整数部分方向从右向左从 0，$1 \cdots$ 进行标位，小数部分从左向右从 -1，$-2 \cdots$ 进行标位，按照位权展开求和就完成了。

【例 4-4】 将 $(110.101)_2$、$(16.24)_8$、$(5E.A7)_{16}$ 转化为 10 进制数。

解： $(A10B.8)_{16} = 10 \times 16^3 + 1 \times 16^2 + 0 \times 16^1 + 11 \times 16^0 + 8 \times 16^{-1} = 41227.5D$

$(110.101)_2 = 1 \times 2^2 + 1 \times 2^1 + 0 \times 2^0 + 1 \times 2^{-1} + 0 \times 2^{-2} + 1 \times 2^{-3} = 6.625D$

$(16.24)_8 = 1 \times 8^1 + 6 \times 8^0 + 2 \times 8^{-1} + 4 \times 8^{-2} = 14.3125D$

$(5E.A7)_{16} = 5 \times 16^1 + 14 \times 16^0 + 10 \times 16^{-1} + 7 \times 16^{-2} = 94.6523D（近似值）$

2. 十进转换成 R 进制

将十进制转化为 R 进制的方法为，对整数部分和小数部分分别处理。对整数部分按照如下步骤转化。

第一步：对原数除以 R，取余；

第二步：对商除以 R，取余；直至商为 0 结束；

第三步：将所取余数按逆序排列。

对其小数部分，如下处理：把小数部分乘以 R，取其整数部分，小数部分继续乘 R，取其整数部分，直至小数部分为 0 或者达到了约定的精确度，最后将所取整数按顺序排列。

【例 4-5】 把十进制的 23 转化为二进制。

解： 该数只有整数部分，转化的过程如图 4-1 所示。结果为 $(23)_{10} = (10111)_2$。

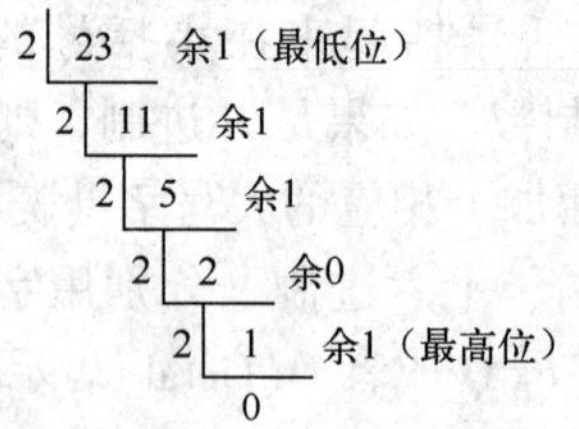

$$
\begin{array}{ll}
2\ \underline{|\ 23} & \text{余1（最低位）} \\
\quad 2\ \underline{|\ 11} & \text{余1} \\
\qquad 2\ \underline{|\ 5} & \text{余1} \\
\qquad\quad 2\ \underline{|\ 2} & \text{余0} \\
\qquad\qquad 2\ \underline{|\ 1} & \text{余1（最高位）} \\
\qquad\qquad\quad 0 &
\end{array}
$$

图 4-1 把十进制 23 转化为二进制

【例 4-6】 把十进制的 0.87 转化为二进制，精确到小数点后 5 位。

解：（0.87）10 ＝（0.11011）$_2$，具体求解过程如图 4-2 所示。

```
        0.87
      × 2
        1.74   整数部分1
        0.74
      × 2
        1.48   整数部分1
        0.48
      × 2
        0.96   整数部分0
        0.96
      × 2
        1.92   整数部分1
        0.92
      × 2
        1.84   整数部分1
```

图 4-2 把十进制 0.87 转化为二进制

根据例 4-5 和例 4-6，（23.87）$_{10}$ ＝（101111.11011）$_2$。同样的，根据这两个例子，还得到结论：一个十进制的整数可以精确转化为一个二进制整数，但是一个十进制的小数并不一定能够精确地转化为一个二进制小数。

【例 4-7】 将（179.48）$_{10}$ 化为八进制数，并且精确到小数点后第三位。

解：方法与以十进制转换成二进制类似，具体计算过程如图 4-3 所示。

```
                            0.48
                          × 8
8 | 179    余3（最低位）     3.84   整数部分3
   8 | 22   余6             0.84
      8 | 2  余2（最高位）  × 8
          0                6.72   整数部分6
                           0.72
                          × 8
                           5.76   整数部分5
```

图 4-3 把十进制 179.48 转化为八进制

其中，（179）$_{10}$ ＝（263）$_8$，（0.48）$_{10}$ ＝（0.365）$_8$（近似取 3 位），因此，（179.48）$_{10}$ ＝（263.365）$_8$

【例 4-8】 将（179.48）$_{10}$ 化为十六进制数，且保留小数点后两位数。

解：方法与以十进制转换成二进制和八进制类似，求解过程如图 4-4 所示。

```
                             0.48
                           ×16
16 | 179    余3（最低位）     7.68   整数部分7
    16 | 11   余B（最高位）   0.68
         0                 ×16
                           10.88   整数部分A
```

图 4-4 把十进制 179.48 转化为十六进制

其中，$(179)_{10} = (B3)_{16}$，$(0.48)_{10} = (0.7A)_{16}$（近似取 2 位），所以，$(179.48)_{10} = (B3.7A)_{16}$

与十进制数转化为二进制数类似，当将十进制小数转换为八进制或十六进制小数的时候，同样会遇到不能精确转化的问题。

3. 二进制、八进制、十六进制数之间的转换

因为 $8 = 2^3$，所以需要 3 位二进制数表示 1 位八进制数；而 $16 = 2^4$，所以需要 4 位二进制数表示 1 位十六进制数。由此可以看出，二进制、八进制、十六进制之间的转换是比较容易的。

1）二进制和八进制数之间的转换

二进制数转换成八进制数时，以小数点为中心向左右两边延伸，每三位一组，小数点前不足三位时，前面添 0 补足三位；小数后不足三位时，后面添 0 补足三位。然后将各组二进制数转换成八进制数。

【例 4-9】 将 $(10110011.011110101)_2$ 化为八进制。

解：

$$
\begin{array}{cccccc}
010 & 110 & 011. & 011 & 110 & 101 \\
\downarrow & \downarrow & \downarrow & \downarrow & \downarrow & \downarrow \\
2 & 6 & 3 & 3 & 6 & 5
\end{array}
$$

$(10110011.011110101)_2 = (010\quad110\quad011.011\quad110\quad101)_2 = (263.365)_8$。

八进制转换成二进制数则可概括为"一位拆三位"，即把一位八进制写成对应的三位二进制，然后按顺序连接起来即可。

【例 4-10】 将 $(1234)_8$ 化为二进制数。

解：

$$
\begin{array}{cccc}
1 & 2 & 3 & 4 \\
\downarrow & \downarrow & \downarrow & \downarrow \\
001 & 010 & 011 & 100
\end{array}
$$

$(1234)_8 = (001\ 010\ 011\ 100)_2 = (1010011100)_2$

2）二进制和十六进制数之间的转换

类似于二进制转换成八进制，二进制转换成十六进制时也是以小数点为中心向左右两边延伸，每四位一组，小数点前不足四位时，前面添 0 补足四位；小数点后不足四位时，后面添 0 补足四位。然后，将各组的四位二进制数转换成十六进制数。

【例 4-11】 将 $(10110101011.011101)_2$ 转换成十六进制数。

解：

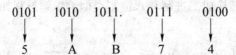

$$
\begin{array}{ccccc}
0101 & 1010 & 1011. & 0111 & 0100 \\
\downarrow & \downarrow & \downarrow & \downarrow & \downarrow \\
5 & A & B & 7 & 4
\end{array}
$$

$(10110101011.011101)2 = 010110101011.01110100 = (5AB.74)16$

十六进制数转换成二进制数时，将十六进制数中的每一位拆成四位二进制数，按顺序连接起来。

【例 4-12】 将 $(3CD)16$ 转换成二进制数。

解：

$$
\begin{array}{ccc}
3 & C & D \\
\downarrow & \downarrow & \downarrow \\
0101 & 1100 & 1101
\end{array}
$$

$(3CD)_{16} = 001111001101 = (1111001101)_2$

3）八进制数与十六进制数的转换

关于八进制与十六进制之间的转换，通常先转换为二进制数作为过渡，再用上面所讲的方法进行转换。那么，用十进制可以达到目的吗？答案是肯定的。但选择二进制更方便。

【例 4-13】 将 $(3CD)_{16}$ 转换成八进制数。

$(3CD)_{16} = (0011\ 1100\ 1101)_2 = (001\ 111\ 001\ 101)_2 = (1715)_8$

ABC3. 01H = 1010 1011 1100. 0000 0001B = 101 010 111 100. 000 000 010 B = 5274. 002Q

表 4-1 提供了在二进制、八进制、十六进制数之间进行转换时经常用到的数据。

表 4-1　二进制、八进制和十六进制之间的转换

十　进　制	二　进　制	八　进　制	十六进制
0	0000	0	0
1	0001	1	1
2	0010	2	2
3	0011	3	3
4	0100	4	4
5	0101	5	5
6	0110	6	6
7	0111	7	7
8	1000	10	8
9	1001	11	9
10	1010	12	A
11	1011	13	B
12	1100	14	C
13	1101	15	D
14	1110	16	E
15	1111	17	F

4.2　数字和英文字符的表示方法

计算机中的信息不仅有数字，还有字符、命令，其中数据还有大与小、正数与负数之分。计算机是如何用"0"或"1"，来表示这些信息的呢？

4.2.1　计算机中数的表示形式

在计算机中，只有数码 1 和 0 两种不同的状态，对于一个数的正、负号，两种不同状态，约定正数的符号用 0 表示，负数的符号用 1 表示，将符号位放在数的最左边。例如，

N1 = +1011，N2 = -1011。对于一个 8 位的计算机，即信息是以 8 位为单位进行处理的，且每个存储单元只能存储一个 8 位的二进制数，称为一个字节，如果用一个字节（即 8 位二进制数）来表示上述两个符号数，它们在该计算机中可分别表示为：00001011 和 10001011，其中最高位为符号值，其余位为数值位。

最高位为 0 表示是正数，最高位为 1 表示是负数。这种计算机用来表示数的形式叫机器数。机器数是计算机中表示数的基本方法，机器数通常有原码、反码和补码三种形式。

1. 原码表示方法

用 8 位二进制数表示数的原码时，最高位为数的符号位，其余 7 位为数值位。

【例 4-14】 +120 和 -120 的原码形式分别为：

$$[+120]_原 = 01111000$$
$$[-120]_原 = 11111000$$

对于零，可以认为它是正零，也可以认为它是负零，所以零的原码有两种表示形式：

$$[+0]_原 = 00000000$$
$$[-0]_原 = 10000000$$

8 位二进制数原码表示范围为：11111111 ~ 01111111，即 -127 ~ +127。

2. 反码表示方法

在反码表示方法中，正数的反码与原码相同，负数的反码由它对应原码除符号位之外，其余各位按位取反得到。例如：

【例 4-15】 $[+120]_反 = [+120]_原 = 01111000$，$[-120]_反 = 10000111$

零的反码有两种表示方式，即：

$$[+0]_反 = 00000000$$
$$[-0]_反 = 11111111$$

8 位二进制数反码表示范围为：11111111 ~ 01111111，即 -127 ~ +127。

3. 补码表示方法

先以钟表对时为例说明一下补码的概念，假设现在的标准时间为 5 点整，而有一只表却已是 7 点，为了校准时间，可以采用两种方法：一是将时针退 2 格，即 7-2=5；一是将时针向前拨 10 格，即 7+10=12（自动丢失）+5，都能对准到 5 点。可见，减 2 和加 10 是等价的，把（+10）称为（-2）对 12 的补码，12 为模，当数值大于模 12 时可以丢弃 12。

在字长为 8 位的二进制数字系统中，模为 $2^8 = 256$，先看看下例：

```
  01000000       64        01000000       64
+ 11110110     +246      - 00001010      -10
----------     ----      ----------      ---
 100110110       54       100110110       54
```

由此可见，在字长为 8 位情况下（64-10）与（64+246）的结果是相同的，所以 -10 和 246 互为补数。在补码表示方法中，正数的补码与原码相同，负数的补码由它对应原码除符号位之外，其余各位按位取反且末位加 1 得到。

【例 4-16】 $[+120]_补 = [+120]_原 = 01111000$

现在看一看 -10 的补码 11110110 怎样求得。

$$[-10]_原 = 10001010$$

$$[-10]_反 = 11110101$$

$$[-10]_补 = 11110110$$

采用补码表示数，可将减法运算转换成加法运算。在补码表示法中，零的补码只有一种表示法，即 $[+0]_补 = [-0]_补 = 00000000$。对于八位二进制数而言，补码能表示的数的范围为 $-128 \sim +127$。

【例 4-17】 已知 X = +1010B，Y = -1010B，写出它们的原码、反码和补码形式。

$$[+1010B]_原 = 00001010B \qquad [-1010B]_原 = 10001010B$$

$$[+1010B]_反 = 00001010B \qquad [-1010B]_反 = 11110101B$$

$$[+1010B]_补 = 00001010B \qquad [-1010B]_补 = 11110110B$$

4. 补码的加减运算

当用补码表示数时，可用加法完成减法运算，因此带符号数一般都以补码形式在机器中存放和参加运算。

补码的运算公式是：

$$[X+Y]_补 = [X]_补 + [Y]_补$$

$$[X-Y]_补 = [X]_补 + [-Y]_补$$

上述公式表明，补码的"和"等于"和"的补码。也就是说，在进行补码加法运算时，不论相加的两数是正、是负，只要把它们表示成相应的补码形式，直接按二进制规则相加，其结果都应为"和"的补码。

已知 X 的补码，求 X 的原码时，可以将 X 的补码当作 X 原码形式，再求一次补码得到：$[[X]_补]_补 = [X]_原$。

【例 4-18】 已知 $[X]_补 = 10111010B$，求 $[X]_原$。

解： $[X]_原 = [[X]_补]_补 = [10111010]_补 = 11000110B$

补码加减运算时，不能保证每次运算结果都是正确，也就是要注意溢出问题。所谓溢出在这里是指：两个带符号数进行运算时，其结果超出补码的表示范围 $-128 \sim +127$。

【例 4-19】 已知 $[X]_补 = 00111010B$，$[Y]_补 = 10011101B$，求 $[X+Y]_补$。

解： $[X+Y]_补 = 11010111B$

$$
\begin{array}{rr}
00111010 & 58 \\
+10011101 & -99 \\
\hline
11010111 & -41
\end{array}
$$

【例 4-20】 已知 $[X]_补 = 10011011B$，$[Y]_补 = 01101001B$，求 $[X+Y]_补$。

解： $[X+Y]_补 = 00000100B$。从此例看到，进位发生丢失，不会影响运算结果。

$$
\begin{array}{rr}
10011011 & -101 \\
+01101001 & +105 \\
\hline
00000100 & 004
\end{array}
$$

【例 4-21】 已知 $[X]_补 = 11000100B$，$[Y]_补 = 10001000B$，求 $[X+Y]_补$。

解： $[X+Y]_补 = 1001100B$，显然该结果是错误的，因为发生溢出了。

$$
\begin{array}{rr}
11000100 & -60 \\
+10001000 & -120 \\
\hline
101001100 & -180
\end{array}
$$

【例 4-22】 已知 [X]补=01101000B，[Y]补=00110100B，求 [X-Y]补。

解：已知 [Y]补，求 [-Y]补，只要将连同符号位一起"取反加一"，所以 [-Y]补=11001100B，[X-Y]补=00110100B。

$$
\begin{array}{r}
01101000 \\
+11001100 \\
\hline
101001100
\end{array}
\qquad
\begin{array}{r}
104 \\
-52 \\
\hline
52
\end{array}
$$

5. 使用补码运算法的原因

因为人脑可以知道第一位是符号位，在计算的时候会根据符号位，选择对真值区域的加减。但是对于计算机，加减乘数已经是最基础的运算，要设计得尽量简单。计算机辨别"符号位"显然会让计算机的基础电路设计变得十分复杂！于是人们想出了将符号位也参与运算的方法。根据运算法则可知，减去一个正数等于加上一个负数，即：$1-1=1+(-1)=0$，所以机器可以只有加法而没有减法，这样计算机运算的设计就更简单了。

于是人们开始探索将符号位参与运算，并且只保留加法的方法。首先来看原码。

计算十进制的表达式：$1-1=0$

$1-1=1+(-1)=[00000001]_原+[10000001]_原=[10000010]_原=-2$

如果用原码表示，让符号位也参与计算，显然对于减法来说结果是不正确的。这也就是为何计算机内部不使用原码表示一个数。

为了解决原码做减法的问题，出现了反码。计算十进制的表达式：$1-1=0$。

$1-1=1+(-1)=[00000001]_原+[10000001]_原=[00000001]_反+[11111110]_反$

$\qquad =[11111111]_反=[10000000]_原=-0$

发现用反码计算减法，结果的真值部分是正确的，而唯一的问题其实就出现在"0"这个特殊的数值上。虽然人们理解上 +0 和 -0 是一样的，但是 0 带符号是没有任何意义的，而且会有 [0000 0000]原 和 [1000 0000]原 两个编码表示 0。

补码的引入解决了 0 的符号有两个编码的问题。

$1-1=1+(-1)=[00000001]_原+[10000001]_原=[00000001]_补+[11111111]_补=$
$[00000000]_补=[0000 0000]_原$。这样 0 用 [00000000] 表示，而以前出现问题的 -0 则不存在了，而且可以用 [1000 0000] 表示 -128。

6. 二进制乘法和除法原理

1）乘法原理

就是左移（进位）8 次，每次最高位为 1 则加进去，8 位移完就得出乘积了。实际上和做 10 进制的乘法是一样的，只不过这里的进制是 2 了。比如 5×6，转成二进制就是 0101×0110。十进制乘法大家都会做，把它们当成十进制 101×110 来计算，则如下：

$\qquad$ 4 位乘积=被乘数×千位被+被乘数×百位+被乘数×十位+被乘数×个位

即：

$$0101×0110=0101×0000+0101×100+0101×10+0101×0$$

4 位乘积=被乘数×千位数×1000+被乘数×百位数×100+被乘数×10 位数×10+被乘数×个位数

即：

$$0101×0110=0101×(0×1000)+0101×(1×100)+0101×(1×10)+0101×0$$

再变化如下：

4 位乘积＝被乘数×千位数×10×10×10＋被乘数×百位数×10×10＋被乘数×10 位数×10＋被乘数×个位数

即：

0101×0110＝0101×(0×10×10×10)＋0101×(1×10×10)＋0101×(1×10)＋0101×0＝(((0101×0)×10)＋(0101×1))×10＋(0101×1))×10＋0101×0

可以看到，实际上乘法结果就是被乘数乘以每一位乘以模（10）的 N 次方的累计和，其实左移位就是进位。而换成二进制则更简单，把 10 换成二进制 2 就行了。

4 位乘积＝被乘数×第四位数×2×2×2＋被乘数×第三位数×2×2＋被乘数×第二位数×2＋被乘数×第一位数。

即：

$$0101×0110＝(((0101×0)×2)＋(0101×1))×2＋(0101×1))×2＋0101×0$$

由于乘 2 就是移位（进位），把上面的公式中乘 2 换成左移位就行了。

2）除法原理

二进制数除法运算按下列三条法则：

① 0/0＝0；

② 0/1＝0；

③ 1/1＝1。

1/0 是无意义的。

【例 4-23】 $(111011)_2/(1011)_2$。

解：$(111011)_2/(1011)_2$ 商为 $(101)_2$，余数为 $(100)_2$

```
        111011
   ÷1011        商1
   ─────────
        111     最后一个1是111011"0"后面的1落下来的
   ÷1011        商0
   ─────────
       1111     最后一个1是上面落下来的
   ÷1011        商1
   ─────────
        100     余数100
```

所谓二进制除法其实一直是在做减法而已。二进制减法向高位借 1 得 2，所以 $(10)_2 - (1)_2＝1$。

4.2.2   字符的表示

首先说明字符从键盘输入到在显示器显示出来的过程。键盘是最常用也是最主要的输入设备，通过键盘可以将英文字母、数字、标点符号等输入到计算机中，从而向计算机发出命令、输入数据等。而显示器也可以将通过键盘输入的字符、数据等显示出来。

键盘分为 XT、AT、PS/2 和 USB 键盘。PC 系列机使用的键盘有 83 键、84 键、101 键、102 键和 104 键等多种。XT 和 AT 机的标准键盘分别为 83 键和 84 键，而 286 机以上微机的键盘则普遍使用 101 键、102 键或 104 键。83 键键盘是最早使用的一种 PC 机键盘，其键号与扫描码是一致的。这个扫描码被直接发送到主机箱并转换为 ASCII 码；随着高档 PC 机的出现，键盘功能和按键数目得到了扩充，键盘排列也发生了变化，产生的扫描码与 83 键键盘的扫描码不同。为了保持 PC 系列微机的向上兼容性，需将 84、101、102、104 键键盘的扫描码转换为 83 键键盘的扫描码，一般将前者叫作行列位置扫描码，而将后者称为系统扫描码。显然，对于 83 键键盘，这两种扫描码是相同的。

　　键盘是由一组排列成矩阵方式的按键开关组成，通常有编码键盘和非编码键盘两种类型，IBM 系列个人微型计算机的键盘属于非编码类型。微机键盘主要由单片机、译码器和键开关矩阵三大部分组成。其中单片机采用了 INTEL8048 单片微处理器控制，这是一个 40 引脚的芯片，内部集成了 8 位 CPU、1 024×8 位的 ROM、64×8 位的 RAM、8 位的定时器/计数器等器件。由于键盘排列成矩阵格式，被按键的识别和行列位置扫描码的产生，是由键盘内部的单片机通过译码器来实现的。单片机在周期性扫描行、列的同时，读回扫描信号线结果，判断是否有键按下，并计算按键的位置以获得扫描码。当有键按下时，键盘分两次将位置扫描码发送到键盘接口；按下一次，叫接通扫描码；释放时再发一次，叫断开扫描码。因此可以用硬件或软件的方法对键盘的行、列分别进行扫视，去查找按下的键，输出扫描位置码，通过查表转换为 ASCII 码返回，经过键盘 I/O 电路送入主机，并由显示器显示出来。

　　键盘通过一根 5 芯电缆与主机连接，系统主板上的键盘接口按照键盘代码串行传送的应答约定，接收键盘发送来的扫描码；键盘在扫描过程中，7 位计数器循环计数。当高 5 位（D6~D2）状态为全"0"时，经译码器在 0 列线上输出一个"0"，其余均为"1"；而计数器的低二位（D1D0）通过 4 选 1 多路选择器控制 0~3 行的扫描。计数器计一个数则扫描一行，计 4 个数全部行线扫描一遍，同时由计数器内部向 D2 进位，使另一列线 1 变低，行线再扫描一遍。只要没有键按下，多路选择器就一直输出高电平，则时钟一直使计数器循环计数，对键盘轮番扫描。当有一个键被按下时，若扫描到该键所在的行和列时，多路选择器就会输出一个低电平，去封锁时钟门，使计数器停止计数。这时计数器输出的数据就是被按键的位置码（即扫描码）。8048 利用程序读取这个键码后，在最高位添上一个"0"，组成一个字节的数据，然后从 P22 引脚以串行方式输出。在 8048 检测到键按下后，还要继续对键盘扫描检测，以发现该键是否释放。当检测到释放时，8048 在刚才读出的 7 位位置码的前面（最高位）加上一个"1"，作为"释放扫描码"，也从 P22 引脚串行送出去，以便和"按下扫描码"相区别。送出"释放扫描码"的目的是为识别组合键和上、下档键提供条件。

　　同时，主机还向键盘发送控制信号，主机 CPU 响应键盘中断请求时，通过外围接口芯片 8255A-5 的 PA 口读取键盘扫描码并进行相应转换处理和暂存；通过 PB 口的 PB6 和 PB7 来控制键盘接口工作。

　　从用途上看，键盘可分为台式机键盘、笔记本键盘和工控机键盘三大类；其中台式机键盘从按键结构上又可分为两类，即机械键盘和电容键盘，又称有触点键盘和无触点键盘。机械键盘存在着开关容易损坏、易污染、易老化的缺点，现已基本淘汰。电容键盘在可靠性上比前者有质的飞跃，使用寿命较长，目前大多为电容键盘。

　　ASCII 是基于拉丁字母的一套计算机编码系统，主要用于显示现代英语和其他西欧语言，也是现今最通用的单字节编码系统，并等同于国际标准 ISO/IEC646。

　　ASCII 第一次以规范标准的形式发表是在 1967 年，最后一次修正则是在 1986 年，迄今为止共定义了 128 个字符，其中 33 个字符无法显示，但在 DOS 模式下可显示出一些诸如笑脸、扑克牌花式等 8 位符号，且这 33 个字符多数都是控制字符，控制字符的用途主要是用来操控已经处理过的文字，在 33 个字符之外的是 95 个可显示的字符，如表 4-2 所示，包含用键盘敲下空白键所产生的空白字符也算 1 个可显示字符。

表 4-2　ASCII 可显示字符

二　进　制	十　进　制	十 六 进 制	图　　形
0010 0000	32	20	（空格）
0010 0001	33	21	!
0010 0010	34	22	"
0010 0011	35	23	#
0010 0100	36	24	$
0010 0101	37	25	%
0010 0110	38	26	&
0010 0111	39	27	'
0010 1000	40	28	(
0010 1001	41	29	)
0010 1010	42	2A	*
0010 1011	43	2B	+
0010 1100	44	2C	,
0010 1101	45	2D	–
0010 1110	46	2E	.
0010 1111	47	2F	/
0011 0000	48	30	0
0011 0001	49	31	1
0011 0010	50	32	2
0011 0011	51	33	3
0011 0100	52	34	4
0011 0101	53	35	5
0011 0110	54	36	6
0011 0111	55	37	7
0011 1000	56	38	8
0011 1001	57	39	9
0011 1010	58	3A	:
0011 1011	59	3B	;
0011 1100	60	3C	<
0011 1101	61	3D	=

二　进　制	十　进　制	十　六　进　制	图　　形
0011 1110	62	3E	>
0011 1111	63	3F	?
0100 0000	64	40	@
0100 0001	65	41	A
0100 0010	66	42	B
0100 0011	67	43	C
0100 0100	68	44	D
0100 0101	69	45	E
0100 0110	70	46	F
0100 0111	71	47	G
0100 1000	72	48	H
0100 1001	73	49	I
0100 1010	74	4A	J
0100 1011	75	4B	K
0100 1100	76	4C	L
0100 1101	77	4D	M
0100 1110	78	4E	N
0100 1111	79	4F	O
0101 0000	80	50	P
0101 0001	81	51	Q
0101 0010	82	52	R
0101 0011	83	53	S
0101 0100	84	54	T
0101 0101	85	55	U
0101 0110	86	56	V
0101 0111	87	57	W
0101 1000	88	58	X
0101 1001	89	59	Y
0101 1010	90	5A	Z
0101 1011	91	5B	[
0101 1100	92	5C	\
0101 1101	93	5D	]
0101 1110	94	5E	^
0101 1111	95	5F	_
0110 0000	96	60	`
0110 0001	97	61	a

二　进　制	十　进　制	十　六　进　制	图　　形
0110 0010	98	62	b
0110 0011	99	63	c
0110 0100	100	64	d
0110 0101	101	65	e
0110 0110	102	66	f
0110 0111	103	67	g
0110 1000	104	68	h
0110 1001	105	69	i
0110 1010	106	6A	j
0110 1011	107	6B	k
0110 1100	108	6C	l
0110 1101	109	6D	m
0110 1110	110	6E	n
0110 1111	111	6F	o
0111 0000	112	70	p
0111 0001	113	71	q
0111 0010	114	72	r
0111 0011	115	73	s
0111 0100	116	74	t
0111 0101	117	75	u
0111 0110	118	76	v
0111 0111	119	77	w
0111 1000	120	78	x
0111 1001	121	79	y
0111 1010	122	7A	z
0111 1011	123	7B	{
0111 1100	124	7C	l
0111 1101	125	7D	}
0111 1110	126	7E	~

4.3　中文信息的数字化

从 4.2 节中可以看出，为了处理英文字符，需要对它们进行编码，使得每一个英文都对应着一个数字；其次，每一个英文字母都有它的光点矩阵，有光点的地方为 1。在这两点上，中文汉字的处理也是类似的。首先需要对每一个汉字编码，使得每个汉字对应于一个数字；其次，还要给出汉字的字形码，便于显示。

1. 汉字机内码

汉字信息在计算机内部也是以二进制方式存放的。由于汉字数量多，用一个字节的128种状态不能全部表示出来，因此在1980年我国颁布的《信息交换用汉字编码字符集——基本集》，即国家标准 GB2312—80 方案中规定用两个字节的十六位二进制表示一个汉字，每个字节都只使用低7位（与ASCII码相同），即有128×128＝16 384种状态。由于ASCII码的34个控制代码在汉字系统中也要使用，为了避免发生冲突，不能作为汉字编码，128除去34只剩94种，所以汉字编码表的大小是94×94＝8836，用以表示国标码规定的7445个汉字和图形符号。

每个汉字或图形符号分别用两位的十进制区码（行码）和两位的十进制位码（列码）表示，不足的地方补0，组合起来就是区位码。把区位码按一定的规则转换成的二进制代码叫作信息交换码（简称国标码）。国标码共有汉字6763个（一级汉字，是最常用的汉字，按汉语拼音字母顺序排列，共3755个；二级汉字，属于次常用汉字，按偏旁部首的笔画顺序排列，共3008个），数字、字母、符号等682个，共7445个。

由于国标码不能直接存储在计算机内，为方便计算机内部处理和存储汉字，又区别于ASCII码，将国标码中的每个字节在最高位改设为1，这样就形成了在计算机内部用来进行汉字的存储、运算的编码即汉字机内码（或称为汉字内码，或称为内码）。机内码既与国标码有简单的对应关系，易于转换，又与ASCII码有明显的区别，且有统一的标准，并且机内码是唯一的。

2. 汉字输入码

无论是区位码或国标码都不利于输入汉字，为方便汉字的输入而制定的汉字编码，称为汉字输入码。不同的输入方法，形成了不同的汉字外码。常见的输入法有以下几类。

按汉字的排列顺序形成的编码（流水码）：如区位码。

按汉字的读音形成的编码（音码）：如全拼、简拼、双拼等。

按汉字的字形形成的编码（形码）：如五笔字型、郑码等。

按汉字的音、形结合形成的编码（音形码）：如自然码、智能 ABC。

输入码在计算机中必须转换成机内码，才能进行存储和处理。

3. 汉字字形码

为了将汉字在显示器或打印机上输出，把汉字按图形符号设计成点阵图，就得到了相应的点阵代码（字形码）。图4-5展示了"大"的字形码。全部汉字字形码的集合叫汉字库。汉字库可分为软字库和硬字库。软字库以文件的形式存放在硬盘上，现多用这种方式，硬字库则将字库固化在一个单独的存储芯片中，再和其他必要的器件组成接口卡，插接在计算机上，通常称为汉卡。

用于显示的字库叫显示字库。显示一个汉字一般采用16×16点阵、24×24点阵、32×32点阵或48×48点阵。已知汉字点阵的大小，可以计算出存储一个汉字所需占用的字节空间。例如：用16×16点阵表示一个汉字，就是将每个汉字用16行，每行16个点表示，一个点需要1位二进制代码，16个点需用16位二进制代码（即2个字节），共16行，所以需要16行×2字节/行＝32字节，即16×16点阵表示一个汉字，字形码需用32字节。即：字节数＝点阵行数×点阵列数/8。表4-3中给出了汉字点阵类型。

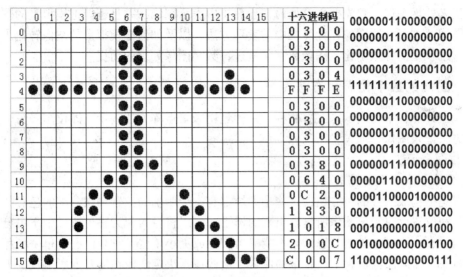

图 4-5 "大"字的字形码

表 4-3 汉字点阵类型

	点 阵	字 数	存储量（字节）
简易型汉字	16×16	87×94	261 696
普通型字库	24×24	87×94	588 816
	32×32	87×94	1 046 784
精密型字库	64×64	87×94	4 187 136
	96×96	87×94	9 M
	128×128	87×94	16 M
	256×256	87×94	64 M

用于打印的字库叫打印字库，其中的汉字比显示字库多，而且工作时也不像显示字库需调入内存。

4. 汉字输入输出过程

汉字都是通过输入码输入的，输入方式可以是键盘，也可以是语音。输入管理模块把输入码转化为机内码，然后再根据机内码查找字库，找出汉字的字形码，再根据字形码输出到输出设备上。该过程如图 4-6 所示。

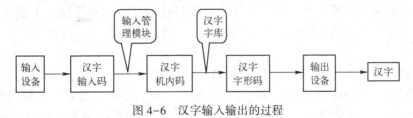

图 4-6 汉字输入输出的过程

4.4 图像数字化

图像数字化是将连续色调的模拟图像转化为计算机能够处理的数字影像的过程。为了能用计算机来处理图像，首先要知道如何在计算机中表示图像，并且还能把模拟量的图像转化为数字图像。本节介绍图像在计算机中的表示方法，以及如何把模拟量的图像转化为数字化的图像，也就是图像数字化。图像数字化是进行数字图像处理的前提。

4.4.1 图像的数字化表示方法

图像在计算机中的表示方式有两种，一种是用像素点阵方法表示，即位图；另一种是通过数学方法记录图像，即矢量图。

1. 位图表示法

1）像素、灰度和分辨率

像素是指构成图像的小方块，这些小方块都有一个明确的位置和被分配的色彩数值，小方格颜色和位置就决定该图像所呈现出来的样子。可以将像素视为整个图像中不可分割的单位或者是元素。不可分割的意思是它不能够再切割成更小单位，它是以一个单一颜色的小格存在。每一个点阵图像包含了一定量的像素，这些像素决定图像在屏幕上所呈现的大小。这样，图片是由一个个像素组成，并且赋予像素一个表示颜色的值，可以用数组存储这些像素。

表示像素明暗程度的整数称为像素的灰度级。一幅数字图像中不同灰度级的个数称为灰度级数，用 G 表示，$G = 2^g$，g 就是表示存储图像像素灰度值所需的比特位数，如表 4-4 所示。灰度级数就代表一幅数字图像的层次，图像数据的实际层次越多视觉效果就越好。

表 4-4 像素位数对应的灰度数

比 特 位 数	可分配给一个像素的灰度数
1	$2^1 = 2$
2	$2^2 = 4$
4	$2^4 = 16$
8	$2^8 = 256$
16	$2^{16} = 65\ 536$
24	$2^{24} = 16\ 777\ 216$

若一幅数字图像的量化灰度级数 $G = 256 = 2^8$ 级，灰度取值范围一般是 $0 \sim 255$ 的整数，由于用 8 bit 就能表示灰度图像像素的灰度值，因此常称 8 bit 量化。

从视觉效果来看，采用大于或等于 6 比特位量化的灰度图像，视觉上就能令人满意。一幅大小为 $M \times N$、灰度级数为 G 的图像所需的存储空间，即图像的数据量，大小为 $M \times N \times g\ (\text{bit})$。

分辨率是指单位长度内包含的像素数量，它的单位通常为 "像素/英寸"（ppi）。如 96 ppi 表示每英寸包含 96 个像素，300 ppi 表示每英寸包含 300 个像素，分辨决定了位图图像细节的精细程度。通常情况下，图像的分辨率越高，所包含的像素就越多，图像越清晰，印刷的质量就越好。

分辨率越高，图像的质量就越好，但也会增加文件占用的存储空间，只有根据图像的用途设置合适的分辨率才能取得最佳的使用效果。如果图像用于屏幕显示或网络传输，可以将分辨率设置为 72 像素/英寸（ppi），这样可以减小文件的大小，提高传输和浏览速度；如果图像用于喷墨打印，可以将分辨率设置为 100~150 像素/英寸（ppi）；如果图像用于印刷，则应设置为 300 像素/英寸（ppi）。

数字图像根据灰度级数的差异可分为黑白图像、灰度图像和彩色图像。

2）黑白图像

图像的每个像素只能是黑或白，没有中间的过渡，故又称为二值图像。二值图像的像素值为 0 或 1。图 4-7 是一个黑白图像的例子。

$$\begin{bmatrix} 1 & 0 & 0 \\ 0 & 0 & 1 \\ 1 & 1 & 0 \end{bmatrix}$$

图 4-7　黑白图像及其表示示例

3）灰度图像

灰度图像是指灰度级数大于 2 的图像。但它不包含彩色信息。每个像素可以用二进制表示，例如，用两位的二进制表示，则有 4 种灰度。8 位二进制数能表示 256 种灰度。图 4-8 是用 2 位二进制数表示灰度的图像的例子，图 4-9 是用 8 位二进制数表示灰度的图像的例子。仔细比对，这两幅图像是有差别的，清晰程度不一样。

图 4-8　两位二进制数表示的灰度种类及图像示例

图 4-9　8 位二进制数表示的灰度种类及图像示例

4）彩色图像

彩色图像是根据三基色原理，利用 R（红）、G（绿）、B（蓝）三色不同比例的混合来表现丰富多采的现实世界，每个颜色的深度可以使用 0～255 这 256 个数字来表达，例如（255，255，255）就可以表示白色，（0，0，0）就可以表示黑色。图 4-10 显示了 24 位彩色图像。

图 4-10　24 位二进制数表示的颜色种类及图像示例

通常存储位图的文件中包含多种信息，如每个像素的颜色信息、行数和列数等。另外，此类文件可能还包含颜色表，也称为颜色调色板。颜色表将位图中的数值映射到特定的颜色。图 4-11 显示了位图和颜色表。每个像素都有 4 位数字，因此有 $2^4 = 16$ 种颜色。颜色表中的每个颜色表示为一个 2^4 位数字：8 位用于红色、8 位用于绿色、8 位用于蓝色。以十六进制（以 16 为基数）形式显示数字：A = 10，B = 11，C = 12，D = 13，E = 14，F = 15。

查看 3 行 5 列的映像中的像素。在位图中对应的号为 1。颜色表显示 1 表示的颜色为红色，因此该像素是红色。位图的顶行中的所有条目都为 3。颜色表显示，3 表示蓝色，因此图像的第一行中的所有像素都是蓝色。

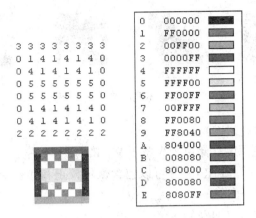

图 4-11　位图和颜色表

5) 常用位图图形格式简介

(1) BMP 格式。

BMP 格式是 Windows 位图格式，用来存储独立于设备和独立于应用程序的图像的格式。Windows 位图可以用任何颜色深度（从黑白到 24 位颜色）存储单个光栅图像，且与其他 Microsoft Windows 程序兼容。

(2) 图形交换格式（GIF）。

GIF 是在网页显示图像的通用格式。GIF 适用于行绘图、用纯色，块的图片和颜色之间有清晰边界的图片。GIF 图片以 8 位颜色或 256 色存储单个光栅图像数据或多个光栅图像数据。GIF 压缩是 LZW 压缩，压缩比大概为 3:1。

(3) 联合摄影专家组（JPEG）。

JPEG 是一种非常适用于扫描的照片如自然场景压缩方案，也是与平台无关的格式。JPEG 图片以 24 位颜色存储单个光栅图像。可以提高或降低 JPEG 文件压缩的级别，压缩比率可以高达 100:1，可在 10:1 到 20:1 的比率下轻松地压缩文件，而图片质量不会下降。图 4-12 显示 BMP 图像和两个从该 BMP 图像压缩得到的 JPEG 图像的情况。第一个 JPEG 具有 4:1 的压缩率，第二个 JPEG 具有 8:1 的压缩率。

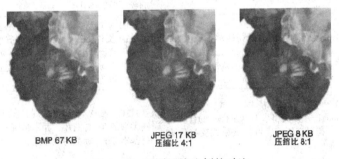

图 4-12　不同压缩比例的对比

JPEG 不适用于所含颜色很少、具有大块颜色相近的区域或亮度差异十分明显的较简单的图片。图 4-13 显示 BMP 以及两个 JPEG 和 GIF。JPEG 图像和 GIF 是从 BMP 压缩得到的。GIF 的压缩率是 4:1，较小的 JPEG 压缩率是 4:1 和较大的 JPEG 压缩率是 8:3。

| BMP 8K | JPEG 2K | JPEG 3K | GIF 2K |

图 4-13　不同压缩方式的比较

（4）可移植网络图形（PNG）。

PNG 图片以任何颜色深度存储单个光栅图像。PNG 是与平台无关的格式，同时 PNG 格式可以很好的支持无损压缩。PNG 文件可以包含伽玛校正和颜色更正信息，因此，可以显示设备的各种上精确地呈现图像。

（5）标记图像文件格式（TIFF）。

TIFF 是一种灵活且可扩展的格式，支持通过各种平台和图像处理应用程序。TIFF 以任何颜色深度存储单个光栅图像，可以使用各种压缩算法，不适用于在 Web 浏览器中查看。TIFF 格式是可扩展的格式。这意味着程序员可以修改原始规范以添加功能或满足特定的需要。修改规范可能会导致不同类型的 TIFF 图片之间不兼容。

表 4-5 中给出了上述图像文件格式的优缺点。

表 4-5　常用文件格式的优缺点比较

文件格式	优　点	缺　点
BMP 格式	BMP 支持 1 位到 24 位颜色深度。BMP 格式与现有 Windows 程序（尤其是较旧的程序）广泛兼容	BMP 不支持压缩，这会造成文件非常大。BMP 文件不受 Web 浏览器支持
图形交换格式	GIF 广泛支持 Internet 标准。支持无损耗压缩和透明度。动画 GIF 很流行，易于使用许多 GIF 动画程序创建	GIF 只支持 256 色调色板，因此，详细的图片和写实摄影图像会丢失颜色信息，而看起来却是经过调色的。在大多数情况下，无损耗压缩效果不如 JPEG 格式或 PNG 格式。GIF 支持有限的透明度，没有半透明效果或褪色效果
联合摄影专家组	摄影作品或写实作品支持高级压缩。利用可变的压缩比可以控制文件大小。支持交错（对于渐近式 JPEG 文件）。JPEG 广泛支持 Internet 标准	有损耗压缩会使原始图片数据质量下降。当编辑和重新保存 JPEG 文件时，JPEG 会混合原始图片数据的质量下降。这种下降是累积性的。JPEG 不适用于所含颜色很少、具有大块颜色相近的区域或亮度差异十分明显的较简单的图片
可移植网络图形	PNG 支持高级别无损耗压缩，支持 alpha 通道透明度，支持伽玛校正，支持交错。最新的 Web 浏览器也支持该格式	较旧的浏览器和程序可能不支持 PNG 文件。作为 Internet 文件格式，与 JPEG 的有损耗压缩相比，PNG 提供的压缩量较少。作为 Internet 文件格式，PNG 对多图像文件或动画文件不提供任何支持。GIF 格式支持多图像文件和动画文件
标记图像文件格式	TIFF 是广泛支持的格式，尤其是在 Macintosh 计算机和基于 Windows 的计算机之间。支持可选压缩，可扩展格式支持许多可选功能	TIFF 不受 Web 浏览器支持，可扩展性会导致许多不同类型的 TIFF 图片，并不是所有 TIFF 文件都与所有支持基本 TIFF 标准的程序兼容

2. 矢量图表示法

1）矢量图的生成方法

矢量图也称为面向对象的图像或绘图图像，是用一系列计算指令来表示的图，因此矢量图是用数学方法描述的图，本质上是很多个数学表达式的编程语言表达。画矢量图的时候如果速度比较慢，可以看到绘图的过程。这些图形的元素是一些点、线、矩形、多边形、圆和弧线等等，它们都是通过数学公式计算获得的，因此缩放不会失真，适用于图形设计、文字设计和一些标志设计、版式设计等。矢量文件中的图形元素称为对象。每个对象都是一个自成一体的实体，它具有颜色、形状、轮廓、大小和屏幕位置等属性。例如，一幅花的矢量图形实际上是由线段形成外框轮廓，由外框的颜色及外框所封闭的颜色决定花显示出的颜色，如图 4-14 所示。

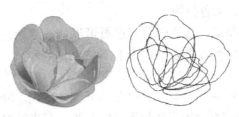

图 4-14　花的矢量表示示例

因为这种类型的图像文件包含独立的分离图像，可以自由无限制的重新组合。绘制矢量图的常用软件有 CorelDraw、Illustrator、Freehand、XARA、CAD 等。

2）矢量图的特点

矢量图具有如下几个特点。

（1）文件小。矢量图是根据几何特性来绘制图形，矢量可以是一个点或一条线，矢量图只能靠软件生成，文件占用内空间比较小。

（2）图像可以无级缩放。对图形进行缩放，旋转或变形操作时，图形不会产生锯齿效果。

（3）可采取高分辨率印刷。矢量图形文件可以在任何输出设备打印机上以打印或印刷的最高分辨率进行打印输出。

（4）矢量图可以在维持它原有清晰度和弯曲度的同时，多次移动和改变它的属性，而不会影响图例中的其他对象。

（5）最大的缺点是难以表现色彩层次丰富的逼真图像效果。

3）矢量图的文件格式

常用矢量图的文件格式有如下几种。

（1）AutoCAD 绘图交换文件（DXF）。

AutoCAD 绘图交换文件是 Autodesk AutoCAD 程序使用的基于矢量的 ASCII 格式。AutoCAD 可以提供非常详细的完全可以缩放的图表。

（2）计算机图形图元文件（CGM）。

CGM 图元文件可以包含矢量信息和位图信息。它是由许多组织和政府机构（包括"英国标准协会"（BSI）、"美国国家标准协会"（ANSI）和美国国防部）使用的国际性标准化文件格式。

（3）CorelDRAW 图元文件（CDR）

CorelDRAW 图元文件可以同时包含矢量信息和位图信息。

（4）Windows 图元文件（WMF）

"Windows 图元文件"是 16 位图元文件格式，可以同时包含矢量信息和位图信息。它针对 Windows 操作系统进行了优化。

（5）Encapsulated PostScript（EPS）。

"Encapsulated PostScript"格式是一种专用的打印机描述语言，可以描述矢量信息和位图信息。

（6）增强型图元文件（EMF）。

"增强型图元文件"是 32 位格式，可以同时包含矢量信息和位图信息。此格式是对"Windows 图元文件格式"的改进，包含了一些扩展功能，例如，内置的缩放比例信息、与文件一起保存的内置说明、调色板等。

EMF 格式是可扩展的格式，这意味着程序员可以修改原始规范以添加功能或满足特定的需要。此修改可能会导致不同类型的 EMF 图片之间不兼容。

（7）Macintosh 图片（PICT）。

PICT 文件是用于 Macintosh 计算机的 32 位图元文件格式。PICT 文件使用"行程长度编码"（RLE）内部压缩，该内部压缩工作相当良好。如果安装了 QuickTime，则 PICT 文件支持 JPEG 压缩（仅限 Macintosh）。

表 4-6 中给出了上述图像文件格式的优缺点。

表 4-6　常用文件格式的优缺点比较

文件格式	优　点	缺　点
AutoCAD 绘图交换文件	可以使用 AutoCAD 创建非常详细和精确的图表和图形	AutoCAD 在 Office 中受到的支持很有限，Office 支持 R12 之前的 AutoCAD 版本
计算机图形图元文件	CGM 是国际标准格式	二进制编码方式元文件中的每个元素直接使用机内的二进制码来表示，这种做法既有利于文件的生成也便于以后的解释，其存储开销比字符编码方式略大，但最大的缺点是不能在网上进行传输
CorelDRAW 图元文件	CDR 广泛用于印前行业和艺术设计行业	CDR 在 Office 中受到的支持很有限，Office 支持 CorelDRAW 6 版和更早版本
Windows 图元文件	Windows 图元文件是 Windows 标准格式，可很好地在 Office 中使用	图形往往较粗糙，且只能在 Microsoft Office 中调用编辑
Encapsulated PostScript	EPS 可在任何 PostScript 打印机上进行准确的效果呈现。EPS 是行业标准格式	屏幕显示可能与输出的显示不一致。屏幕呈现可能会是低分辨率的，可能会是不同图像，或只是占位符图像。EPS 文件旨在用于输出。它们不是用于在屏幕上显示信息的最适合的格式
增强型图元文件	可扩展的文件格式，与 WMF Windows 图元文件相比，功能得到了改善	可扩展性会导致许多不同类型的 EMF 图片，并不是所有 EMF 文件都与所有支持 EMF 标准的程序兼容
Macintosh 图片	PICT 是用于 Macintosh 计算机屏幕显示的最佳文件格式。当从 Macintosh 计算机输出到非 PostScript 打印机时，PICT 是要使用的最佳输出格式	在平台间移动它们时，字体可能显示得不正确。必须安装 QuickTime 才能正确查看某些 PICT 文件

4.4.2　图像数字化的步骤

图像数字化是将一幅画面转化成计算机能处理的数字图像的过程。具体来说，就是把一幅图画分割成一个个小区域，这一个个的小区域称为像素，并将各小区域灰度用整数来表示，形成一幅点阵式的数字图像。它包括采样、量化和压缩编码三个过程。

1）采样

将空间上连续的图像变换成离散点的操作称为采样。简单地讲，对二维空间上连续的图像在水平和垂直方向上等间距地分割成矩形网状结构，所形成的微小方格称为像素点。一幅图像就被采样后得到有限个像素点构成的集合，采样结果质量的高低是图像分辨率来衡量。采样间隔和采样孔径的大小是两个很重要的参数。当对图像进行实际的抽样时，怎样选择各抽样点的间隔是个非常重要的问题。关于这一点，图像包含何种程度的细微的浓淡变化，取决于希望真实反映图像的程度。图 4-15 展示了不形状的采样孔径。采样方式包括有缝、无缝和重叠三种，如图 4-16 所示。

图 4-15　不同形状的采样孔径　　　　图 4-16　不同的采样方式

2）量化

将像素灰度转换成离散的整数值的过程叫量化。经采样图像被分割成空间上离散的像素，但其灰度是连续的，还不能用计算机进行处理。必须把它们的灰度也离散化处理后，才能进行计算机处理。

量化首先要确定使用多大范围的数值来表示图像采样之后的每一个点。量化的结果是图像能够容纳的颜色总数，它反映了采样的质量。例如：如果以 4 位存储一个点，就表示图像只能有 16 种颜色；若采用 16 位存储一个点，则有 $2^{16}=65\,536$ 种颜色。所以，量化位数越来越大，表示图像可以拥有更多的颜色，自然可以产生更为细致的图像效果。但是，也会占用更大的存储空间。两者的基本问题都是视觉效果和存储空间的取舍。假设有一幅黑白灰度的照片，因为它在水平于垂直方向上的灰度变化都是连续的，都可认为有无数个像素，而且任一点上灰度的取值都是从黑到白可以有无限个可能值。通过沿水平和垂直方向的等间隔采样可将这幅模拟图像分解为近似的有限个像素，每个像素的取值代表该像素的灰度。对灰度进行量化，使其取值变为有限个可能值。经过这样采样和量化得到的一幅空间上表现为离散分布的有限个像素，灰度取值上表现为有限个离散的可能值的图像称为数字图像。只要水平和垂直方向采样点数足够多，量化比特数足够大，数字图像的质量和原始模拟图像相比毫不逊色。在量化时所确定的离散取值个数称为量化级数。为表示量化的色彩值（或亮度值）所需的二进制位数称为量化字长，一般可用 8 位、16 位、24 位或更高的量化字长来表示图像的颜色；量化字长越大，则越能真实地反映原有的图像的颜色，但得到的数字图像的容量也越大。

一个黑白图片分成 64×64 的点阵，其中黑色的点在计算机中用 0 表示，白色的点用 1 表示，每个点对应位图的 1 个像素，那么存储容量计算如下：

$1×64×64=4\,096$（b）

$4\,096/8=512$（B）

16 色位图（64 格×64 格）的存储容量为 $4×64×64/8=2\,048\,B=2\,KB$

24 色位图（1 024 格×768 格）的存储容量为 $24×1\,024×768/8=2\,048\,KB=2\,MB$

256 色位图（64 格×64 格）的存储容量为 $8×64×64/8=4\,096\,B=64\,KB$

3）压缩编码

编码就是对各个量化后的采样幅值数据用最少的码字去编成数码输出，作为数字化的输出一般是 PCM 码。但作为图像传输、存储或处理过程中的编码，内容是很多的，如信源编码是尽可能地压缩图像数据，以便减少图像传输速率和存储器容量以及提高运算处理速度。而信道编码往往是为了防止信道噪声引起的误码尽可能少增加一些比特数。

数字化后得到的图像数据量十分巨大，必须采用编码技术来压缩其信息量。在一定意义上讲，编码压缩技术是实现图像传输与储存的关键。

4.5　音频数字化

人类能够听到的所有声音都称之为音频，是一种连续变化的模拟信号。而计算机只能处理和记录二进制的数字信号，因此，由自然音源而得的音频信号必须经过一定的方法转化为二进制数据，然后才能在计算机中进行处理。这种把连续的音频信号转化为数字信号的过程称为音频数字化。

4.5.1　描述音频的物理量

声音是由物体振动产生的，是一种波，其涉及的两个概念是表示声音大小的分贝和代表声音高低的频率。

1. 分贝（dB）

分贝是声波振幅的度量单位，以人耳所能听到的最静的声音为 1 dB，以造成人耳听觉损伤的最大声音为 100 dB。人们正常语音交谈大约为 20 dB。10 dB 意味着音量放大 10 倍，而 20 dB 却不是 20 倍，而是 100 倍（10^2）。

2. 频率（Hz）

频率是指人们能感知的声音音高。男性语音为 180 Hz，女性歌声为 600 Hz，钢琴上 C 调至 A 调间为 440 Hz，电视机发出人所能听到的声音是 17 kHz，人耳能够感知的最高声音频率为 20 kHz。

声波通过话筒转变为时间上连续的电压波，电压波与引起电压波的声波的变化规律是一致的，因此可以利用电压波来模拟声音信号，这种电压波被称为模拟音频信号，如磁带、录像带上的声音信号。这个信号的变化过程可以用波形图表示，如图 4-17 所示。播放时音响设备将电压波传至扬声器，扬声器的振动产生声音，从而将模拟音频信号还原为声音。

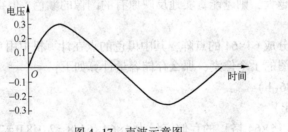

图 4-17　声波示意图

4.5.2　音频数字化的步骤

把模拟信号转化为数字信号，需要经过采样、量化、编码三个过程。

1. 采样

对连续信号按一定的时间间隔采样。奈奎斯特采样定理认为，只要采样频率大于或等于信号中所包含的最高频率的两倍，则可以根据其采样完全恢复出原始信号，这相当于当信号是最高频率时，每一周期至少要采取两个点。但这只是理论上的定理，在实际操作中，人们用混叠波形，从而使取得的信号更接近原始信号。把分割线与信号图形交叉处的坐标位置记录下来，可以得到如下资料。例如，假设采样时间间隔是固定的 0.01 秒，则得到（0.01，0.10）、（0.02，0.20）、（0.03，0.26）、（0.04，0.30）…，这样就把这个波形以数字记录下来了。事实上，只要把纵坐标记录下来就可以了，得到的结果是 0.10、0.20、0.26、0.30…。图 4-18 展示了这样的一个例子。

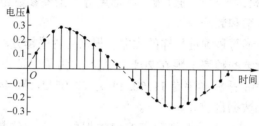

图 4-18　采样后的图形

2. 量化

采样的离散音频要转化为计算机能够表示的数据范围，这个过程称为量化。量化的等级取决于量化精度，也就是用多少位二进制数来表示一个音频数据。一般有 8 位、12 位或 16 位。量化精度越高，声音的保真度就越高。

3. 编码

对音频信号采样并量化成二进制，实际上就是对音频信号进行编码，但用不同的采样频率和不同的量化位数记录声音，在单位时间中，所需存贮空间是不一样的。

图 4-19 展示了一个量化和编码后的波形图。

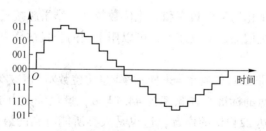

图 4-19　量化和编码后的图形

表 4-7 是一个量化和编码的示例。

表 4-7　采样电压、量化和编码示例

采样点压	量化（十进制数）	编码（二进制数）
0.5～0.7	3	011
0.3～0.5	2	010
0.1～0.3	1	001

采 样 点 压	量化（十进制数）	编码（二进制数）
-0.1~0.1	0	000
-0.3~-0.1	-1	111
-0.5~-0.3	-2	110
-0.7~-0.5	-3	101
-0.9~-0.7	-4	100

从前面的内容可以看出，音频数字化就是将模拟的（连续的）声音波形数字化（离散化），以便利用数字计算机进行处理的过程，波形声音的主要参数包括：采样频率、量化位数、声道数、压缩编码方案和数码率等。

采样频率是对声音波形每秒钟进采样的次数。根据这种采样方法，采样频率是能够再现声音频率的一倍。人耳听觉的频率上限在 20 kHz 左右，为了保证声音不失真，采样频率应在 40 kHz 左右。经常使用的采样频率有 11.025 kHz、22.05 kHz 和 44.1 kHz 等。采样频率越高，声音失真越小，音频数据量越大。

量化位数是描述每个采样点的振幅动态响应数据的二进制位数，经常采用的有 8 位、12 位和 16 位。例如，8 位量化位数表示每个采样点可以表示 256 个（0~255）不同量化值，而 16 位量化位数则可表示 65 536 个不同量化值。采样量化位数越高音质越好，数据量也越大。

反映音频数字化质量的另一个因素是声道数。记录声音时，如果每次生成一个声波数据，就称为单声道；每次生成二个声波数据，就称为立体声（双声道），立体声更能反映人的听觉感受。

除了上述因素外，数字化音频的质量还受其他一些因素的影响，如扬声器质量，麦克风质量，计算机声卡 A/D 与 D/A（模/数、数/模）转换芯片品质，各个设备连接线屏蔽效果等。

综上所述，声音数字化的采样频率和量化位数越高，结果越接近原始声音，但记录数字声音所需存储空间也随之增加。未压缩前，可以用下面的公式估算声音数字化后每秒所需的存储量：

$$波形声音的码率 = 采样频率 \times 量化位数 \times 声道数 / 8。$$

例如，数字激光唱盘的标准采样频率为 44.1 kHz，量化位数为 16 位，立体声，几乎可以无失真地播出频率高达 22 kHz 的声音，这也是人类所能听到的最高频率声音。激光唱盘每分钟音乐需要的存储量为：$44.1 \times 1000 \times 16 \times 2 \times 60 / 8 = 10\ 584\ 000$（字节）= 10.584 Mbytes。这个数值就是微软 Windows 系统中 WAVE（.WAV）声音文件在硬盘中所占磁盘空间的存储量。由 Microsoft 公司开发的 WAV 声音文件格式，是如今计算机中最为常见的声音文件类型之一，它符合 RIFF 文件规范，用于保存 Windows 平台的音频信息资源，被 Windows 平台机器应用程序所广泛支持。另外，WAVE 格式支持 MSADPCM、CCIPTALAW、CCIPT-LAW 和其他压缩算法，支持多种音频位数，采样频率和声道，但其缺点是文件体积较大，所以不适合长时间记录。因此，才会出现各种音频压缩编/解码技术的出现，例如，MP3、RM、WMA、VQF、ASF 等，它们各自有自己的应用领域，并且不断在竞争中求得发展。

数字化的最大好处是资料传输与保存的不易失真。记录的资料只要数字大小不改变，记录的资料内容就不会改变。如果用传统类比的方式记录以上信号，例如使用录音带表面的磁场强度来表达振幅大小，在复制资料时，无论电路设计多么严谨，总是无法避免噪声。这些噪声会变成复制后资料的一部分，造成失真，且复制次数越多信噪比（信号大小与噪声大小的比值）会越来越低，资料的细节也越来越少。如果有多次复制过录音带的经验，对以上的情况就应该不陌生。在数字化的世界里，这串数字转换为二进制，以电压的高低来判读 1 与 0，还可以加上各种检查码，使得出错概率很低，因此在一般的情况下，无论复制多少次，资料的内容都是相同，达到不失真的目的。

4.5.3 数字音频还原为模拟音频

数字化的音频信号如何转换成原来的音频信号呢？在计算机的声卡中一块芯片叫作数模转换器（digital to analog converter，DAC）。DAC 的功能是把数字信号转换成模拟信号。可以把 DAC 想象成 16 个小电阻，各个电阻值是以 2 的倍数增大。当 DAC 接收到来自计算机中的二进制信号，遇到 0 时相对应的电阻就开启，遇到 1 相对应的电阻不作用，如此每一批 16 位数字信号都可以转换成对应的电压大小。这个电压大小看起来像阶梯一样一格一格，跟原来平滑的信号有些差异，因此再输出前还要通过一个低通滤波器，将高次谐波滤除，这样声音就会变得比较平滑了。

4.5.4 常见数字化音频文件的格式

常见音频格式有 WAVE、MP3、微软 WMA、RM 等，下面做简单介绍。

1）WINDOWS 系统最基本音频格式（WAVE）

WINDOWS 系统最基本音频格式，支持 MSADPCM、CCITT A LAW 等多种压缩算法，支持多种音频位数、采样频率和声道。标准格式的 WAV 文件是 44.1 KHz 的采样频率，速率 88K/秒，16 位量化位数。WAV 格式的声音文件是目前 PC 机上广为流行的声音文件格式，几乎所有的音频编辑软件都播放 WAV 格式文件。

2）MP3 格式

MP3 全称是动态影像专家压缩标准音频层面 3（moving picture experts group audio layer III）。它是当今较流行的一种数字音频编码和有损压缩格式，它用来大幅度地降低音频数据量，是一种有损压缩。MP3 是利用人耳对高频声音信号不敏感的特性，将时域波形信号转换成频域信号，并划分成多个频段，对不同的频段使用不同的压缩率，对高频加大压缩比（甚至忽略信号）对低频信号使用小压缩比，保证信号不失真。这样一来就相当于抛弃人耳基本听不到的高频声音，只保留能听到的低频部分，从而将声音用 1:10 甚至 1:12 的压缩率压缩。由于这种压缩方式的全称叫 MPEG Audio Player3，所以把它简称为 MP3。

3）微软 WMA 编码格式

WMA（Windows media audio）格式是来自微软，音质要强于 MP3 格式，更远胜于 RA 格式，它和日本 YAMAHA 公司开发的 VQF 格式一样，是以减少数据流量但保持音质的方法来达到比 MP3 压缩率更高的目的，WMA 的压缩率一般都可以达到 1:18 左右，WMA 的另一个优点是内容提供商可以通过 DRM（digital rights management）方案如 Windows Media Rights Manager 7 加入防拷贝保护。

4）网络流媒体压缩格式

RealAudio 主要适用于在网络上的在线音乐欣赏，现在大多数的用户仍然在使用 56 kbps 或更低速率的 Modem，所以典型的回放并非最好的音质。有的下载站点会提示用户根据 Modem 速率选择最佳的 Real 文件。Real 的文件格式主要有如下几种：有 RA（RealAudio）、RM（RealMedia，RealAudio G2）、RMX（RealAudio Secured），还有更多。这些格式的特点是可以随网络带宽的不同而改变声音的质量，在保证大多数人听到流畅声音的前提下，令带宽较富裕的听众获得较好的音质。

表 4-8 对这些格式的特点进行了比较。

表 4-8 音频格式的优缺点比较

文 件 格 式	优 点	缺 点
Windows 系统最基本音频格式	简单的编码和解码方法，无损存储	音频存储空间大。 32 位 WAV 文件中的 2 GB 限制
MP3 格式	压缩比高，适合用于互联网上的传播	MP3 在 128 kbps 比特率及以下时，会出现明显的高频丢失
微软 WMA 编码格式	当比特率小于 128 kbps 时，WMA 最为出色且编码后得到的音频文件很小，适合在网络上在线播放	当比特率大于 128 kbps 时，WMA 音质损失过大。WMA 标准不开放，由微软掌控
网络流媒体压缩格式	可以随网络带宽的不同而改变声音的质量，在保证大多数人听到流畅的声音的前提下，令带宽较富裕的人获得较好的音质。适合于网上实时播放	编辑这类文件时不方便，并且可能会导致文件太大

4.6 视频数字化

数字化视频主要是指由时间上连续序列的数字化图片再加上数字化声音的合成体。视频是在时间和空间上对活动场景的离散采样，其中的每一张图片是对某一时刻场景的空间离散采样，称为视频的一帧。每秒约 25 帧的连续帧采样就形成视频，这是和人眼的视觉反应有关。通常一秒需要采样 24 帧左右才能在视觉上感知为连续的过程。当每秒采集的视频帧减少，视觉上就会有断续感，效果变差。如果多于 30 帧/秒，视觉基本上没有区别了，因为人眼的分辨能力有限。

视频所需要的存储空间非常大。存储 10 分钟的 640×480 的真彩色视频，按照每秒 25 帧计算，不包括声音信息，需要 640×480×3×25×10×60 个字节，大约为 14 GB（13 824 MB）。如何解决这个问题呢？这就要靠合理的视频编码和视频压缩技术。

视频编码与压缩，是数字化视频非常重要的技术，它直接影响到视频在各个领域的应用。如果没有视频编码技术的不断提高，人们今天也不可能在方方面面享受到视频的便利性。

首先，视频编码是一项非常复杂的工程，远超过对音频和图像压缩的难度。其次，视频编码是一个多级压缩的过程，而非单一压缩方案。如果不是有着这么复杂的一项工程，视频文件远比我们想象的要大得多。举一个例子。按照 CCIR601 的视频信号采集标准，一个标准 PAL 制式电视信号转换成数字信号，按照常见的非专业级采样标准 4:2:0，则每秒产生的视频内容所生成的数字文件为 21 MB。那么 1 分钟的视频文件为 1260 MB。电视用的颜色编码方式称为 YUV 颜色编码方案。

如果按照 RGB 色彩表达方式，720×576 分辨率，每个采样点 3 个基色，每个基色是8 b数据，每秒 25 帧画面。得出来的结果是 720×576×3×8×25 = 237. 3 Mb = 29. 67 MB。那么 1 分钟的视频就是 1780 MB。这还仅仅是标清，如果是高清 1080P 的话，那就是 69. 5 TB。

从上面的例子可以看出，即便是不压缩视频，采用 YUV 颜色来存储信息，比起使用RGB 颜色来存储信息，容量还是要小一些的。所以也可以说 YUV 颜色方式算是视频编码的最初一级压缩方法。

如果每一帧的视频画面，按照 RGB 颜色保存的话，文件会非常大。例如 PAL 制视频画面所产生的文件有 1. 2 MB。

如果将每帧的视频画面压缩，那么可能大大减小视频的文件大小。而最常见的图像压缩算法就是 JPEG。

首先 JPEG 压缩是对图像的 YUV 色彩分量进行分别编码，所用的编码主要算法是 DCT（discrete cosine transform，离散余弦变换）。它是与傅里叶变换相关的一种变换，它类似于离散傅里叶变换（discrete fourier transform），但是只使用实数。DCT 是一种非常高压缩率、低失真的压缩算法，可以将图像压缩至原来的 1/5 到 1/10 大小，而且画质基本没有太大变化。

那么利用 JPEG 压缩算法，原本每帧图像大小为 1. 2 MB，现在就变成了 180 KB 左右，减小了很多。而每秒的视频大小就变成了 4. 4 MB，1 分钟的视频就是 263 MB，小了很多。使用这种算法的视频编码方式叫作 Motion JPEG，也叫 MJPEG。要注意，视频压缩里面也有个比较知名的方法叫作 MPEG，但不等同于 MJPEG，两者截然不同。

与视频相比，动画通常是将矢量图形作为每一帧来存储，数据量比影像要小很多。

4.7　本章小结

本章要求掌握各种信息在计算机中的表示形式，主要有数字、文字、图像、音频和视频的二进制表示方法。数字在计算机中采用二进制的形式表示，并且采用补码的方式存储在计算机中，因为补码能方便地进行加减乘除运算。同样，文字也需要在计算机中进行二进制形式的表示，为此要掌握 ASCII 码、中文编码的方式和显示的方法，包含区位码、机内码、字形码等。还要掌握图像的位图存储方式和矢量存储方式及语音的数字化方法和视频数字化方法等。

4.8　习题

一、选择题

1. 十进制数 1000 对应二进制数为（A）＿＿＿，对应十六进制数为（B）＿＿＿。

　A：① 1111101010　　② 1111101000　　③ 1111101100　　④ 1111101110

　B：① 3C8　　　　② 3D8　　　　③ 3E8　　　　④ 3F8

2. 十进制小数为 0. 96875 对应的二进制数为（A）＿＿＿，对应的十六进制数为（B）＿＿＿。

A：① 0.11111　　　　② 0.111101　　　　③ 0.111111　　　　④ 0.1111111

B：① 0.FC　　　　② 0.F8　　　　③ 0.F2　　　　④ 0.F1

3. 二进制的 1000001 相当十进制的（A）____，二进制的 100.001 可以表示为（B）____。

A：① 62　　　　② 63　　　　③ 64　　　　④ 65

B：① 2^3+2^{-3}　　　　② 2^2+2^{-2}　　　　③ 2^3+2^{-2}　　　　④ 2^2+2^{-3}

4. 十进制的 100 相当于二进制（A）____，十进制的 0.110011 相当二进制的（B）____。

A：① 1000000　　　　② 1100000　　　　③ 1100100　　　　④ 1101000

B：① $2^{-1}+2^{-2}+2^{-5}+2^{-6}$　　　　② $1-(2^{-3}+2^{-4})$

③ $1+(-2^{-3}-2^{-4})$　　　　④ $1-2^{-3}-2^{-4}-2^{-6}$

5. 八进制的 100 化为十进制为（A）____，十六进制的 100 化为十进制为（B）____。

A：① 80　　　　② 72　　　　③ 64　　　　④ 56

B：① 160　　　　② 180　　　　③ 230　　　　④ 256

6. 在以下所给出的关系式中正确的为（A）____，在给出的等式中不正确的为（B）____。

A：① $(0.111)_2<(0.75)_{10}$　　　　② $(0.7)_8>(0.C)_{16}$

③ $(0.6)_{10}>(0.AB)_{16}$　　　　④ $(0.101)_2<(0.A)_{16}$

B：① $(0.875)_{10}=(0.E)_{16}$　　　　② $(0.74)_8=(0.9375)_{10}$

③ $(0.101)_2=(0.A)_{16}$　　　　④ $(0.31)_{16}=(0.141)_8$

7. 十六进制数（FFF.C）H 相当十进制数____。

① 4096.3　　　　② 4096.25　　　　③ 4096.75　　　　④ 4095.75

8. 2005 年可以表示为（A）____年；而 $(3730)_8$ 年是指（B）____年。

A：①（7C5）H　　　　②（6C5）H　　　　③（7D5）H　　　　④（5D5）H

B：① $(2000)_{10}$　　　　② $(2002)_{10}$　　　　③ $(2006)_{10}$　　　　④ $(2008)_{10}$

9. 十六进制数 123.4 对应的十进制分数为____。

① 349.25　　　　② 349.75　　　　③ 291.25　　　　④ 292.25

10. 二进制数 10000.00001 可以表示为（A）____；将其转换成八进制数为（B）____；将其转换成十六进制数为（C）____。

A：① 2^5+2^{-5}　　　　② 2^4+2^{-4}　　　　③ 2^5+2^{-4}　　　　④ 2^4+2^{-5}

B：① 20.02　　　　② 02.01　　　　③ 01.01　　　　④ 02.02

C：① 10.10　　　　② 01.01　　　　③ 01.04　　　　④ 10.08

11. 对于不同数制之间关系的描述，正确的描述为____。

① 任意的二进制有限小数，必定也是十进制有限小数

② 任意的八进制有限小数，未必也是二进制有限小数

③ 任意的十六进制有限小数，不一定是十进制有限小数

④ 任意的十进制有限小数，必然也是八进制有限小数

12. 二进制整数 1111111111 转换为十进制数为（A）____，二进制小数 0.111111 转换成十进制数为（B）____。

A：① 1021　　　② 1023　　　③ 1024　　　④ 1027

B：① 0.9375　　② 0.96875　　③ 0.984375　　④ 0.9921875

13. 十进制的 160.5 相当十六进制的 (A) ____，十六进制的 10.8 相当十进制的 (B) ____。将二进制的 0.100111001 表示为十六进制为 (C) ____，将十六进制的 100.001 表示为二进制为 (D) ____。

A：① 100.5　　　② 10.5　　　③ 10.8　　　④ A0.8

B：① 16.8　　　② 10.5　　　③ 16.5　　　④ 16.4

C：① 0.139　　　② 0.9C1　　　③ 0.9C4　　　④ 0.9C8

D：① 2^8+2^{-8}　　② 2^8+2^{-9}　　③ 2^8+2^{-10}　　④ 2^8+2^{-12}

14. 多项式 $2^{12}+2^8+2^1+2^0$ 表示为十六进制为 (A) ____，表示为十进制为 (B) ____。

A：① $16^3+16^2+16^{-1}$　② $16^3+16^2+3^{-1}$　③ 16^3+16^2+16　④ 16^3+16^2+3

B：① 4353　　　② 4354　　　③ 4355　　　④ 4356

15. 已知 a=0.1，b=0.3，c=0.4，d=0.5，e=0.6，f=0.8，若使 a=c，则 a 为 ____，c 为 ____；若使 d=f，则 d 为 ____，f 为 ____，若使 b=e，则 b 为 ____，e 为 ____。

① 二进制数　　　　② 八进制数　　　　③ 十进制数

④ 十六进制数　　　⑤ 六进制数　　　　⑥ 十二进制数

16. 十进制算术表达式：3×512+7×64+4×8+5 的运算结果，用二进制表示为 ____。

① 10111100101　② 11111100101　③ 11110100101　④ 11111101101

17. 十进制数 2004 等值于八进制数 ____。

① 3077　　　② 3724　　　③ 2766　　　④ 4002

⑤ 3755

18. $(2004)_{10}+(32)_{16}$ 的结果是 ____。

① $(2036)_{10}$　　② $(2054)_{16}$　　③ $(4006)_{10}$　　④ $(100000000110)_2$

⑤ $(2036)_{16}$

19. 十进制数 2006 等值于十六制数为 ____。

① 7D6　　　② 6D7　　　③ 3726　　　④ 6273

⑤ 7136

20. 十进制数 2003 等值于二进制数 ____。

① 11111010011　② 10000011　③ 110000111

④ 0100000111　　⑤ 1111010011

21. 运算式 $(2008)_{10}-(3723)_8$ 的结果是 ____。

① $(-1715)_{10}$　　② $(5)_{10}$　　③ $(-5)_{16}$　　④ $(111)_2$

⑤ $(3263)_8$

22. 数值最小的是 ____。

① 十进制数 55　　　　　　　② 二进制数 110101

③ 八进制数 101　　　　　　　④ 十六进制数 42

23. 每组数据中第一个数为八进制，第二个数为二进制，第三个数为十六进制，三个数值相同的是 ____。

① 277，10111111，BF　　　　② 203，10000011，83

③ 247, 1010011, A8   ④ 213, 10010110, 96

24. 假设某计算机的字长为 8 位, 则十进制数 (-66) 的补码为＿＿。

     ① 01000010   ② 11000010   ③ 10111110   ④ 10111111

25. 假设某计算机的字长为 8 位, 则十进制数 (+75) 的反码为＿＿。

     ① 01001011   ② 11001011   ③ 10110100   ④ 10110101

26. 执行下列二进制数算术加运算 10101010+00101010 其结果是＿＿。

     ① 11010100   ② 11010010   ③ 10101010   ④ 00101010

27. 已知 8 位机器码是 10110100, 若其为补码时, 表示的十进制数是＿＿。

     ① -76   ② -74   ③ 74   ④ 76

二、填空题

(1) $(011010)_2 = ($ $)_{10} = ($ $)_8 = ($ $)_{16}$。

(2) $(35)_{10} = ($ $)_2 = ($ $)_8 = ($ $)_{16}$。

(3) $(251)_8 = ($ $)_2 = ($ $)_{10} = ($ $)_{16}$。

(4) $(4B)_{16} = ($ $)_2 = ($ $)_{10} = ($ $)_8$。

(5) $(69)_{10} = ($ $)_2 = ($ $)_8 = ($ $)_{16}$。

(6) $(10011011001)_2 = ($ $)_8 = ($ $)_{16}$。

(7) $(1001010.011001)_2 = ($ $)_8 = ($ $)_{16}$。

三、简答题

1. 请解释 ASCII 码。

2. 请解释输入码、国标码、机内码、字形码, 并说明它们之间的相互关系。

3. 将十进制数 100 用十六进制表示。

4. 将下列十进制数, 转换成二进制数, 再转换成八和十六进制。

   (1) 67   (2) 253   (3) 1024   (4) 218.875   (5) 0.0625

5. 简述图像的数字化原理。

6. 简述音频的数字化原理。

7. 简述视频的数字化原理。

8. 试说明补码在计算中的作用。

第 5 章　计算在软件方面的实践

本章主要内容提要及学习目标

在计算机的诞生后，怎样更好地发挥计算机的功能，人们也做了很多探索。首先就是对计算机的资源进行管理的问题，为此人们研制了管理计算机资源的软件，这就是操作系统。后来人们还研制了把高级语言翻译成低级语言或者二进制代码的程序，这就是编译程序。这两个方面的进步方便了软件开发，特别是图形界面操作系统的出现，使得计算机的使用更加便捷，这也大大促进了计算机的普及和应用。本章介绍计算在软件方面的实践——计算机软件，包括系统软件和应用软件。

5.1　计算机软件系统

计算机在诞生的初期，只有少数人会使用，因为使用它是一个很繁杂的过程，为了更好地让计算机服务于人类，人们就设计了一些能让计算机使用起来更方便的程序，这些程序运行在机器之上，让机器的管理更方便。这样的程序，再加上开发、使用和维护的有关文档，就是软件。计算机软件技术发展很快。计算机刚诞生的时候，只能被高水平的专家使用，今天，计算机的使用已经得到了普及，甚至没有上学的小孩都可以灵活操作；以前，在两台计算机之间交换文件很不方便，甚至在同一台计算机的两个不同的应用程序之间进行交换也很困难，今天，网络在两个平台和应用程序之间提供了无损的文件传输。21 世纪是信息化时代，网络信息逐渐深入到人们日常生活中，并对人们的生活方式带来了一定的改变。从互联网发展角度来看，计算机软件技术的开发显得十分重要。软件的快速发展也大大促进了对软件人才的需求。

计算机软件系统通常被分为系统软件和应用软件两大类。

系统软件是指担负控制和协调计算机及其外部设备、支持应用软件的开发和运行的一类计算机软件，一般包括操作系统、语言处理程序、数据库系统和网络管理系统等。

应用软件是指为特定领域开发并为特定目的服务的一类软件。应用软件是直接面向用户需要的，它们可以直接帮助用户提高工作质量和效率，甚至可以帮助用户解决某些难题。应用软件一般分为两类：一类是为特定需要开发的实用型软件，如会计核算软件、订票系统、工程预算软件和教育辅助软件等；另一类是为了方便用户使用计算机而提供的一种工具软件，如用于文字处理的 Word、用于辅助设计的 AutoCAD 及杀毒软件等。

5.2　系统软件

系统软件由一组控制计算机系统并管理其资源的程序组成，其主要功能包括：启动计算机、存储、加载和执行应用程序、对文件进行排序、检索，将程序语言翻译成机器语言等。实际上，系统软件可以看作用户与计算机的接口，它为应用软件和用户提供了控制、访问硬件的手段，这些功能主要由操作系统完成。此外，编译系统和各种工具软件也属此类，它们从另一方面辅助用户使用计算机。下面分别介绍它们的功能。

5.2.1　操作系统

操作系统是管理、控制和监督计算机软、硬件资源协调运行的程序系统，由一系列具有不同控制和管理功能的程序组成，它是直接运行在计算机硬件上的，是基本的系统软件，是系统软件的核。操作系统是计算机发展中的产物，它的主要目的有两个：一是方便用户使用计算机，二是用户和计算机的接口。在对计算机资源——微处理器、存储器、外部设备、文件和作业五大计算机资源的管理上，操作系统将这种管理功能分别设置成相应的程序管理模块，每个管理模块分管一定的功能。操作系统的微处理器管理功能、内存管理功能、外部设备管理功能、文件管理功能和进程管理功能简称操作系统的五大功能。这五大功能是较完整的操作系统的共性。

1. 操作系统概念

计算机发展到今天，从个人机到巨型机，无一例外都配置一种或多种操作系统，操作系统已经成为现代计算机系统不可分割的重要组成部分，它为人们建立各种各样的应用环境奠定了重要基础。计算机系统包括硬件和软件两个组成部分。硬件是所有软件运行的物质基础，软件能充分发挥硬件潜能和扩充硬件功能，完成各种系统及应用任务，两者互相促进、相辅相成、缺一不可。图 3-20 给出了一个计算机系统的软、硬件层次结构。

硬件层提供了基本的可计算性资源，包括处理器、寄存器、存储器，以及各种 I/O 设施和设备，是操作系统和上层软件赖以工作的基础。操作系统层通常是最靠近硬件的软件层，对计算机硬件做首次扩充和改造，主要完成资源的调度和分配、信息的存取和保护、并发活动的协调和控制等工作。操作系统是上层其他软件运行的基础，为编译程序和数据库管理系统等系统程序的设计者提供了有力支撑。系统程序层的工作基础建立在操作系统改造和扩充过的机器之上，利用操作系统提供的扩展指令集，可以较为容易地实现各种各样的语言处理程序、数据库管理系统和其他系统程序。此外，还提供种类繁多的实用程序，如连接装配程序、库管理程序、诊断排错程序、分类/合并程序等供用户使用。应用程序解决用户特定的或不同应用需要的问题，应用程序开发者借助于程序设计语言来表达应用问题，开发各种应用程序，既快捷又方便。而最终用户则通过应用程序与计算机系统交互来解决它的应用问题。

在计算机系统的运行中，操作系统提供了利用这些资源的合理途径。操作系统其本身并不能做什么，仅提供了一个环境，其他程序可以在此基础上做有用的工作。可以从以下两个视角来研究操作系统。

从资源管理的角度来看，操作系统是计算机系统中的资源管理器，负责对系统的硬、软件资源实施有效的控制和管理，提高系统资源的利用率。

从方便用户使用的角度看，操作系统是一台虚拟机，是对计算机硬件的首次扩充，隐藏了硬件操作细节，使用户与硬件细节隔离，从而方便用户使用。

尽管操作系统尚未有一个严格的定义，但一般认为：操作系统是控制和管理计算机软、硬件资源，以尽量合理有效的方法组织多个用户共享多种资源的程序集合。

2. 操作系统特征

一般操作系统具有以下 4 个基本特征。

1）并发性

并发性（concurrence）是指两个或两个以上的事件或活动在同一时间间隔内发生。系统内部具有并发机制，能协调多个终端用户同时使用计算机和资源，能控制多道程序同时运行。

在多处理器系统中，程序的并发性不仅体现在宏观上，而且体现在微观上（即在多个 CPU 上）也是并发的，又称并行的。并行性（parallelism）是指两个或两个以上事件或活动在同一时刻发生。在多道程序环境下，并行性使多个程序同一时刻可在不同的 CPU 上同时执行。而在分布式系统中，多台计算机的并存使程序的并发性得到了更充分的发挥。但在单处理机系统中，每一个时刻 CPU 仅能执行一道程序，故微观上这些程序是在交替运行的。可见并行性是并发性的特例，而并发性是并行性的扩展。

2）共享性

共享性是操作系统的另一个重要特性。共享是指操作系统中的资源（包括硬件资源和软件资源）可被多个并发执行的进程共同使用，而不是被一个进程所独占。共享的方式可以分成以下两种。

第一种是互斥访问。系统中的某些资源，如打印机、磁带机、卡片机，虽然它们可供多个进程使用，但在同一时间内却只允许一个进程访问这些资源，即要求互相排斥地使用这些资源。当一个进程还在使用该资源时，其他欲访问该资源的进程必须等待，仅当该进程访问完毕并释放资源后，才允许另一进程对该资源访问。

第二种是同时访问。系统中还有许多资源，允许同一时间内多个进程对它们进行访问，这里"同时"是宏观上的说法。典型的可供多进程同时访问的资源是磁盘，可重入程序也可被同时访问。与共享性有关的问题是资源分配、信息保护、存取控制等，必须要妥善解决好这些问题。

并发性和共享性相辅相成，是操作系统的两个最基本的特征，两者之间互为存在条件。一方面，资源的共享是以程序的并发执行为条件的，若系统不允许程序的并发执行，自然不存在资源共享问题；另一方面，若系统不能对资源共享实施有效的管理，也必然影响到程序的并发执行，甚至根本无法并发执行。

3）虚拟性

虚拟性是指操作系统中的一种管理技术，它把一个物理上的实体映射为若干个逻辑上的对应物。前者是实际存在的，后者是虚幻的，只是用户的一种感觉。采用虚拟技术的目的是为用户提供易于使用、方便高效的操作环境。例如，Spooling 技术可把物理上的一台独占设备变成逻辑上的多台虚拟设备；窗口技术可把一个物理屏幕变成逻辑上的多个虚拟屏幕；IBM 的 VM 技术把物理上的一台计算机变成逻辑上的多台计算机。虚拟存储器则是把物理上的多个存储器（主存和辅存）变成逻辑上的一个存储器（虚存）。

4）不确定性

在操作系统中，由于运行环境的影响，程序的运行时间、运行顺序，以及同一程序或数据的多次运行结果等均具有不确定性。不确定性有两种含义：程序执行结果是不确定的，即对同一程序，使用相同的输入，在相同的环境下运行，却可能获得完全不同的结果，即程序是不可再现的。多道程序环境下，程序的执行是以异步方式进行的。换言之，每个程序在何时执行、多个程序间的执行顺序，以及完成每道程序所需的时间都是不确定的，因而也是不可预知的。例如，作业到达系统的类型和时间是不确定的；操作员发出命令或按按钮的时刻是不确定的；程序运行发生错误或异常的时刻是不确定的；各种各样硬件和软件中断事件发生的时刻是不确定的。

3. 操作系统的作用

操作系统的作用有如下几个方面。

（1）操作系统是用户与计算机硬件之间的接口。可以认为操作系统是对计算机硬件系统的第一次扩充，用户通过操作系统来使用计算机系统。换句话说，操作系统紧靠计算机硬件并在其基础上提供了许多新的设施和能力，从而使得用户能够方便、可靠、安全、高效地操作计算机硬件和运行自己的程序。例如，改造各种硬件设施，使之更容易使用；提供原语和系统调用，扩展机器的指令系统；而这些功能到目前为止还难以由硬件直接实现。操作系统还合理地组织计算机的工作流程，协调各个部件有效工作，为用户提供一个良好的运行环境。经过操作系统改造和扩充过的计算机不但功能更强，使用也更为方便，用户可以直接调用操作系统提供的各种功能，而无须了解软硬件本身的细节，对于用户来说操作系统便成为他与计算机硬件之间的一个接口。

（2）操作系统为用户提供了虚拟计算机（virtual machine）。人们很早就认识到必须找到某种方法把硬件的复杂性与用户隔离开来，经过不断的探索和研究，目前采用的方法是在计算机裸机上加上一层又一层的软件来组成整个计算机系统；同时，为用户提供一个容易理解和便于程序设计的接口。在操作系统中，类似地把硬件细节隐藏并把它与用户隔离开来的情况非常普遍，如 I/O 管理软件、文件管理软件和窗口软件向用户提供了一个越来越方便的使用 I/O 设备的方法。由此可见，每当在计算机上覆盖了一层软件，提供了一种抽象，系统的功能便增加一点，使用就更加方便一点，用户可用的运行环境就更加好一点。所以，当计算机上覆盖了操作系统后，可以扩展基本功能，为用户提供一台功能显著增强、使用更加方便、安全可靠性好、效率明显提高的机器，对用户来说好像可以使用的是一台与裸机不同的虚拟计算机。

（3）操作系统是计算机系统的资源管理者。在计算机系统中，能分配给用户使用的各种硬件和软件设施总称为资源。资源包括两大类：硬件资源和信息资源。其中，硬件资源分为处理器、存储器、I/O 设备等；I/O 设备又分为输入型设备、输出型设备和存储型设备；信息资源则分为程序和数据等。操作系统的重要任务之一是对资源进行抽象研究，找出各种资源的共性和个性，有序地管理计算机中的硬件、软件资源，跟踪资源使用情况，监视资源的状态，满足用户对资源的需求，协调各程序对资源的使用冲突；研究使用资源的统一方法，为用户提供简单、有效的资源使用手段，最大限度地实现各类资源的共享，提高资源利用率，从而使得计算机系统的效率有很大提高。

4. 操作系统的功能

操作系统是计算机系统的资源管理者，主要负责管理计算机系统中的软硬件资源，调度系统中各种资源的使用。具体地讲，其主要功能包括以下 6 种。

1）处理机管理

处理机管理的主要任务是对处理机的分配和运行实施有效的管理。在多道程序环境下，处理机的分配和运行是以进程为基本单位的。因此，对处理机的管理可归结为对进程的管理。

进程管理应具有下述主要功能。

（1）进程控制：负责进程的创建、撤销及状态转换。

（2）进程同步：对并发执行的进程进行协调。

（3）进程通信：负责完成进程间的信息交换。

（4）进程调度：按一定算法进行处理机分配。

2）存储器管理

存储器管理的主要任务是对内存进行分配、保护和扩充，为多道程序运行提供有力的支撑，便于用户使用存储资源，提高存储空间的利用率。存储管理的主要功能包括如下几个方面。

（1）内存分配：按一定的分配策略为每道程序分配内存。

（2）存储共享：存储管理能让内存储器中的多个用户程序实现存储资源的共享，以提高存储器的利用率。

（3）内存保护：保证各程序在自己的内存区域内运行而不相互干扰。

（4）内存扩充：为允许大型作业或多作业的运行，必须借助虚拟存储技术来实现增加内存的效果。

3）设备管理

设备管理的主要任务是管理各类外部设备，完成用户提出的 I/O 请求，加快 I/O 信息的传送速度，发挥 I/O 设备的并行性，提高 I/O 设备的利用率，以及提供每种设备的设备驱动程序和中断处理程序，为用户隐蔽硬件细节、提供方便简单的设备使用方法。设备管理应具有下述功能。

（1）设备分配：根据一定的设备分配原则对设备进行分配。为了使设备与主机并行工作，常需采用缓冲技术和虚拟技术。

（2）设备传输控制：实现物理的输入/输出操作，即启动设备、中断处理、结束处理等。

（3）设备独立性：即用户向系统申请的设备与实际操作的设备无关。

4）文件管理

在现代计算机中，通常把程序和数据以文件形式存储在外存储器（又叫辅存储器）上，供用户使用；这样，外存储器上保存了大量文件，对这些文件如不能采取良好的管理方式，就会导致混乱或破坏，造成严重后果。为此，在操作系统中配置了文件管理，操作系统负责文件管理的部分称为文件系统。其主要功能如下。

（1）文件存储空间的管理：负责对文件存储空间进行管理，包括存储空间的分配和回收等功能。

（2）目录管理：目录是为方便文件管理而设置的数据结构，它能提供按文件名存储的功能。

（3）文件操作管理：实现文件的操作，负责完成数据的读/写。

（4）文件保护：提供文件保护功能，防止文件遭到破坏。

5）用户接口

为了使用户能灵活、方便地使用计算机和系统功能，操作系统还提供了一组友好的使用其功能的手段，称为用户接口。通常，操作系统为用户提供以下两种接口：命令接口和程序接口。

（1）命令接口：提供一组命令供用户直接或间接控制自己的作业，近年来出现的图形接口是命令接口的图形化。

（2）程序接口：提供一组系统调用，供用户程序和其他系统程序调用。

6）网络与通信管理

计算机网络源于计算机与通信技术的结合，从20世纪50年代，从单机与终端之间的远程通信，到今天全世界成千上万台计算机联网工作，计算机网络的应用已十分广泛。联网操作系统至少应具有以下管理功能：

（1）网上资源管理功能。计算机网络的主要目的之一是共享资源，网络操作系统应实现网上资源的共享，管理用户应用程序对资源的访问，保证信息资源的安全性和完整性。

（2）数据通信管理功能。计算机联网后，结点之间可以互相传送数据，进行通信，通过通信软件，按照通信协议的规定，完成网络上计算机之间的信息传送。

（3）网络管理功能。包括故障管理、安全管理、性能管理、记账管理和配置管理等。

5.2.2　Windows 操作系统简介

微软自1985年推出 Windows 1.0 以来，Windows 系统经历了几十年变革。从最初运行在 DOS 下的 Windows 3.0，到现在风靡全球的 Windows 7、Windows 8 和 Windows 10，已经代替了 DOS 曾经的位置。

1. 初识 Windows 系统

Windows 系列有很多版本，Windows 7 是目前常用的版本之一，下面简单介绍一下，让读者有个直观认识。Windows 7 有 Windows 7 Home（家庭版）、Windows 7 Professional（专业版）、Windows 7 Enterprise（企业版）和 Windows 7 Ultimate（旗舰版）四个版本。官方推荐的计算机硬件最低配置要求是：1 GHz 32 位或 64 位处理器；1 GB 内存（基于 32 位）或 2 GB 内存（基于 64 位）；16 GB 可用硬盘空间（基于 32 位）或 20 GB 可用硬盘空间（基于 64 位）；带有 WDDM1.0 或更高版本的驱动程序的 DirectX9 图形设备。Windows 7 带有四个库，分别是文档库、图片库、音乐库、视频库。

（1）文档库主要用于组织和排列文档、电子表格、演示文稿及其他与文本有关的文件。默认情况下，文档库的文件存储在"我的文档"文件夹中。

（2）图片库主要用于组织和排列数字图片，图片可以从照相机、扫描仪或者从其他人的电子邮件中获取。默认情况下，图片库的文件存储在"我的图片"文件夹中。

（3）音乐库主要用于组织和排列数字音乐，如从音频 CD 翻录或从 Interest 下载的歌曲。默认情况下，音乐库的文件存储在"我的音乐"文件夹中。

（4）视频库主要用于组织和排列视频，如取自数字相机或摄像机的剪辑，或者从 Interest 下载的视频文件。默认情况下，音乐库的文件存储在"我的视频"文件夹中。

1）Windows 7 的启动

按下计算机主机电源开关后，系统会自动进行硬件自检、引导操作系统启动等一系列动作，之后进入用户登录界面，用户需要选择账户并输入正确的密码，才能登录到桌面，进行操作。如果计算机只设有一个账户，并且该账户没有设置密码，则开机后系统会自动登录到桌面。

2）Windows 7 的退出

如果用户准备不再使用计算机，应该将其退出。用户可以根据不同的需要选择不同的退出方法，如关机、睡眠、锁定、注销和切换用户等，如图 5-1 所示。

图 5-1　退出

3）Windows 7 的桌面

桌面是用户启动 Windows 之后见到的主屏幕区域，也是用户执行各种操作的区域。在桌面中包含了开始菜单、任务栏、桌面图标和通知区域等组成部分，如图 5-2 所示。

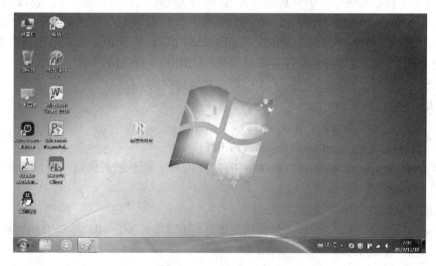

图 5-2　Windows 7 桌面

图 5-3　"开始"菜单

4）Windows 7"开始"菜单

Windows 7 的"开始"菜单如图 5-3 所示。

2. Windows 的内存管理

1）内存管理器的组成

Windows 内存管理器是完全可重入的，支持多进程并发执行。内存管理器由如下部分组成。

（1）一组执行系统服务程序：用于虚拟内存的分配、回收和管理。

（2）一个转换无效和访问错误陷阱处理程序：用于解决硬件检测到的内存管理异常，并代表进程将虚拟页面装入内存。

（3）运行在六个不同的核心态系统线程上下文中的几个关键组件。

① 工作集管理器：优先级 16，每秒被平衡集管理器调用一次。

② 进程/堆栈交换程序：优先级 23，完成进程和内核线程堆栈的换入和换出操作。

③ 已修改页面写入器：优先级 17，将修改链表上的脏页写回到适当的页文件。

④ 映射页面写入器：优先级 17，将映射文件中脏页写回磁盘。

⑤ 废弃段线程：优先级 18，负责系统高速缓存和页面文件的扩大和缩小。

⑥ 零页线程：优先级 0，将空闲链表中的页面清零。

2）地址空间的分布

Win32 环境下地址空间的布局如下：32 位的地址空间转化为 4 GB 的虚拟内存，默认情况下，将一半分配给操作系统（2 GB），另一半分配给用户进程（2 GB）。

Windows NT 类的操作系统，也就是 Windows NT/2000/XP 中，有一个特殊文件，"BOOT. INI"文件，支持一个引导选项（Boot. ini 中通过/3 GB 标识激活），允许用户拥有 3 GB 地址空间，留 1 GB 给操作系统。对于要访问整个 3 GB 地址空间的进程，进程映像文件必须在映像头设置 IMAGE-FILE-LARGE-ADDRESS-AWARE 标识，否则系统将保留第 3 个 GB 的地址空间。可以通过指定链接标识/LARGEADDRESSAWARE 来设置该标识。如果与此链接程序开关相链接，则可以使用 3 GB 用户方式地址空间。

（1）用户地址空间分布 2 GB 的分配。

① NULL 指针分配的分区：0x0～0xFFFF。

② 进程私有地址空间：0x10000～0x7FFEFFFF。

③ 64 KB 拒绝访问区域：0x7FFF0000～0x7FFFFFFF，阻止线程跨过用户或系统边界传送缓冲区。

（2）用户地址空间系统变量。

① MmHighestUserAddress：描述最高用户地址（对于 x86 2 GB 用户空间为 0x7FFEFFFF）。

② MmUserProbeAddress：描述最高用户地址+1。

（3）性能计数器：Windows 2000/XP 中可利用性能计数器得到系统虚拟内存的使用信

息，以及单个进程地址空间的使用情况。

（4）x86 系统地址空间分布。

① 0x80000000～0x9FFFFFFF：引导系统（Ntoskrnl. exe 和 Hal. dll）和非分页缓冲池初始部分的系统代码。

② 0xA0000000～0xA3FFFFFF：系统映射视图（如 Win32k. sys）或者会话空间。

③ 0xA4000000～0xBFFFFFFF：附加系统页表项（PTE）或附加系统高速缓存。

④ 0xC0000000～0xC03FFFFF：进程页表和页目录，描述虚拟地址映射的结构。

⑤ 0xC0400000～0xC07FFFFF：超空间和进程工作集列表。

⑥ 0xC0800000～0xC0BFFFFF：未使用区域，不可访问。

⑦ 0xC0C00000～0xC0FFFFFF：系统工作集链表，描述系统工作集的工作集链表数据结构。

⑧ 0xC1000000～0xE0FFFFFF：系统高速缓存，用来映射在系统高速缓存中打开的文件的虚拟空间。

⑨ 0xE1000000～0xEAFFFFFF：分页缓冲池，可分页系统内存堆。

⑩ 0xEB000000～0xFFBDFFFF：系统页表项和非分页缓冲池。

⑪ 0xFFBE0000～0xFFFFFFFF：系统性故障转储信息和硬件抽象层（HAL）使用区域。

（5）会话空间。

用来映射一个用户的会话信息。

① 进程创建时，会将会话空间映射到属于该进程会话的页面。

② 会话是由进程和其他系统对象组成，每个会话有私有的 GUI 数据结构，以及 Win32 子系统进程（Csrss. exe）和登录进程（Winlogon. exe）的拷贝。

③ 会话管理器进程（Smss. exe）负责创建新的会话。

3）地址转换机制

用户应用程序以 32 位虚拟地址方式编址，每个虚拟地址与一个称作"页表项"（PTE）的结构有关，它包含了虚拟地址映射的物理地址。

（1）虚拟地址变换。

x86 系统利用二级页表结构实现虚拟地址向物理地址的变换。x86 系统中，32 位虚拟地址分成三个部分：页目录索引（10 位）、页表索引（10 位）、字节索引（12 位）。

虚拟地址变换的基本步骤如下。

① 内存管理的硬件设备定位当前进程的页目录。

② 页目录索引指出页目录项在页目录中的位置，页目录项中的页框号描述了映射虚拟地址所需页表的位置。

③ 页表索引指出页表项在页表中的位置，页表项描述了虚拟页面在物理内存的位置。

④ 当页表项指向的页面有效时，字节索引指明物理页内所需数据的地址；若所指页面无效，则交由内存管理器的故障处理程序处理。

（2）页目录。

每个进程都有一个单独的页目录，用来映射进程所有页表的位置，其物理地址被保存在核心进程（KPROCESS）块中。

进程切换时，操作系统设置一个专用的 CPU 寄存器来通知硬件设备新进程页目录所在地址。

　　页目录是由页目录项（PDE）组成，每个页目录项 4 字节。x86 中，描述 4 GB 虚拟地址空间需要 1024 张页表，因此页目录索引 10 位。

　　（3）进程页表与系统页表。

　　进程页表是每个进程私有的，而系统页表被所有进程共享。

　　当进程创建时，系统空间的页目录项初始化为指向现存的系统页表，但各个进程的系统空间不完全相同。当系统页表更新时，内存管理器不会立刻更新所有进程页目录，而是当进程访问新的虚拟地址时才更新进程页目录。

　　性能监视器中的空闲系统页表项计数器表示了可用系统页表项的数目，也可在 HKLM\SYSTEM\CurrentControlSet\Control\SessionManager\MemoryManagement\SystemPages 中设置需要的页表项数量。

　　（4）页表项。

　　有效的页表项有两个主要的域：

　　① 包含数据的物理页面的页框号，或内存中某页面的物理地址的页框号；

　　② 一些描述页的状态和保护限制的标志位。

　　↪ 访问位：某页首次被读写时，置为"1"。

　　↪ 修改位：某页首次被写时，置为"1"。

　　↪ 写位：为 0 时，对应页只读，为 1 时，对应页可读写。

　　↪ 多处理器的 x86 系统中，有个附加的由软件实现的写位，用来表示某页已经被一个运行在多个处理器上的线程写入。

　　x86 中（非 PAE 系统），映射 4 GB 地址空间需要 1024 张页表，每个页表含 1024 个页表项，每个页表项 4 字节，因此页表索引为 10 位。

　　（5）快表 TLB。

　　x86 提供了关联存储器数组形式的高速缓存，称为快表。它是一个向量，其存储单元能被同时读取并与目标值比较。

　　快表中每个项的标志符部分保存了虚拟地址的一部分，数据部分保存了物理页号及对应页的保护类型和状态。

　　将常用的虚拟地址记录在快表项中，减少了对内存的访问，加快了虚拟地址到物理地址的变换。

　　如果一个虚拟地址不在快表中，它可能仍在内存中，需要对内存多次访问来找到它。当一个页表项由无效变为有效时，内存管理器会调用内核例程将新页表项装入快表，x86 中，装入快表不需要软件干预。

　　4）用户空间内存分配方式

　　首先介绍两个与内存分配相关的数据结构，也就是虚拟地址描述符和区域对象，然后介绍三种管理应用程序内存的方法。

　　（1）虚拟地址描述符。

　　虚拟地址描述符（VAD）用来描述哪些虚拟地址已经在进程地址空间中被保留。对每个进程，内存管理器都维持一棵虚拟地址描述信息树，用来描述进程地址空间状态。

　　当进程保留地址空间，或映射一个内存区域时，就创建一个 VAD 来保存分配请求所提供的信息。当线程首次访问一个地址时，需找到一个包含被访问地址的 VAD，利用所得信息填充页表项。

（2）区域对象。

区域对象在 Win32 中也称文件映射对象，表示可以被两个或多个进程共享的内存块，也可被映射到页文件或外存文件。主要作用有以下几方面。

① 将可执行映像装入内存。

② 访问高速缓存文件中的数据。

③ 将文件映射到进程地址空间，不必进行文件 I/O。

每个打开文件都有一个单独的区域对象指针结构，由三个 32 位指针组成：指向数据控制区域的指针、指向共享的高速缓存映射的指针、指向映像控制区域的指针。

CreateFileMapping 函数可以创建区域对象；OpenFileMapping 打开有名字的区域；可通过句柄继承或句柄复制访问区域对象；设备驱动程序可使用 ZwOpenSection，ZwMapViewOfSection，ZwUnmapOfSection 函数操纵区域对象。

（3）以页为单位的虚拟内存分配方式。

适合于大型对象或结构数组。进程地址空间的页面有三种状态：空闲、被保留和被提交；保留和提交功能是通过 Win32 应用程序接口 VirtualAlloc 和 VirtualAllocEx 函数实现的。

应用程序可以同时进行保留和提交，也可以先保留地址空间，当需要时再向地址空间提交物理页面，这样可以减少内存的使用。

VirtualFree 或 VirtualFreeEx 函数用来回收页面或释放地址空间。回收的内存仍然被保留，而释放的内存是空闲的。

（4）内存映射文件。

适合于大型数据流文件及多个进程之间的数据共享。内存映射文件用来保留一个地址区域，并将磁盘文件提交给该区域，其作用有以下 3 方面。

① 加载和执行 .exe 和 .dll 文件，可节省应用程序启动所需时间。

② 访问磁盘数据文件，减少文件 I/O。

③ 实现多个进程间的数据共享。

利用区域对象实现这些功能，因为区域对象可以链接到打开的磁盘文件（映射文件），或已提交的内存（提供共享内存）。

进程要访问非常大的区域对象，可以通过调用 MapViewOfFile 函数映射区域对象的一部分（区域视图），并指定映射范围。

（5）堆功能。

堆是保留的地址空间中一个或多个页组成的区域，可由堆管理器进一步划分和分配。堆管理器用来分配和回收可变内存，其函数位于 Ntdll.dll 和 Ntoskrnl.exe 中。内存堆的应用程序内存管理方法适合于大量的小型内存申请。

进程启动时有一个默认堆，通常为 1 MB，它在进程生命周期中不能被释放；而 HeapCreate 函数创建的私有堆可以用 HeapDestroy 来释放。

从默认堆中分配内存时，先调用 GetProcessHeap 函数得到句柄，再调用 HeapAlloc 和 HeapFree 来分配和回收内存块。

5）系统内存分配

系统初始化时，创建了两种内存缓冲池来分配系统内存，他们的大小是动态分配的。

ExAllocatePool 函数可从缓冲池中分配和回收内存。

（1）非分页缓冲池：由长驻物理内存的系统虚拟地址区域组成。

（2）分页缓冲池：系统空间中可以被分页和换出的虚拟内存区域。

分页/非分页缓冲池初始大小依赖于系统物理内存大小，可设置 HKLM\SYSTEM\CurrentControlSet\Control\SessionManager\MemoryManagement 的 NonpagedPoolSize 和 PagedPoolSize 值改变缓冲池大小。

6）缺页处理

对无效页面的一次访问称为缺页错误，由内存管理故障处理程序解决。

（1）四个基本类型的无效页表项。

① 页文件：所需页没有驻留在内存，而是驻留在页文件中，并引发页面调入操作。

② 请求零页：所需页是零页面，此时会给进程工作集添加一个由零初始化的页。

③ 转换：所需页面在内存中的后备链表、修改链表或修改尚未写入链表。此时从链表中删除此页，并添加到工作集。

④ 未知：页表项为 0，或页表不存在。此时需检查 VAD 以确定虚拟地址是否被提交。

（2）一个特例——原型页表项。

区域对象第一次被创建时，同时创建原型页表项，它用于实现页面共享。当共享页面为有效时，进程页表项和原型页表项都指向包含数据的物理页。当共享页面无效时，进程页表项指向原型页表项，而原型页表项描述被访问的页面的状态（活动/有效、转换、修改尚未写入、请求零页、页文件、映射文件 6 种）。

（3）页面调入 I/O。

当必须向文件（页或映射文件）发出读操作来解决缺页问题时，将产生页面调入 I/O。页面调入 I/O 操作是同步的，线程会一直等待 I/O 完成。

当进行调页 I/O 时，进程中的其他线程仍可以同时处理缺页错误，因此在 I/O 结束时页面调度程序必须识别如下情况：冲突页错误、页面从虚拟地址空间中被删除、页面保护限制发生变化、原型页表项引发错误。

（4）冲突页错误。

同一进程中的另一线程或另一进程也对正在被调入的页面产生缺页错误，称为冲突页错误。

页面调度程序检测到冲突页错误时，会对页框号数据库项中的特定事件发出等待操作。当 I/O 完成后，第一个获得页框号数据库锁的线程负责执行完成页面调入操作。

（5）页文件。

虚拟存储器在磁盘上的部分称为页文件。内存=物理内存+页文件。

性能计数器可以检查被提交的进程私有内存使用情况，但无法确切知道一个进程提交的私有内存中有多少常驻内存，多少在页文件中。Windows 2000/XP 最多支持 16 个页文件。

系统启动时，会话管理器进程读取页文件链表，并检查 HKLM\SYSTEM\CurrentControlSet\Control\SessionManager\MemoryManagement\PagingFiles 打开页文件，如果没有，则创建一个默认的 20 MB 页文件。系统运行期间不能删除打开的页文件。

系统进程为每个页文件都维持一个打开的句柄，Ntdll.dll 中的 NtCreatePagingfile 系统服务程序可增加一个新页文件。

7）工作集

工作集即在物理内存中保持的虚拟页面的子集，分进程工作集和系统工作集。

（1）页面调度策略。

取页策略：内存管理器利用请求式页面调度算法及簇方式将页面装入内存。当缺页中断时，将出错页面和它附近的一些页面装入内存，这样可减少读取外存的次数。

置页策略：当线程收到页错误时，内存管理器要使用"置页策略"来确定在物理内存中放置虚拟页面的最佳位置。

如果当页错误发生时物理内存已满，"置页策略"要决定哪一个虚拟页面必须从内存中删去来为新的页面腾出空间。多处理器系统中，采用局部先进先出（FIFO）策略，而单处理器系统中，采用最近最久未使用（LRU）替换策略。

（2）工作集管理。

系统初始时，所有进程默认的工作集最大最小值相同。有"增大调度优先级"权限的进程可用 SetProcessWorkingSet 函数来更改默认值，但不能超过内核变量 MmMaximumWorkingSetSize 中的最大值。

当物理内存变得很低时，工作集管理器自动修剪工作集，以增加可用空闲内存数量。有一系列内核控制变量描述工作集扩展和修剪，但这些值是确定的，不能被注册值调整。

（3）平衡集管理器和交换程序。

系统初始化时创建平衡集管理器，用来对工作集进行调整。工作集管理器也是运行在平衡集管理器线程环境下的一个例程。平衡集管理器等待两个事件对象。

① 1 秒周期计时器到期后产生事件，并经历以下 4 步。

步骤 1：平衡集管理器每被唤醒 4 次就唤醒交换程序。

步骤 2：检查后备链表，必要时调整其深度。

步骤 3：寻找处于 CPU 饥饿状态而需提高其优先级的线程。

步骤 4：调用工作集管理器。

② 内部工作集管理器事件，即工作集需要调整时交换程序，即 KeSwapProcessOrStack 例程，用来寻找一段时间内一直处于等待状态的线程，将其内核堆栈转移以收回物理内存。

（4）系统工作集。

系统工作集用来管理操作系统中可分页的代码和数据，其中可驻留 5 种页面：系统高速缓存页面；分页缓冲池；Ntoskrnl. exe 中可分页的代码和数据；设备驱动程序中可分页的代码和数据；系统映射视图。

系统工作集最大最小值是在系统初始化时计算的，基于物理内存数量和系统是 professional 或 server。

8）物理内存管理

页框号数据库用来描述物理内存中各页面的状态，有效页表项指向页框号数据库中的项，页框号数据库项又指回此页表。原型页框号指回原型页表项。

页面可处于活动、过渡、后备、修改、修改不写入、空闲、零初始化和损坏不可用 8 种状态，除活动和过渡之外，其余 6 种组成了链表。

（1）动态页链表。

① 当需要一个零初始化的页面时，首先访问零页链表，若为空，则从空闲链表中选取

一页并零初始化，若也为空，则从后备链表中选取一页并零初始化。零页链表是由零页线程（优先级为 0）从空闲链表中移过来的，当空闲链表中有 8 个或 8 个以上页时激活零页线程。

② 当不需要零初始化页面时，首先访问空闲链表，若为空，则访问后备链表。

③ 当进程放弃一个页面时，如果页面未修改过，则加入后备链表；如果修改过，则加入修改链表。

④ 进程撤销时，将所有私有页面加入空闲链表。对页文件支持的区域最后一次访问结束时，页面加入空闲链表。

⑤ 当修改页链表太大，或零初始化和后备链表的大小低于最小值时，唤醒"修改页面写回器"线程，将页面写回外存，并将页面移入后备链表。

（2）修改页面写回器。

由以下两个系统线程组成，优先级都为 17。

① MiModifiedPageWriter：将修改页写回页文件。

② MiMappedPageWriter：将修改页写入映射文件。

触发修改页面写回器的事件：

① 修改页面数量大于内核变量 MmModifiedPageMaximum 指定值。

② 可利用页数量小于内核变量 MmMinimumFreePages 指定值。

③ MiMappedPagesTooOldEvent 事件：该事件在预定的数秒后（默认为 300 秒，可用注册值修改）产生，将映射页面写入外存。

若页面写入外存时正在被另一线程共享，则 I/O 完成后不会将此页移入后备链表。

（3）页框号数据结构。

页框号数据库项是定长的，不同页框号类型，包含的域也不同，几个基本的域如下。

① 页表项地址：指向此页页表项的虚拟地址。

② 访问计数：对此页的访问数量。

③ 类型：该页框号表示的页面状态（8 种）。

④ 标识：包含修改状态、原型页表项、奇偶校验错误、正在读取或写入等信息。

⑤ 初始页表项的内容。

⑥ 页表项的页框号：指向该页面页表项的页表页的物理页号。

9）其他内存相关机制

（1）锁内存。

可以通过以下两种方式将页面锁在内存中。

① 设备驱动程序调用核心态函数 MmProbeAndLockPages，MmLockPagableCodeSection，mLockPagableDataSection，LockPagableSectionByHandle。解锁之前锁定的页面一直在内存中。

② Win32 应用程序调用 VirtualLock 函数锁住工作集中页面，但不能防止调页。

（2）分配粒度。

系统按照分配粒度定义的整型边界对齐每个保留的进程地址空间区域，系统分配粒度值可通过 GetSystemInfo 函数找到，目前为 64 KB。保留地址空间时，保证区域大小是系统页大小倍数。

（3）内存保护机制。

内存保护机制有以下 4 种基本方式。

① 所有系统范围内核心态组件使用的数据结构和缓冲池只能在核心态下访问，用户线程不能访问。

② 每个进程有独立私有的地址空间，其他进程的线程不能访问，与其他进程共享页面或另一进程具有对进程对象的虚拟内存读写权限时除外。

③ 除虚拟到物理地址转换的隐含保护外，还提供一些硬件内存保护措施。

④ 利用共享内存区域对象的存取控制表（ACL）将对共享内存的访问限制在适当权限的进程中。

（4）写时复制。

当进程映射区域对象的写时复制视图时，内存管理器直到页面修改时才进行复制，而不是在映射视图的同时，这样可以节约物理内存。

（5）地址窗口扩充。

地址窗口扩充（AWE）函数集可使进程能够访问更多的物理内存，步骤如下。

① 分配要使用的物理内存：AllocateUserPhysicalPages 函数（需锁内存页面的权限）。

② 创建一个虚拟地址空间作为窗口用来映射分配好的物理内存：VirtualAlloc 函数和 MEM_PHYSICAL 标识。

3. Windows 的进程管理

程序与进程表面上看起来比较相似，但它们有根本上的区别。程序（program）是静态的指令集，而进程（process）是执行程序实例时所使用资源集合的容器。

1）Windows 进程的构成

从最抽象的层面看，一个 Windows 进程包括以下部分。

（1）一段私有的虚拟地址空间，该进程可以使用的一组虚拟内存地址。

（2）一段可执行程序，定义了最初的代码及数据，映射至进程的虚拟地址空间。

（3）一组可访问各类系统资源的开放句柄——如信号量、通信端口和文件——可供进程内所有线程访问。

（4）一段称为访问令牌（access token）的安全上下文，指明用户、安全分组、特权、用户账户控制（UAC）虚拟化状态、会话，以及与该进程关联的限制用户账户状态。

（5）一个称为进程 ID（process ID，PID）的唯一标识符（在进程内部，ID 的一部分称为客户 ID（client ID））。

（6）至少有一个执行线程。尽管"空"进程可以存在，但没有任何用处。

每个进程同时会指明其父进程或创建者进程。即使上级进程不再存在，该信息也不会得到更新。因此，允许进程指向不存在的上级进程。

线程（thread）是进程中的实体，Windows 可规划其执行顺序。如果没有线程，进程的程序将无法运行。线程包括下述基本组件。

（1）一组 CPU 寄存器的内容，代表处理器的状态。

（2）两个栈：一个在内核模式执行时使用，另一个用于用户模式。

（3）一段称为线程本地存储（thread-local storage，TLS）的私有存储区域，可由子系统、运行时库及 DLL 使用。

（4）一个称为线程 ID（thread ID）的唯一标识符，属于称为客户 ID（client ID）的内部结构的一部分。进程 ID 与线程 ID 由相同的名字空间生成得出，因此它们不会有重叠。

（5）线程有时也有自己的安全上下文，或称令牌，通常被多线程服务器应用程序用来模拟它们所服务客户的安全上下文。暂存寄存器、栈及私有存储区域称为线程的上下文（context）。由于此信息随 Windows 所处机器架构的不同而不同，上下文的结构必然是架构相关的。Windows 提供的 GetThreadContext 函数可访问架构相关的信息，称为 CONTEXT 区块。

每个 Windows 进程都是由一个执行体进程（EPROCESS）块来表示的。执行体进程块中除了包含许多与进程有关的属性以外，还包含和指向了许多其他的相关数据结构。例如，每个进程都有一个或者多个线程，这些线程由执行体线程（ETHREAD）块来表示。执行体进程块和相关的数据结构位于系统空间中。不过，进程环境块（PEB）是个例外，它位于进程地址空间中，因为它包含一些需要由用户模式代码修改的信息。

首先，进程的结构体中有核心进程结构体，这个结构体中又有指向这些进程的内核线程（KTHREAD）链表的指针（分配地址空间），基优先级，在内核模式或是用户模式执行进程的线程的时间，处理器掩码（affinity，定义了哪个处理器能执行进程的线程），时间片值。

其次，在 EPROCESS 结构体中还有指向 PEB 的指针。

ETHREAD 结构体还包含有创建时间和退出时间、进程 ID、父进程 ID、进程映像名和指向 EPROCESS 的指针、启动地址、I/O 请求链表和 KTHREAD 结构体。在 KTHREAD 中包含有以下信息：内核模式和用户模式线程的创建时间、指向内核堆栈基址和顶点的指针、指向服务表的指针、基优先级与当前优先级、指向 APC 的指针和指向 TEB 的指针。

KTHREAD 中包含有许多其他的数据，通过遍历 KPROCESS 结构体中的 ETHREAD，找到系统中当前所有的 KTHREAD 结构，这个结构中的偏移量为 0x124 处的 Affinity 域（Windows XP Sp3）即为设置 CPU 亲缘性掩码的内存地址。在此重点解释 CPU 亲缘性的概念，CPU 亲缘性就是指在系统中能够将一个或多个进程或线程绑定到一个或多个处理器上运行，这是期待已久的特性。也就是说："在 1 号处理器上一直运行该程序"或者是"在所有的处理器上运行这些程序，而不是在 0 号处理器上运行。"然后，调度器将遵循该规则，程序仅仅运行在允许的处理器上。在 Windows 操作系统上，给程序员设定 CPU 亲缘性的接口是用一个 32 位的双字型数表示的，它被称为亲缘性掩码（affinity bitmask）。亲缘性掩码是一系列的二进制位，每一位代表一个 CPU 单元是否可执行当前任务。例如一个具有四个 CPU 的 PC 机上（或四核 CPU），亲缘性掩码的形式的二进制数如下式所示：

00000000000000000000000000000XXXXB

其中自右向左，每一位代表 0 到 31 号 CPU 是否可用，由于本机只有四个 CPU，所以只有前四个位可用，X 为 1 则代表当前任务可执行在此位代表的 CPU 上，X 为 0 则代表当前任务不可执行在此位代表的 CPU 上，例如：

00000000000000000000000000000010B

代表当前任务只能执行在 1 号 CPU 上（CPU 下标记数从 0 开始），又如 0x00000004 代表当前任务只能执行在 2 号 CPU 上，0x00000003 代表当前任务可以运行在 0 号和 1 号 CPU 上。

2）Windows 进程调度

Windows 的进程调度代码是在它的 System 进程下的，所以它不属于任何用户进程上下文。调度代码在适当的时机会切换进程上下文，这里的切换进程上下文是指进程环境的切换，包括内存中的可执行程序，提供程序运行的各种资源。进程拥有虚拟的地址空间，可执行代码、数据、对象句柄集、环境变量、基础优先级，以及最大最小工作集等的切换。而 Windows 最小的调度单位是线程，只有线程才是真正的执行体，进程只是线程的容器。Windows 的调度程序在时间片到期，或有切换线程指令执行时，将会从进程线程队列中找到下一个要调度的线程执行体，并装入到 KPCR（Kernel's processor control region，内核进程控制区域）结构中，CPU 根据 KPCR 结构中的 KPRCB 结构执行线程执行体代码。而在多核 CPU 下，当 Windows 调度代码执行时，从当前要调度执行的 KTHREAD 结构中取出 Affinity，并与当前 PC 机上的硬件配置数据中的 CPU 掩码作与操作，结果写入到指定的 CPU，例如双核 CPU 的设备掩码为 0x03，如果当前 KTHREAD 里的 Affinity 为 0x01，那么 0x01&0x03 = 0x01，这样执行体线程会被装入 CPU1 的 KPRCB 结构中得以执行，调度程序不会把这个线程交给 CPU2 去执行。这就是为线程选择指定 CPU 核的原理。

Windows 操作系统的调度模块采用的是基于优先级的可抢占调度，保证了一定的实时性支持。Windows 调度代码是在内核中实现的，但是这个调度器并不是一个单独的模块或者例程，而是在调度可能触发的位置设置了一个类似触发器的函数，它被称作 Windows 的分发器（dispatcher）。当一个线程变为就绪态时，或者有线程离开了运行态，再或者线程的优先级和处理器亲和性等发生了改变，都会触发分发器对线程的重新调度。

Windows 的优先级被分为 32 个级别：16 个实时级别（16~31），该级别中的线程一定是最先运行，且优先级数不会发生浮动；15 个可变级别（1~15），该级别中线程低于实时级别进程运行，其优先级可以根据需要由系统的负载均衡模块实时浮动，但是最高不可达到 16；1 个留给零页面线程的系统级别（0）。每个线程都有一个基本优先级，它是其进程优先级类别和相对线程优先级的一个函数，而线程的基本优先级根据进程基本优先级来计算。同时，线程还拥有一个当前优先级别，而调度是根据这个优先级别来进行调度判断的。在特定情况下，系统在很短的时间周期内会在动态范围（1~15）之内增加线程的优先级。在 PRCB 结构中有就绪线程队列整组 DispatcherReadyListHead，其中每个队列都代表一个优先级，所有就绪线程就按照其优先级挂入其某个队列。

Windows 调度遵循以下几个规则。

（1）严格执行按优先级的调度，只要有高优先级就绪线程的存在，低优先级线程就不能得到运行机会。

（2）如果有多个相同优先级的就绪线程存在，则按照各线程在就绪队列中的先后次序调度。

（3）受调度运行的线程被赋予一个时间片，只要不被更高优先级的线程剥夺，就一直运行直到时间片耗尽。但耗尽之后应当适当降低其优先级（不会低于其基准优先级），然后按照实际优先级继续挂入相应就绪队列尾部。

（4）运行中的线程因为需要等待某个事件发生而自愿暂时放弃运行进行睡眠，这时线程并不处于就绪状态，因而不挂入就绪队列。当等待事件发生时，该线程则挂入对应优先级的就绪队列或者直接变为"剥夺者"线程。

（5）如果线程运行过程中有更高优先级线程变为就绪线程，则当前运行线程被剥夺。

最后需要注意的是，Windows 的"剥夺式"调度机制中线程的调度与切换是分离的，即新调度线程并不会导致直接的线程切换。原因是如果此时是在中断服务处理阶段时，系统是不允许发生线程切换的，因为线程切换会引起堆栈的切换，这样的话中断返回时就会返回到另一个新线程的上下文中去运行。因此实际的线程切换可能会滞后一段时间到中断返回。Windows 的"剥夺式"调度机制从实时性角度上来讲还是有一定的条件限制的。

4. Windows 的文件系统

一个磁盘上通常存有大量的文件，必须将它们分门别类地组织为文件夹，Windows 7 采用树状存储结构以文件夹的形式组织和管理文件。微软最早开发了 FAT 文件系统，称为文件配置表（file allocation table），是微软在 DOS/Windows 系列操作系统中共同使用的一种文件系统的总称。为了解决 FAT 文件管理的安全性差，容易产生磁盘碎片，难以恢复等问题，新技术文件系统 NTFS 应运而生，取代了老式的 FAT 文件系统，成为 Windows NT 家族的限制级专用的文件系统，Windows 2000、Windows XP、Windows Vista、Windows 7、Windows 8、Windows 8.1 和 Windows 10 都采用该文件系统，也就是操作系统所在的盘符的文件系统必须格式化为 NTFS 的文件系统。NTFS 对 FAT 和 HPFS 作了若干改进，例如，支持元数据，并且使用了高级数据结构，以便于改善性能、可靠性和磁盘空间利用率，并提供了若干附加扩展功能。在 Windows Server 2012 中微软再次引入了新的 ReFS 文件系统来增强 NTFS 的一些功能，它提供了完整的数据校验、主动纠错和数据打捞等特性，并最大限度地提高可靠性。相比于 FAT 文件管理来说，NTFS 文件管理有更安全的文件保障、更好的磁盘压缩功能、支持最大 2 TB 的硬盘、可以赋予单个文件和文件夹权限等优点。

当用户将硬盘的一个分区格式化为 NTFS 分区时就是建立了一个 NTFS 文件系统。NTFS 文件系统用"簇"为存储单位，一个文件总是占用一个或多个簇。NTFS 文件系统使用逻辑簇号（LCN）和虚拟簇号（VCN）对分区进行管理。

逻辑簇号：即对分区内的第一个簇到最后一个簇进行编号，NTFS 使用逻辑簇号对簇进行定位。

虚拟簇号：即将文件所占用的簇从头到尾进行编号，虚拟簇号不要求在物理上是连续的。

NTFS 文件系统由"元文件"构成，如表 5-1 所示，它们是在分区格式化时写入到硬盘的隐藏文件，以"＄"开头，也是 NTFS 文件系统的系统信息。

表 5-1　NTFS 的元文件

序号	元文件	功能
0	$MFT	主文件表
1	$MFTMirr	MFT 的镜像
2	$LOGFILE	日志文件，这个是删不掉的
3	$volume	卷文件，记录号，创建时间
4	$attrdef	属性定义列表
5	$bitmap	位图文件

续表

序号	元 文 件	功 能
6	$root	根目录文件
7	$badclus	坏簇的列表,在格式化的时候,NTFS 发现坏的簇会做标记。防止系统访问它,或者读取它
8	$boot	引导文件
9	$quota	磁盘配额信息
10	$secure	安全文件
11	$upcase	大小写字母的转换
12	$extend metadata directry	扩展元文件目录
13	$extend\ $reparse	解析文件
14	$extend\ $usnjrnl	加密日志文件
15	$extend\ $quota	配额管理文件
16	$extend\ $objid	对象 ID 文件

Windows 系统提供给用户的对文件进行操作的命令,有如下几种。

① 选定文件或文件夹。

② 创建新文件夹,如图 5-4 所示。

图 5-4 创建文件夹

③ 复制/移动文件或文件夹。复制文件夹如图 5-5 所示,移动文件夹如图 5-6 所示。

④ 删除文件或文件夹,如图 5-7 所示。

5. Windows 的设备管理

1)Windows I/O 模型

Windows 的 I/O 系统由 5 个部分组成:I/O 管理器、即插即用管理器、电源管理器、WMI 例程及设备驱动程序。其中 I/O 管理器是整个 I/O 系统的核心,它定义了一个非常通用的框架,允许各种功能的设备驱动程序容纳于其中。I/O 管理器除了支持与设备相关的驱动程序以外,它也允许与设备无关的驱动程序进入到内核中,这一类驱动程序并不操纵任何硬件设备,它们进入到内核中以后,将变成内核的一部分,一旦经过 I/O 管理器的初始化,便与内核融为一体。因此设备驱动程序也是内核扩展的一种形式。

图 5-5 复制文件夹

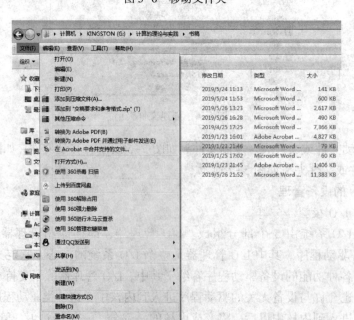

图 5-6 移动文件夹

图 5-7 删除文件夹

（1）I/O 管理器是 I/O 系统的核心。它将"应用程序和系统组件"与"虚拟的、逻辑的和物理的设备"连接起来，且定义了基础设备来支持设备驱动程序。

（2）设备驱动程序通常为某一特定类型的设备提供一个 I/O 接口。设备驱动程序接收来自 I/O 管理器传送给它们的命令，当这些命令完成时，它们通知 I/O 管理器，设备驱动程序通常使用 I/O 管理器向其他的共享同一设备接口或控制的设备驱动程序转送 I/O 命令。

（3）PNP 管理器与 I/O 管理器和一种称为总线驱动程序（bus driver）的设备驱动程序一起紧密地工作，以指导硬件资源的分配，以及检测并响应硬件设备的加入和移除。PNP 管理器和总线驱动程序负责在检测到一个设备时，将该设备的驱动程序加载进来。当一个设备被加入到一个缺乏正确的设备驱动程序的系统中时，执行体即插即用组件就会请求用户模式 PNP 管理器的设备安装服务。

（4）电源管理器也与 I/O 管理器一起紧密地工作，以指导系统和各个单独的设备驱动程序经过电源状态的转变。

（5）一组 Windows 管理规范（WMI）支持例程，它们被称为 Windows 驱动程序模型（WDM）WMI 提供者。设备驱动程序可以使用 WDM WMI 提供者作为中间媒介与用户模式的 WMI 服务进行通信，因而它们间接地成了 WMI 提供者。

（6）注册表被当作一个数据库，保存了当前系统上附载的基本硬件设备的描述信息，以及关于驱动程序初始化和配置的设置信息。

（7）.inf 文件是驱动程序安装文件，是一个特定的硬件设备与控制该设备的驱动程序之间的纽带。.inf 文件由类似脚本的指令构成，指令描述了该 .inf 文件所对应的设备、驱动程序文件的源位置和目标位置、安装驱动程序所需要的注册表修改，以及驱动程序的相依性信息。

（8）.cat 文件用于保存数字签名。Windows 利用数字签名检验驱动程序文件是否已经通过了 Microsoft Windows 硬件质量实验室 WHQL 的测试。

（9）HAL 提供一组 API，将不同平台之间的差异隐藏起来，从而使驱动程序与处理器和中断控制器的特殊性相互隔离开。

从虚拟机的角度来说，Windows 的 I/O 系统是一个层层封装的虚拟机。Windows 在系统核心中，对设备进行了数层封装：直接构建在设备上的是硬件抽象层（HAL），在此之上的是设备驱动程序，然后是 I/O 系统，包括 I/O 管理器、电源管理、WDM、WMI 例程等；同时还有许多在用户态运行的系统服务，如 WMI 服务，方便应用程序管理 I/O 设备。正因为有这种复杂的层次结构，统一管理、兼容成百上千不同种类的系统设备才成为可能。各个抽象层次把硬件结构上的多样性屏蔽掉，使用户能够按照一个统一的方式进行 I/O 操作。

2）Windows I/O 处理流程

在 Windows 中，操作系统将所有的 I/O 请求都抽象成针对一个虚拟文件的操作，从而屏蔽了一个 I/O 操作的目标可能是一个没有文件结构的设备的事实。所谓虚拟文件，是指任何可被当作文件来对待的 I/O 源或目标，比如文件、目录、管道和邮件槽。所有被读或写的数据都被看作一个简单的、位于这些虚拟文件中的字节流。用户模式的应用程序都调用文档化的函数，这些函数又一次调用内部的 I/O 系统函数来读一个文件、写一个文件，或者执行其他的操作。I/O 管理器动态地将这些虚拟文件请求引导到正确的设备驱动程序上。

3）Windows I/O 系统的核心数据结构

与 I/O 系统有关的主要数据结构有四种，它们是文件对象、驱动程序对象、设备对象和 I/O 请求包（IRP）。下面一一介绍。

（1）文件对象（File Object）

文件对象是一种逻辑上的对象，它并不仅仅可以代表文件，事实上还可以代表许许多多不同的物理设备，如键盘、打印机、屏幕，等等，当然也可以代表文件。它实际上提供的是一种基于内存共享的物理资源表示法。每个文件对象对应一个句柄，用户程序通过这个句柄实现各种 I/O 操作。具体说，通过写入/查询特定的内存区段，即可实现和物理设备的通信。Windows 所有的 I/O 操作都通过这种虚拟的文件对象进行，它隐藏了 I/O 操作目标的实现细节，为各种不同的物理设备提供了一个统一的操作接口。

（2）驱动程序对象（Driver Object）

驱动程序对象代表系统中一个独立的驱动程序，并且为 I/O 记录每个驱动程序的调度例程的地址（入口点）。当驱动程序被加载到系统中时，I/O 管理器将创建一个驱动程序对象，然后它调用驱动程序的初始化例程，该例程把驱动程序的入口点填放到该驱动程序对象中。

（3）设备对象（Device Object）

设备对象代表系统中的一个物理、逻辑或虚拟的设备，并描述其特征。该设备不一定是物理设备。

总体上看，可以认为驱动程序对象是在功能上的抽象，设备对象是结构上的抽象。完成某个操作通常需要用到多个设备，所以驱动程序对象通常有多个与它相关的设备对象。尽管驱动程序对象和设备对象所封装的功能和设备是各种各样的，但它们都有统一的模型和接口，所以 I/O 管理器可以统一对它们进行管理和调用，而不用在意其具体内部结构的不同。

（4）I/O 请求包（IRP）

是 I/O 系统用来存储处理 I/O 请求所需信息的地方，例如，请求的类型和大小、是同步请求还是异步请求、指向缓冲区的指针和进展状态信息等。在整个系统内核中的 I/O 处理流程中，所有的调用/返回/控制信息都是由 IRP 传递的。它在 I/O 请求开始时由 I/O 管理器创建，在 I/O 处理完成后被释放，它是 I/O 处理中负责信息传递的最主要数据结构，即所谓以 IRP 驱动的 I/O 处理机制。

以上四种数据结构完整地抽象出了一个 I/O 请求的方方面面，它们在逻辑上把形形色色的 I/O 操作都统一起来，使用户可以不理会具体实现的细节，用几乎同样的方式实现各种 I/O 操作。

4）Windows I/O 完整流程

以下以打开一个文件对象的过程为例，说明 Windows I/O 请求的处理流程。

（1）子系统调用一个 I/O 系统服务，打开一个有名字的文件。

（2）I/O 管理器（I/O manager）调用对象管理器（object manager）查找这个文件并帮助它找到所有相关的符号链接。同时也调用安全引用监视器（security reference monitor）检查这个子系统是否有打开这个文件对象的权限。

（3）如果这个文件所在的卷还没有装入，那么 I/O 管理器暂时挂起这个请求，调用其他文件系统，直到装有这个文件的卷装入，然后 I/O 管理器恢复刚才挂起的请求。

（4）I/O 管理器为文件打开请求的 IRP 初始化分配内存。对于驱动程序而言，文件打开请求等价于一个"create"请求。

（5）I/O 管理器调用文件系统驱动程序，向它发送 IRP。文件系统驱动程序访问它在 IRP 中的 I/O 堆栈单元（I/O stack location）以决定要进行什么操作，检查参数，决定是否需要通过 cache 访问文件。如果不需要，在 IRP 中建立更低一级驱动程序的 I/O 堆栈单元。

（6）各级驱动程序处理 IRP 完成这个 I/O 操作请求，会调用 I/O 管理器和其他系统组件提供的核心态支持例程。

（7）驱动程序在 IRP 中设置 I/O 状态块（指明操作是否成功或错误代码），并将 IRP 返回到 I/O Manager。

（8）I/O 管理器从 IRP 中获得 I/O 状态，通过被保护的子系统将状态信息返回到原始调用者处。

（9）I/O 管理器释放已经完成任务的 IRP。

（10）如果操作成功，I/O 管理器返回这个文件对象的句柄到子系统；否则返回相应的失败状态。

如果打开成功，子系统就可以通过句柄来对这个设备进行各种 I/O 操作。其他操作的工作流程与此类似。I/O 管理器会根据不同的请求类型产生相应的 IRP 发送到相应的驱动程序中执行特定的操作。以上处理流程虽然复杂，但去掉一些细节后，总脉络是清晰的，I/O 请求先陷入到系统核心，从上依次向下将指令传到设备，执行结果依次向上返回到调用进程，切换回用户态。

在整个 I/O 系统中，I/O 管理器无疑是非常重要的，具有核心地位，它负责所有 I/O 请求的调度和管理工作。根据请求的不同内容，选择相应的驱动程序对象，设备对象，并生成、发送、释放各种不同的 IRP。整个 I/O 处理流程是在它的指挥下完成的。

5）Windows I/O 类型

事实上由于 I/O 操作种类繁多，它们有不同的需求和特点，所以 Windows 提供了不同的 I/O 操作选项。主要的 I/O 操作类型有：同步 I/O 和异步 I/O，快速 I/O（快速 I/O 模式不使用 IRP），映射文件 I/O 和文件高速缓存，分散/集中 I/O。各种 I/O 操作类型的内部处理步骤是很不一样的。同时，单层和多层的驱动程序也有不同的执行策略。下面分别简单介绍。

（1）同步 I/O 和异步 I/O

应用程序发出的大部分 I/O 操作都是同步的。也就是说，设备执行数据传输并在 I/O 完成时返回一个状态码，然后程序就可以立即访问被传输的数据。

异步 I/O 允许应用程序发布 I/O 请求，然后当设备传输数据时，应用程序继续执行。这类 I/O 能够提高应用程序的吞吐率，因为它允许在 I/O 操作进行期间，应用程序继续完成其他工作。

与 I/O 请求的类型无关，由 IRP 代表的内部 I/O 操作都将被异步操作执行。也就是说，一旦启动一个 I/O 请求，设备驱动程序就返回 I/O 系统。I/O 是否返回调用程序取决于文件是否为异步 I/O 打开的。

（2）快速 I/O

快速 I/O 是一个特殊的机制，它允许 I/O 系统不产生 IRP 而直接到文件系统驱动程序或高速缓存管理器去执行 I/O 请求。快速 I/O 是专门设计用于缓存文件的快速同步 I/O。在快速 I/O 操作中，数据是在用户缓冲区和系统缓存直接交换，绕过文件系统和存储介质驱动堆栈（存储介质驱动不使用快速 I/O）。当接收到一个快速 I/O 的读或写请求时如果要读或写的文件数据都在系统缓存当中，那么请求可以马上被满足。否则就会产生缺页错误，导致一个或多个 IRP 产生。当这种情况发生时，快速 I/O 例程要么返回 FALSE，或者让调用者等待直到缺页错误被处理。如果快速 I/O 例程返回 FALSE，则请求的操作失败，调用者必须产生 IRP。

（3）映射文件 I/O

映射文件 I/O 是 I/O 系统的一个重要特性，是 I/O 系统和内存管理器共同产生的。映射文件 I/O 是指把磁盘中的文件视为进程的虚拟内存的一部分，程序可以把文件作为一个大的数组来访问，而无须执行缓冲数据或执行磁盘 I/O 的工作。程序访问内存，同时内存管理器利用它的页面调度机制从磁盘文件中加载正确的页面。如果应用程序向它的虚拟地址空间写入数据，内存管理器就把更改作为正常页面调度的一部分写到文件中。

（4）分散/集中 I/O

分散/集中 I/O 是一种特殊类型的高性能 I/O，可通过 Win32 的 ReadFileScatter 和 Write-FileGather 函数来实现。这些函数允许应用程序执行一个读取或写入操作，从虚拟内存的多个缓冲区读取数据并写到磁盘上文件的一个连续区域里。要使用分散/集中 I/O，文件必须以非高速缓存 I/O 方式打开，所使用的用户缓冲区必须是页对齐的，并且 I/O 必须被异步执行。也可以把单个数据流读到多个缓冲区中。

6. OSI 参考模型和 Windows 网络体系结构

本节首先介绍 OSI 参考模型，然后介绍 Windows 的网络体系结构。

1）OSI 参考模型

Microsoft Windows 操作系统使用由国际标准化组织（ISO）提出的 OSI 参考模型建立它的网络体系结构，所以介绍 Microsoft Windows 操作系统的网络体系结构之前，首先介绍一下 OSI 参考模型，如图 5-8 所示，共分 7 层，分别介绍如下。

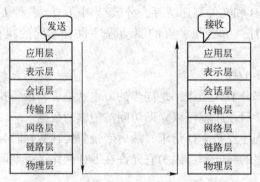

图 5-8　OSI 参考模型

物理层主要定义物理设备标准，如网线的接口类型、光纤的接口类型、各种传输介质的传输速率等。它的主要作用是传输比特流，即由 1、0 转化为强弱电流来进行传输，到达目的地后再转化为 1、0，也就是模数转换。这一层的数据称为比特，网卡工作在此层。物理层一般较少关心网络入侵分析，更专注于保证设备的电缆安全。

数据链路层主要是将从物理层接收的数据进行 MAC 地址的封装与解封装。这一层的数据被称为帧。在这一层工作的设备是交换机，数据通过交换机来传输。

网络层主要用于将从下层接收到的数据进行 IP 地址的封装与解封装。在这一层工作的设备是路由器，这一层的数据常被称为数据包。

传输层定义了一些传输数据的协议和端口号（如 http 端口 80 等），比如：TCP（传输控制协议，传输效率低，可靠性高，用于传输对可靠性要求高且数据量大的数据）和 UDP（用于数据包协议，与 TCP 的特性相反，传输的是对可靠性要求不高且数据量小的数据）。传输层主要是将从下层接收到的数据进行分段传输，到达目的地后再重组。通常把这一层的数据称为段。

会话层通过传输层（端口号：传输端口与接收端口）建立数据传输的通路。主要是在系统之间发起会话或接收会话请求（设备之间可通过 IP，也可通过 MAC 或主机名来互相识别）。

表示层主要是对接收的数据进行解释、加密与解密、压缩与解压缩等操作（也就是把计算机能够识别的东西转换成人能够识别的东西，比如图片、声音等）。

应用层主要是一些终端的应用，比如 FTP（文件下载）、Web（网页浏览）、QQ 之类的应用（也可以把它理解成我们在电脑屏幕上所看到的东西，也就是终端应用），也可以理解为应用层是负责向用户或应用程序显示数据的。

2）Windows 的网络体系结构

Microsoft Windows 网络驱动程序实现 OSI 参考模型的底部四个层。

（1）物理层：物理层是 OSI 参考模型的最低层。此层通过物理媒体管理接收和传输非结构化的原始位流。它描述了物理介质的电气/光盘、机械和功能接口。物理层会带来较高层的所有信号。在 Windows 中，物理层由网络接口卡（NIC）、其收发器和 NIC 连接到的介质来实现。

（2）数据链路层：电气和电子工程师协会（IEEE）又进一步将数据链路层分为两个子层：逻辑链接控件（LLC）和媒体访问控制（MAC）。

① LLC：LLC 子层提供了从一个结点到另一个结点的无错误的传输数据帧。LLC 子层建立和终止逻辑链接、控制帧流、序列帧、确认帧和一段重新传输未确认的帧。LLC 子层使用帧确认并重新传输通过上面的层的链接提供几乎无错误的传输。

② MAC：MAC 子层管理物理层访问检查帧错误，并管理接收到的帧的地址识别。

在 Windows 网络体系结构，LLC 子层在传输驱动程序中实现，并在网络接口卡 NIC 中实现 MAC 子层。NIC 由称为微型端口驱动程序的设备驱动程序控制。Windows 支持的微型端口驱动程序包括 WDM 微型端口驱动程序、微型端口调用管理器（MCM）和微型端口中间驱动程序。

（3）网络层：网络层控制子网的操作。此层将根据以下内容确定数据应采用的物理路径。

① 网络条件。

② 服务的优先级。

③ 其他因素，如路由、流量控制、帧碎片和重组，逻辑到物理地址映射，以及使用记账。

（4）传输层：传输层确保消息传送无错误、连续、不带任何丢失或重复。它使得上层协议与上层协议之间或与它同层的协议之间通信不必关心数据的传输。传输层所在的协议栈至少应包括一个可靠的网络层，或在逻辑链路控制子层中提供一个虚电路。例如，因为Windows 的 NetBEUI 传输驱动程序包括一个与 OSI 兼容的 LLC 子层，它的传输层的功能就很小。如果协议栈不包括 LLC 子层，并且网络层不可靠，并且/或者支持自带地址信息，例如TCP/IP 的 IP 层或 NWLINK 的 IPX 层，那么传输层应能进行帧的顺序控制和帧的响应，同时要对未响应帧进行重发。

在 Windows 网络结构中，逻辑链路层，物理层和传输层都是通过称为传输驱动程序的软件实现的，有时也称为协议、协议驱动程序或协议模块。Windows 附带了 TCP/IP，IPX/SPX，NetBEUI 和 AppleTalk 传输驱动程序。

5.2.3　语言处理程序

语言处理程序就是可以将高级语言或汇编语言编写的源程序翻译成某种机器语言程序，使程序可以在计算机上运行，也就是处理一些本不可以直接运行在计算机上的语言的一些程序，也称为源程序，经过语言处理程序翻译成计算机可直接执行的程序，包括汇编程序、解释程序和翻译程序。将一个用户源程序变为一个可在内存中执行的程序，通常都要经过以下3 个步骤。

步骤 1：编译。由编译程序（compiler）将用户源代码编译成中央处理器可执行的目标代码，产生了若干个目标模块（object module），即若干程序段。

步骤 2：链接。由链接程序（linker）将编译后形成的一组目标模块（程序段），以及它们所需要的库函数链接在一起，形成一个完整的装入模块（load module）。

步骤 3：装入。由装入程序（loader）将装入模块装入内存。

图 5-9 展示了这样的三步过程。

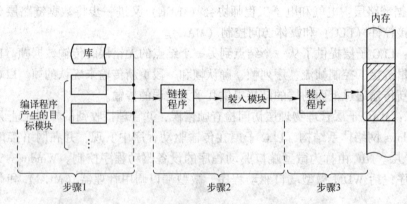

图 5-9　将高级语言转化为可执行程序的步骤

1. 编译

将高级程序设计语言转化为低级语言的程序主要有汇编程序、解释程序和编译程序三种。

1）汇编程序

汇编语言是为特定的计算机或计算机系统设计的面向机器的符号化的程序设计语言。用汇编语言编写的程序称为汇编语言程序，简称"汇编程序"。汇编程序的工作是将汇编语言所编写的源程序翻译成机器指令程序。

2）解释程序

早期的 BASIC 源程序的执行都采用这种方式。它调用机器配备的 BASIC "解释程序"，在运行 BASIC 源程序时，逐条把 BASIC 的源程序语句进行解释和执行，它不保留目标程序代码，即不产生可执行文件。这种方式速度较慢，每次运行都要经过"解释"，边解释边执行。Python 语言也可以对语句进行解释执行。

3）编译程序

编译程序把源程序变成目标程序（以 .OBJ 为扩展名），然后再用连接程序，把目标程序与库文件相连接形成可执行文件。和解释程序相比较，尽管编译的过程复杂一些，但它形成了可执行文件。如 FORTRAN、COBOL、PASCAL 和 C 等高级语言。编译程序与解释程序的工作原理基本相同，它们都是对某种高级语言编写的源程序进行翻译，只是在运行用户程序时有所区别，编译程序产生目标文件，解释程序不产生目标文件。

2. 链接

源程序经过编译后，得到一组目标模块，再利用"链接程序"将这组目标模块链接起来，形成一个完整的装入模块（即可执行文件）

如图 5-10 中，（a）中是某源程序编译后得到的三个目标模块 A、B、C，长度分别为 L、M、N，（b）是链接后形成的装入模块。

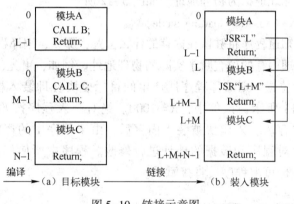

图 5-10　链接示意图

链接时需要做两项工作：

（1）修改相对地址。修改后的地址还是相对地址，只是地址都变为相对最上层模块的起始地址来计算。

（2）变化外部调用符号，如 "CALL B" "JSR 'L'"。CALL B 为调用 B 模块，JSR "L" 为跳转到 L 行。链接前 A 和 B 为两个不同的模块，在 A 模块中要执行 B 模块，就要使用调用（CALL）语句；链接后 A 和 B 为同一模块，若想达到同样的效果，只需在本模块中使用跳转语句（JSR）跳转到要执行的地方即可。

3. 装入

将链接好的模块装入内存才能执行，装入方式有绝对装入、可重定位装入和动态运行时装入 3 种方式，在介绍它们之前，首先说明物理地址和逻辑地址的概念。

1）物理地址和逻辑地址

用户程序编译为目标模块后，会对每个模块（程序数据等）进行编址，此时编好的地址叫作逻辑地址或相对地址，都是相对于本模块的起始地址计算的，一般从 0 开始，但下面的绝对装入方式除外。进行链接后某些模块的相对地址会发生变化，地址都变为相对于装入模块的起始地址进行计算。图 5-11 是逻辑地址的示意图。

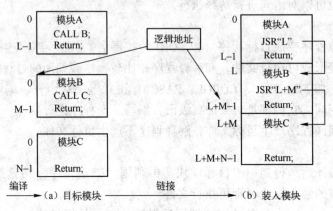

图 5-11　逻辑地址的示意图

通常将内存的实际地址称为物理地址，如图 5-12 所示。

2）绝对装入方式（absolute loading mode）

在编译时，如果知道程序将驻留在内存的什么位置，那么，编译程序将产生绝对地址的目标代码。即按照物理内存的位置赋予实际的物理地址。例如，事先已知用户程序（进程）驻留在从 R 处开始的位置，则编译程序所产生的目标模块（即装入模块）便从 R 处开始向上扩展，如图 5-13 所示，该例中，R = 1000。绝对装入程序按照装入模块中的地址，将程序和数据装入内存。装入模块被装入内存后，由于程序中的逻辑地址与实际内存地址完全相同，故不须对程序和数据的地址进行修改。程序中所使用的绝对地址，既可在编译或汇编时给出，也可由程序员直接赋予。

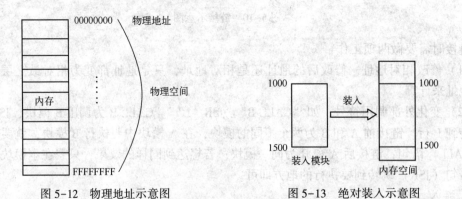

图 5-12　物理地址示意图　　　　图 5-13　绝对装入示意图

采用绝对地址时，可以将装入模块直接装入内存，无须进行地址变换。

程序中所使用的绝对地址，既可在编译或汇编时给出，也可由程序员直接赋予。但由程序员直接给出绝对地址，不仅要求程序员熟悉内存的使用情况，而且一旦程序或数据被修改后，可能要改变程序中的所有地址。因此，通常是在程序中采用符号地址，然后在编译或汇编时，再将这些符号地址转换为绝对地址。

如何把虚拟内存地址空间变换到内存唯一的一维物理线性空间，涉及两个问题，一是虚拟空间的划分问题；二是把虚拟空间中已经链接和划分好的内容装入内存，并将虚拟空间地址映射到内存地址的问题，即地址映射，也就是建立虚拟地址与内存地址的关系。

3）静态地址重定位（可重定位装入方式 relocation loading mode）

绝对装入方式只能将目标模块装入到内存中事先指定的位置。在多道程序环境下，编译程序不可能预知所编译的目标模块应放在内存的何处，因此，绝对装入方式只适用于单道程序环境。在多道程序环境下，所得到的目标模块的起始地址通常是从 0 开始的，程序中的其他地址也都是相对于起始地址计算的。此时应采用可重定位装入方式，根据内存的当前情况，将目标模块装入到内存的适当位置。

将目标模块装入内存后，模块中的程序和数据等，在内存中都将具有一个物理地址，此物理地址是相对于内存的起始地址进行编址的，因此与原先模块中的逻辑地址（相对于模块的起始地址进行编址）不同，所以为了得到物理地址需要对逻辑地址进行改变。而此地址变化的过程就叫作重定位，又因为地址变换通常是在装入时一次完成的，以后不再改变，故称为静态重定位。

例如，在用户程序的 1000 号单元处有一条指令 LOAD L，2500，该指令的功能是将 2500 单元中的整数 365 取至寄存器 L。但若将该用户程序装入到内存的 10000~15000 号单元而不进行地址变换，则在执行 11000 号单元中的指令时，它将仍从 2500 号单元中把数据取至寄存器 1 而导致数据错误。由图 5-14 可知，正确的方法应该是将取数指令中的地址 2500 修改成 12500，即把指令中的相对地址 2500 与本程序在内存中的起始地址 10000 相加，才得到正确的物理地址 12500。除了数据地址应修改外，指令地址也须做同样的修改，即将指令的相对地址 1000 与起始地址 10000 相加，得到绝对地址 11000。

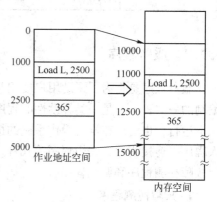

图 5-14　静态地址重定位

4）动态地址重地位（动态运行时装入方式 dynamic run-time loading）

可重定位装入方式可将装入模块装入到内存中任何允许的位置，故可用于多道程序环境；但这种方式并不允许程序运行时在内存中移动位置。因为，程序在内存中的移动，意味着它的物理位置发生了变化，这时必须对程序和数据的地址（是绝对地址）进行修改后方能运行。然而，实际情况是，在运行过程中它在内存中的位置可能经常要改变，此时就应采用动态运行时装入的方式。

动态地址重定位：不是在程序执行之前而是在程序执行过程中进行地址变换。更确切地说，是把这种地址转换推迟到程序真正要执行时才进行，即在每次访问内存单元前才将要访问的程序或数据地址变换成内存地址。动态重定位可使装配模块不加任何修改而装入内存。

为使地址转换不影响指令的执行速度，这种方式需要一个重定位寄存器的支持。

表 5-2 展示了这三种载入方式的优缺点。

表 5-2　三种装入方法的优缺点比较

装入方法	优　点	缺　点
绝对装入方式	CPU 执行目标代码快	（1）由于内存大小限制，能装入内存并发执行的进程数大大减少； （2）编译程序必须知道内存的当前空闲地址部分和其地址，并且把进程的不同程序段连续地存放起来，编译非常复杂
静态地址重定位	无须硬件支持	（1）程序重定位之后就不能在内存中搬动了； （2）要求程序的存储空间是连续的，不能把程序放在若干个不连续的区域中
动态地址重定位	（1）目标模块装入内存时无须任何修改，因而装入之后再搬迁也不会影响其正确执行，这对于存储器紧缩、解决碎片问题是极其有利的； （2）一个程序由若干个相对独立的目标模块组成时，每个目标模块各装入一个存储区域，这些存储区域可以不是顺序相邻的，只要各个模块有自己对应的定位寄存器就行	需要硬件支持

5.2.4　服务程序

服务程序是指为了帮助用户使用与维护计算机，提供服务性手段并支持其他软件开发而编制的一类程序，是一类辅助性的程序，它提供各种运行所需的服务。可以在操作系统的控制下运行，也可以在没有操作系统的情况下独立运行，主要有故障检测程序、调试程序、装入程序、连接程序、编辑程序等几种。5.2.3 节中已经介绍了链接程序和装入程序，本节介绍故障检测程序和调试程序。

1. 故障检测程序

计算机故障一般可以分为永久性故障、间歇性故障和瞬时性故障 3 类。故障检测是指检测并确定计算机系统有无故障的过程。故障检测程序是指用于检测系统是否有故障的程序，通常由设备开发商作为支援软件提供给用户。故障检测程序可以帮助用户及时发现故障并修复故障。

故障是系统不能执行规定功能的状态。通常而言，故障是指系统中部分元器件功能失效而导致整个系统功能恶化的事件。

1）故障的特征

设备的故障一般具有如下五个基本特征。

① 层次性。复杂的设备，可划分为系统、子系统、部件、元件，表现出一定的层次性，与之相关联，设备的故障也具有层次性的特征，即设备的故障可能出现在系统、子系统、部件、元件等不同的层次上。

② 传播性。元件的故障会导致部件的故障，部件的故障会引起系统的故障，故障会沿

着从部件到子系统再到系统的路径传播。

③ 放射性。某一部件的故障可能会引起与之相关联的部件发生故障。

④ 延时性。设备故障的发生、发展和传播有一定的时间过程，设备故障的这种延时性特征为故障的前期预测预报提供了条件。

⑤ 不确定性。设备故障的发生具有随机性、模糊性、不可确知性。

2）故障的种类

故障可以细分为硬件故障、软件故障、病毒故障和人为故障。

（1）硬件故障

指计算机系统中的硬件系统部件中元器件损坏或性能不稳定而引起的，主要包括以下几个方面：

① 元器件故障

主要是指板卡上的元器件、接插件和印刷电路板等引起的故障。由元器件和接插件引起故障的主要原因是：器件本身损坏、性能失效或是外电路故障引起的器件损坏和性能下降而导致计算机不能正常工作。印刷电路板质量的好坏也会直接影响计算机系统的工作性能和质量。计算机的关键部位的印刷电路板都是多层的，如果是印刷电路板出现故障的话一般是很难维修的。而一些可以拆卸的元器件或接插件出现的故障较容易解决。

② 机械故障

一般发生在外部设备中，它主要是发生在一些涉及机械的设备上，而且这一类故障比较容易发现，外部设备中常见的这类故障可能发生在打印机、软盘驱动器、光盘驱动器、各种磁盘及键盘上。

（2）软件故障

一般是指系统软件不兼容或是被破坏而引起计算机系统不能启动或不能正常工作，应用软件遭到破坏不能正常运行而引起计算机系统工作的不正常，就是平时经常提到的"死机"。常见的此类故障有：系统配置不当；系统文件混乱使得命令文件和两个系统隐含文件不兼容；硬盘设置或使用不当，一方面可能是硬盘的设置不当，这样会引起硬盘上的主引导扇区、分区表、文件目录表等信息的丢失或损坏，另一方面硬盘上可能没有系统文件而使得系统无法启动。

（3）病毒故障

病毒故障是指计算机系统中的文件感染病毒，并且病毒发作后导致计算机系统无法正常工作。由病毒引起的故障可用杀毒软件和防病毒系统等来进行预防和查杀病毒。对于破坏性较强的病毒要定期进行检查，以防计算机系统受到破坏，造成无法挽回的损失。

（4）人为故障

人为故障主要是由于使用者操作不当引起的，常见的硬件方面的故障有：电源接错；各种数据电缆线、信号线接错或接反；带电进行各种接口线的插拔及搬动计算机等。

3）故障检测的方法

故障检测方法有以下几种。

（1）软件测试技术。

现有软件测试技术通常分为静态测试和动态测试。静态测试是不执行程序代码而寻找程序代码中可能存在的缺陷或评估程序代码的过程。静态测试主要包括由人工进行的桌面检查、代码审查、代码走查等。动态测试通过在抽样测试数据上运行程序来检验程序的动态行为和运行结果以发现缺陷。动态测试分为基于规约的测试（又称黑盒测试或功能测试）、基于程序的测试（又称白盒测试或结构测试），以及程序与规约相结合的测试。

（2）软件故障树分析。

软件故障树分析是一种用于分析软件故障产生原因的技术。软件的故障树分析法在原理、所用的标志符、建立步骤等方面与硬件故障树分析法完全相同。软件故障树分析的这些特点，使得硬件故障树与软件故障树可以在接口处相互连接，从而使整个系统都可以用故障树进行分析。

（3）软件故障模拟。

变异测试技术能够系统地模拟软件故障，并构造有效的测试数据将这些故障检测出来。其基本原理是：使用变异算子每次对被测程序作一处微小的合乎语法的变动，例如将关系运算符"＞"用"＜"替换，产生大量的新程序，每个新程序称为一个变异体；然后根据已有的测试数据，运行变异体，比较变异体和原程序的运行结果：如果两者不同，就称该测试数据将该变异体杀死。杀死变异体的过程一直执行到杀死所有变异体或变异充分度已经达到预期的要求。变异充分度是已杀死的变异体数目与所有已产生的非等价变异体数目的比值。在变异测试过程中，变异算子模拟软件的各种缺陷，作用到源程序上得到变异体。这种有缺陷的软件运行将有可能导致某些软件故障。

（4）形式化检测方法

形式化检测方法是关于在计算系统的开发中进行严格推理的理论、技术和工具，可用于检测从高层规范至最终实现过程中的软件缺陷。形式化检测方法主要包括形式化规约技术和形式化验证技术。形式化规约技术使用具有严格数学定义语法和语义的语言刻画软件系统，以尽早发现需求和设计中的错误。顺序系统的形式化规约技术侧重于描述状态空间，其主要思想是利用集合、关系和函数等离散结构表达系统的状态，用前置断言、后置断言表达状态的迁移，例如 Z、VDM；并发系统的形式化规约技术侧重于描述系统并发特性，其主要思想是用序列、树、偏序等表达系统的行为，例如 CSP、时序逻辑；RAISE 语言和方法综合这两种思路。形式化验证技术是在形式化规约技术的基础上建立软件系统及其性质的关系，即分析系统是否具有所期望性质的过程。模型检验是一种重要的形式化验证方法，通过搜索待验证软件系统模型的有穷状态空间来检验系统的行为是否具备预期性质。在模型检验中，系统用有穷状态模型建模；其要验证的系统性质通常是时序逻辑或模态逻辑公式，也可以用自动机语言描述；通过有效的自动搜索检验有穷状态模型是否满足性质，如果不满足，它还能给出使性质公式为假的系统行为轨迹。

2. 调试程序

调试程序是将编制的程序投入实际运行前，用手工或编译程序等方法进行测试，修正语法错误和逻辑错误的过程。这是保证计算机信息系统正确性的必不可少的步骤。编完计算机程序，必须送入计算机中测试。根据测试时所发现的错误，进一步诊断，找出原因和具体的位置进行修正。

1）调试程序原则

（1）用脑去分析思考与错误征兆有关的信息。

（2）避开死胡同。

（3）只把调试工具作为手段。利用调试工具，可以帮助思考，但不能代替思考，因为调试工具给的是一种无规律的调试方法。

（4）避免用试探法，最多只能把它作为最后的手段。

（5）在出现错误的地方，可能还有别的错误。

（6）修改错误的一个常见失误是只修改了这个错误的征兆或这个错误的表现，而没有修改错误本身。如果提出的修改不能解释与这个错误有关的全部线索，那就表明只修改了错误的一部分。

（7）注意修正一个错误的同时可能会引入新的错误。

（8）修改错误的过程将迫使人们暂时回到程序设计阶段。修改错误也是程序设计的一种形式。

（9）修改源代码程序，不要改变目标代码。

2）调试分类

（1）静态调试。

可以采用以下两种方法。

① 输出寄存器的内容。在测试中出现问题，设法保留现场信息。把所有寄存器和主存中有关部分的内容打印出来（通常以八进制或十六进制的形式打印），进行分析研究。用这种方法调试，输出的是程序的静止状态（程序在某一时刻的状态），效率非常低，不得已时才采用。

② 为取得关键变量的动态值，在程序中插入打印语句。这是取得动态信息的简单方法，并可检验在某时刻后某个变量是否按预期要求发生了变化。此方法的缺点是可能输出大量需要分析的信息，必须修改源程序才能插入打印语句，这可能改变关键的时序关系，引入新的错误。

（2）动态调试。

通常利用程序语言提供的调试功能或专门的调试工具来分析程序的动态行为。一般程序语言和工具提供的调试功能有检查主存和寄存器；设置断点，即当执行到特定语句或改变特定变量的值时，程序停止执行，以便分析程序此时的状态。

3）调试的步骤

步骤 1：用编辑程序把编制的源程序按照一定的书写格式送到计算机中，编辑程序会根据使用人员的意图对源程序进行增加、删除或修改。

步骤 2：把送入的源程序翻译成机器语言，即用编译程序对源程序进行语法检查并将符合语法规则的源程序语句翻译成计算机能识别的"语言"。如果经编译程序检查，发现有语法错误，那就必须用编辑程序来修改源程序中的语法错误，然后再编译，直至没有语法错误为止。

步骤 3：使用计算机中的连接程序，把翻译好的计算机语言程序连接起来，并扶植成一个计算机能真正运行的程序。在连接过程中，一般不会出现连接错误，如果出现了连接错误，说明源程序中存在子程序的调用混乱或参数传递错误等问题。这时又要用编辑程序对源程序进行修改，再进行编译和连接，如此反复进行，直至没有连接错误为止。

步骤 4：将修改后的程序进行试算，这时可以假设几个模拟数据去试运行，并把输出结果与手工处理的正确结果相比较。如有差异，就表明计算机的程序存在有逻辑错误。如果程序不大，可以用人工方法去模拟计算机对源程序的这几个数据进行修改处理；如果程序比较大，人工模拟显然行不通，这时只能将计算机设置成单步执行的方式，一步步跟踪程序的运行。一旦找到问题所在，仍然要用编辑程序来修改源程序，接着仍要编译、连接和执行，直至无逻辑错误为止。也可以在完成后再进行编译。

4）调试的方法

（1）简单调试方法，步骤如下。

步骤1：在程序中插入打印语句，优点是能够显示程序的动态过程，比较容易检查源程序的有关信息。缺点是效率低，可能输入大量无关的数据，发现错误带有偶然性。

步骤2：运行部分程序。有时为了测试某些被怀疑有错的程序段，却将整个程序反复执行许多次，在这种情况下，应设法使被测程序只执行需要检查的程序段，以提高效率。

步骤3：借助调试工具。目前大多数程序设计语言都有专门的调试工具，可以用这些工具来分析程序的动态行为。

（2）回溯法排错，确定最先发现错误症状的地方，人工沿程序的控制流往回追踪源程序代码，直到找到错误或范围。

（3）归纳法排错。这是一种系统化的思考方法，是从个别推断全体的方法，这种方法从线索（错误征兆）出发，通过分析这些线索之间的关系找出故障。主要步骤如下。

步骤1：收集有关数据。收集测试用例，弄清测试用例能观察到哪些错误征兆，以及在什么情况下出现错误等信息。

步骤2：组织数据。整理分析数据，以便发现规律，即什么条件下出现错误，什么条件下不出现错误。

步骤3：导出假设。分析研究线索之间的关系，力求找出它们的规律，从而提出关于错误的一个或多个假设，如果无法做出假设，则应设计并执行更多的测试用例，以便获得更多的数据。

步骤4：证明假设。假设不等于事实，证明假设的合理性是极其重要的，不经证明就根据假设排除错误，往往只能消除错误的征兆或只能改正部分错误。证明假设的方法是用它解释所有原始的测试结果，如果能圆满地解释一切现象，则假设得到证明，否则要么是假设不成立或不完备，要么是有多个错误同时存在。

（4）演绎法排错，设想可能的原因，用已有的数据排除不正确的假设，精化并证明余下的假设。

（5）对分查找法。如果知道每个变量在程序内若干个关键点上的正确值，则可用赋值语句或输入语句在程序中的关键点附近"注入"这些变量的正确值，然后检查程序的输出。如果输出结果是正确的，则表示错误发生在前半部分，否则，不妨认为错误在后半部分。这样反复进行多次，逐渐逼近错误位置。

5.2.5 数据库管理系统

数据库管理系统（DBMS）是一款数据管理软件，其任务就是对数据资源进行管理，并且使之能为多个用户共享，同时保证数据的安全性、可靠性、完整性、一致性和高度独立性。其主要功能有：

① 数据定义功能：定义数据库的结构和存储结构、数据间的联系、数据的完整性约束

条件。

② 数据操纵功能：对数据库中的数据进行增、删、改、查操作。

③ 数据库维护功能：重新组织数据库的存储结构（提高性能）、备份和恢复数据库（提高安全性和可靠性）。

④ 数据控制功能：安全性控制、完整性控制、并发控制等。

⑤ 数据通信功能：分布式数据库或提供网络操作功能的数据库提供通信功能。

⑥ 数据服务功能：与其他系统进行数据交换、数据分析。

目前市场上比较流行的数据库管理系统产品主要是 Oracle、IBM、Microsoft 和 Sybase、MySQL 等公司的产品，下面对 SQL Server 和 Access 做简要的介绍。

1. SQL Server

SQL Server 是微软公司开发的大型关系型数据库系统。SQL Server 的功能比较全面，效率高，可以作为大中型企业或单位的数据库平台。SQL Server 在可伸缩性与可靠性方面做了许多工作，近年来在许多企业的高端服务器上得到了广泛的应用。同时，该产品继承了微软产品界面友好、易学易用的特点，与其他大型数据库产品相比，在操作性和交互性方面独树一帜。SQL Server 可以与 Windows 操作系统紧密集成，这种安排使 SQL Server 能充分利用操作系统所提供的特性，不论是应用程序开发速度还是系统事务处理运行速度，都能得到较大的提升。另外，SQL Server 可以借助浏览器实现数据库查询功能，并支持内容丰富的扩展标记语言（XML），提供全面支持 Web 功能的数据库解决方案。对于在 Windows 平台上开发的各种企业级信息管理系统来说，不论是 C/S（客户机/服务器）架构还是 B/S（浏览器/服务器）架构，SQL Server 都是一个很好的选择。SQL Server 的缺点是只能在 Windows 系统下运行。

SQL Server 数据库系统的特点如下。

① 高度可用性。借助日志传送、在线备份和故障群集，实现业务应用程序可用性的最大化目标。

② 可伸缩性。可以将应用程序扩展至配备 32 个 CPU 和 64 GB 系统内存的硬件解决方案。

③ 安全性。借助基于角色的安全特性和网络加密功能，确保应用程序能够在任何网络环境下均处于安全状态。

④ 分布式分区视图。可以在多个服务器之间针对工作负载进行分配，获得额外的可伸缩性。

⑤ 索引化视图。通过存储查询结果并缩短响应时间的方式从现有硬件设备中挖掘出系统性能。

⑥ 虚拟接口系统局域网络。借助针对虚拟接口系统局域网络（VI SAN）的内部支持特性，改善系统整体性能表现。

⑦ 复制特性。借助 SQL Server 实现与异类系统间的合并、事务处理与快照复制特性。

⑧ 纯文本搜索。可同时对结构化和非结构化数据进行使用与管理，并能够在 Microsoft Office 文档间执行搜索操作。

⑨ 内容丰富的 XML 支持特性。通过使用 XML 的方式，对后端系统与跨防火墙数据传输操作之间的集成处理过程实施简化。

⑩ 与 Microsoft BizTalk Server 和 Microsoft Commerce Server 这两种 . NET 企业服务器实现集成。SQL Server 可与其他 Microsoft 服务器产品高度集成，提供电子商务解决方案。

⑪ 支持 Web 功能的分析特性。可对 Web 访问功能的远程 OLAP 多维数据集的数据资料进行分析。

⑫ Web 数据访问。在无须进行额外编程工作的前提下，以快捷的方式，借助 Web 实现与 SQL Server 数据库和 OLAP 多维数据集之间的网络连接。

⑬ 应用程序托管。具备多实例支持特性，使硬件投资得以全面利用，以确保多个应用程序的顺利导出或在单一服务器上的稳定运行。

⑭ 点击流分析。获得有关在线客户行为的深入理解，以制定出更加理想的业务决策。

2. Access

Access 是微软 Office 办公套件中一个重要成员。自从 1992 年开始销售以来，Access 已经卖出了超过 6000 万份，现在它已经成为世界上最流行的桌面数据库管理系统。

和 Visual FoxPro 相比，Access 更加简单易学，一个普通的计算机用户即可掌握并使用它。同时，Access 的功能也足以应付一般的小型数据管理及处理需要。无论用户是要创建一个个人使用的独立的桌面数据库，还是部门或中小公司使用的数据库，在需要管理和共享数据时，都可以使用 Access 作为数据库平台，提高个人的工作效率。例如，可以使用 Access 处理公司的客户订单数据；管理自己的个人通讯录；科研数据的记录和处理；等等。Access 只能在 Windows 系统下运行。

Access 最大的特点是界面友好，简单易用，和其他 Office 成员一样，极易被一般用户所接受。因此，在许多低端数据库应用程序中，经常使用 Access 作为数据库平台；在初次学习数据库系统时，很多用户也是从 Access 开始的。

Access 的主要功能如下。

① 使用向导或自定义方式建立数据库，以及表的创建和编辑功能。
② 定义表的结构和表之间的关系。
③ 图形化查询功能和标准查询。
④ 建立和编辑数据窗体。
⑤ 报表的创建、设计和输出。
⑥ 数据分析和管理功能。
⑦ 支持宏扩展（Macro）。

5.3 应用软件

为解决某类应用问题而专门研制的软件称为应用软件。它包括应用软件包和面向问题的应用软件。一些应用软件经过标准化、模块化，逐步形成了解决某些典型问题的应用程序组合，称为软件包。例如，AutoCAD 绘图软件包、通用财务管理软件包、Office 软件包等。

常见的应用软件有文字处理软件、工程设计绘图软件、办公事务管理软件、图书情报检索软件、医用诊断软件、辅助教学软件、辅助设计软件、网络管理软件和实时控制软件等。下面简单介绍一下最常用的文字处理系统 Office 2010。

5.3.1　Word 2010 简介

　　Word 2010 是 Microsoft 公司开发的 Office 2010 办公组件之一，随后的版本可运行于 Apple Macintosh（1984 年），SCO UNIX，和 Microsoft Windows（1989 年），并成为了 Microsoft Office 的一部分。Word 主要版本有：1989 年推出的 Word 1.0 版、1992 年推出的 Word 2.0 版、1994 年推出的 Word 6.0 版、1995 年推出的 Word 95 版（又称作 Word 7.0，因为是包含于 Microsoft Office 95 中的，所以习惯称作 Word 95）、1997 年推出的 Word 97 版、2000 年推出的 Word 2000 版、2002 年推出的 Word XP 版、2003 年推出的 Word 2003 版、2007 年推出的 Word 2007 版、2010 年推出的 Word 2010 版等。

　　Microsoft Word 从 Word 2007 升级到 Word 2010，其最显著的变化就是使用"文件"按钮代替了 Word 2007 中的 Office 按钮，使用户更容易从 Word 2003 和 Word 2000 等旧版本中转移。

　　另外，Word 2010 同样取消了传统的菜单操作方式，而代之于各种功能区。在 Word 2010 窗口上方看起来像菜单的名称其实是功能区的名称，当单击这些名称时并不会打开菜单，而是切换到与之相对应的功能区面板。每个功能区根据功能的不同又分为若干个组，每个功能区所拥有的功能如下所述。

1. Word 2010 的启动

　　安装好 Microsoft Office 2010 套装软件后，启动 Word 2010 最常用的方法有如下 3 种。

　　① 单击"开始"→"所有程序"→"Microsoft Office"→"Microsoft Word 2010"，即可启动 Word 2010。

　　② 双击桌面上的"Microsoft Word 2010"快捷图标，即可快速启动 Word。

　　③ 在"我的电脑"或"资源管理器"窗口中，直接双击已经生成的 Word 文档即可启动 Word 2010，并同时打开该文档。

　　启动 Word 2010 后，打开如图 5-15 所示的操作界面，表示系统已进入 Word 工作环境。

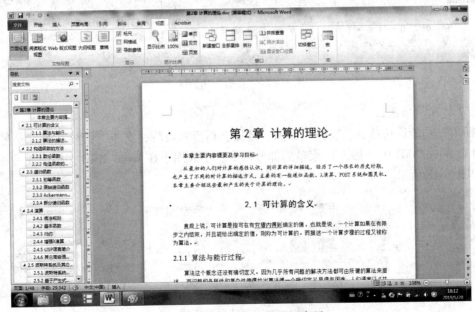

图 5-15　Word 2010 的界面布局

2. Word 2010 的退出

退出 Word 2010 的方法有多种，最常用的方法有如下 4 种。

① 单击 Word 标题栏右端的关闭⊠按钮。

② 选择"文件"→"退出"命令。

③ 使用快捷键 Alt+F4，快速退出 Word。

④ 双击 Word 2010 窗口左上角的控制菜单图标⊠。

退出 Word 2010 表示结束 Word 程序的运行，这时系统会关闭所有已打开的 Word 文档，如果文档在此之前做了修改而未存盘，则系统会出现如图 5-16 所示的提示对话框，提示用户是否对所修改的文档进行存盘。根据需要选择"保存"或"不保存"，选择"取消"则表示不退出 Word 2010。

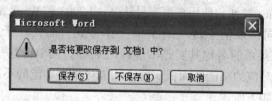

图 5-16　保存文件对话框

3. 功能简介

1）"开始"功能区

"开始"功能区中包括剪贴板、字体、段落、样式和编辑五个组，如图 5-17 所示，对应 Word 2003 的"编辑"和"段落"菜单部分命令。该功能区主要用于帮助用户对 Word 2010 文档进行文字编辑和格式设置，是用户最常用的功能区。

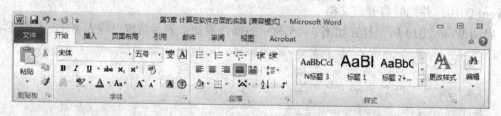

图 5-17　"开始"功能区

2）"插入"功能区

"插入"功能区包括页、表格、插图、链接、页眉和页脚、文本、符号和特殊符号几个组，对应 Word 2003 中"插入"菜单的部分命令，主要用于在 Word 2010 文档中插入各种元素，如图 5-18 所示。

图 5-18　"插入"功能区

3）"页面布局"功能区

"页面布局"功能区包括主题、页面设置、稿纸、页面背景、段落、排列几个组，如图 5-19 所示，对应 Word 2003 的"页面设置"菜单命令和"段落"菜单中的部分命令，用于帮助用户设置 Word 2010 文档页面样式。

图 5-19　"页面布局"功能区

4）"引用"功能区

"引用"功能区包括目录、脚注、引文与书目、题注、索引和引文目录几个组，如图 5-20 所示，用于实现在 Word 2010 文档中插入目录等比较高级的功能。

图 5-20　"引用"功能区

5）"邮件"功能区

"邮件"功能区包括创建、开始邮件合并、编写和插入域、预览结果和完成几个组，如图 5-21 所示。该功能区的作用比较专一，专门用于在 Word 2010 文档中进行邮件合并方面的操作。

图 5-21　"邮件"功能区

6）"审阅"功能区

"审阅"功能区包括校对、语言、中文简繁转换、批注、修订、更改、比较和保护几个组，如图 5-22 所示。主要用于对 Word 2010 文档进行校对和修订等操作，适用于多人协作处理 Word 2010 长文档。

7）"视图"功能区

"视图"功能区包括文档视图、显示、显示比例、窗口和宏几个组，如图 5-23 所示，主要用于帮助用户设置 Word 2010 操作窗口的视图类型，以方便操作。

图 5-22 "审阅"功能区

图 5-23 "视图"功能区

5.3.2 Excel 2010 简介

1. 启动 Excel 2010

Microsoft Excel 是一套功能完整、操作简易的电子计算表软件，提供丰富的函数及强大的图表、报表制作功能，能有助于有效率地建立与管理资料。

第一种方法是执行"开始"→"所有程序"→"Microsoft Office"→"Microsoft Excel 2010"命令启动 Excel，如图 5-24 所示。

第二种方法就是鼠标左键双击快捷方式来启动 Excel 2010，如图 5-25 所示。

图 5-24 Excel 2010 启动方式一　　　　图 5-25 Excel 2010 启动方式二

2. 认识 Excel 2010 工作环境

启动 Excel 后，可以看到如图 5-26 所示界面。

3. 选项卡

Excel 中所有的功能操作分为 8 大类选项卡，包括文件、开始、插入、页面布局、公式、数据、审阅和视图，如图 5-27 所示。各选项卡中收录相关的功能群组，方便使用者切换、选用。例如"开始"选项卡就是基本的操作功能，如字型、对齐方式等设定，只要切换到该选项卡即可看到其中包含的内容。

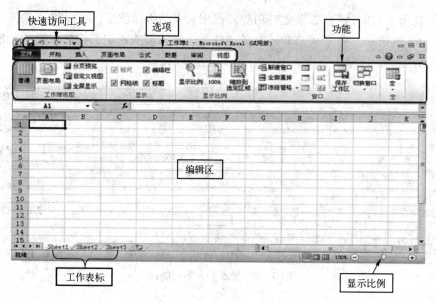

图 5-26　Excel 2010 工作界面

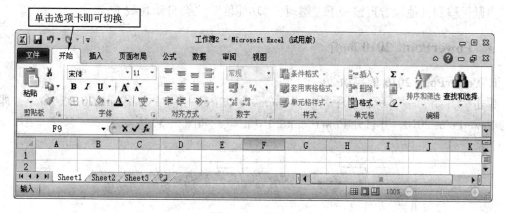

图 5-27　选项卡

4. 功能区

功能区放置了编辑工作表时需要使用的工具按钮。开启 Excel 时预设会显示"开始"选项卡下的工具按钮，当按下其他的选项卡，便会改变显示的按钮，如图 5-28 所示。

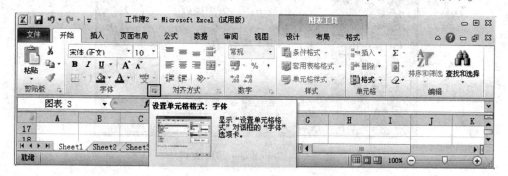

图 5-28　功能区

隐藏与显示"功能区":如果觉得功能区占用太大的版面位置,可以将"功能区"隐藏起来,如图5-29所示。隐藏"功能区"的方法是:单击箭头指向的按钮,则"功能区"由完整显示变为隐藏,再单击一次,则由隐藏转变为显示。

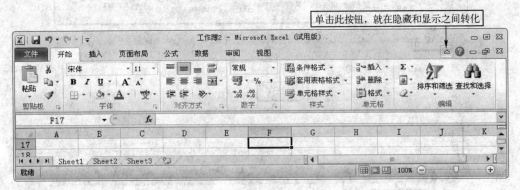

图5-29 隐藏和显示功能区

将"功能区"隐藏起来后,要再次使用"功能区"时,只要单击任一个选项卡即可开启;当鼠标移到其他地方再按一下左键时,"功能区"又会自动隐藏了。

5.3.3 PowerPoint 2010 简介

1. PowerPoint 2010 的启动

单击"开始"→"所有程序"→"Microsoft Office"→"PowerPoint 2010"命令,即可启动 PowerPoint 2010,并打开 PowerPoint 2010 窗口,如图5-30所示。

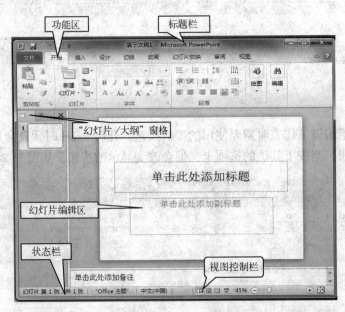

图5-30 PowerPoint 2010 窗口

2. PowerPoint 2010 的窗口简介

1）标题栏

包含三个"窗口控制按钮",同时在上面显示正在调用的演示文稿文件名。

2）功能区

以选项卡的形式将各种相关的功能组合在一起,可以更快地查找相关的命令。

3）"幻灯片/大纲"窗格

用于显示演示文稿的幻灯片数量及位置,通过它可更加方便地掌握整个演示文稿的结构。

4）幻灯片编辑区

用于显示和编辑幻灯片,在其中可输入文字内容、插入图片和设置动画效果等。

5）视图控制栏

包含 4 个按钮,分别控制幻灯片在幻灯片放映、幻灯片浏览、普通视图、阅读视图之间的切换。

6）状态栏

记录当前的工作状态。

3. PowerPoint 2010 的视图

PowerPoint 2010 有 4 种视图方式,分别为页面视图、阅读版式视图、Web 版式视图、大纲视图和草稿,每种视图方式适应不同的编辑方法。下面将分别对这 4 种视图方式进行介绍。

1）普通视图

普通视图是一种三合一的视图方式,将幻灯片、大纲和备注页视图集成到一个视图中。在普通视图的左窗格中,有"幻灯片"选项卡和"大纲"选项卡。单击"幻灯片"选项卡,如图 5-31 所示,系统将以缩略图的形式显示演示文稿的幻灯片,易于展示演示文稿的总体效果。

图 5-31　普通视图下的幻灯片模式

2）幻灯片浏览视图

单击功能区中的"视图"→"演示文稿视图"→"幻灯片浏览"按钮,即可切换到幻灯片浏览视图中,如图 5-32 所示。在幻灯片浏览视图中,能够看到整个演示文稿的外观,可以对演示文稿进行编辑,包括改变幻灯片的背景设计,调整幻灯片的顺序、添加或删除幻灯片、复制幻灯片等。

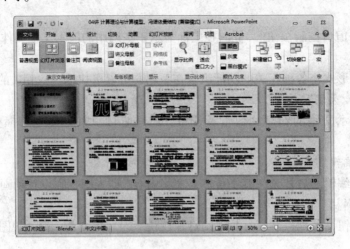

图 5-32　幻灯片浏览视图

3）备注页视图

单击功能区中的"视图"→"演示文稿视图"→"备注页"按钮，即可切换到备注页视图中，如图 5-33 所示。在备注页视图中可添加演讲者所需的一些提示重点或信息。

4）阅读视图

单击功能区中的"视图"→"演示文稿视图"→"阅读视图"按钮，即可切换到阅读视图中，如图 5-34 所示。阅读视图可以不使用全屏的幻灯片放映视图，而是在一个设有简单控件以方便审阅的窗口中查看演示文稿。

图 5-33　备注页视图

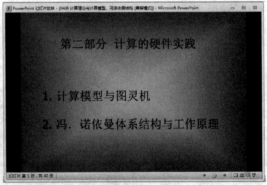

图 5-34　阅读视图

5.4　本章小结

本章要掌握计算机的系统软件和应用软件。系统软件包括操作系统、数据库系统、语言处理程序，以及常用的操作系统 Windows 7。掌握应用软件，主要是常用的 Office2010 系统，包含 Word 2010、Excel 2010 和 PowerPoint 2010，对这些软件系统要熟练操作。

5.5　习题

1. 选择题

(1) 计算机系统中必不可少的软件是＿＿。

　　① 操作系统　　　　　　　　② 语言处理程序

　　③ 工具软件　　　　　　　　④ 数据库管理系统

(2) 下列说法中正确的是＿＿。

　　① 操作系统是用户和控制对象的接口

　　② 操作系统是用户和计算机的接口

　　③ 操作系统是计算机和控制对象的接口

　　④ 操作系统是控制对象、计算机和用户的接口

(3) 操作系统管理的计算机系统资源包括＿＿。

　　① 中央处理器、主存储器、输入/输出设备

　　② CPU、输入/输出

　　③ 主机、数据、程序

　　④ 中央处理器、主存储器、外部设备、程序、数据

(4) 操作系统的主要功能包括＿＿。

　　① 运算器管理、存储管理、设备管理、处理器管理

　　② 文件管理、处理器管理、设备管理、存储管理

　　③ 文件管理、设备管理、系统管理、存储管理

　　④ 处理管理、设备管理、程序管理、存储管理

(5) 在计算机中，文件是存储在＿＿。

　　① 磁盘上的一组相关信息的集合

　　② 内存中的信息集合

　　③ 存储介质上一组相关信息的集合

　　④ 打印纸上的一组相关数据

(6) Windows 7 目前有几个版本＿＿。

　　① 3　　　　　　　　　　　② 4

　　③ 5　　　　　　　　　　　④ 6

(7) Windows 7 是一种＿＿。

　　① 数据库软件　　　　　　　② 应用软件

　　③ 系统软件　　　　　　　　④ 中文字处理软件

(8) 在下列软件中，属于计算机操作系统的是＿＿。

　　① Windows 7　　　　　　　② Excel 2010

　　③ Word 2010　　　　　　　④ PowerPoint 2010

(9) 下列不是微软公司开发的操作系统的是＿＿。

　　① Windows Server 7　　　　② Windows 7

　　③ Linux　　　　　　　　　④ Vista

（10）大多数操作系统，如 DOS，Windows，UNIX 等，都采用＿＿＿的文件夹结构。

　　① 网状结构　　　　② 树状结构　　　　③ 环状结构　　　　④ 星状结构

2. 填空题

（1）在安装 Windows 7 的最低配置中，内存的基本要求是＿＿＿＿GB 及以上。

（2）Windows 7 有四个默认库，分别是视频、图片、＿＿＿＿和音乐。

（3）Windows 7 是由＿＿＿＿公司开发的操作系统。

（4）要安装 Windows 7，系统磁盘分区必须为＿＿＿＿格式。

（5）在安装 Windows 7 的最低配置中，硬盘的基本要求是＿＿＿＿GB 以上可用空间。

（6）在 Windows 操作系统中，Ctrl+X 是＿＿＿＿命令的快捷键。

（7）在 Windows 操作系统中，Ctrl+V 是＿＿＿＿命令的快捷键。

（8）记事本是 Windows 7 操作系统内带的专门用于＿＿＿＿应用程序。

（9）在计算机中，"＊" 和 "?" 被称为＿＿＿＿。

（10）Word 2010 默认的文档格式为＿＿＿＿。

（11）Word 的版本由 2003 升级为 2007、2010 时，操作界面方面大量采用了＿＿＿＿加＿＿＿＿的方式来代替旧的菜单模式。

（12）Word 2010 窗口中默认有＿＿＿＿、＿＿＿＿、＿＿＿＿、＿＿＿＿、＿＿＿＿、＿＿＿＿、＿＿＿＿、＿＿＿＿等选项卡。

（13）Excel 2010 默认的文档格式为＿＿＿＿。

（14）PowerPoint 2010 默认的文档格式为＿＿＿＿。

3. 简述操作系统的作用和特征。

4. 语言处理程序分为哪几类？试简述之。

5. 什么是数据库管理系统？其作用是什么？

第6章　软件构造

本章主要内容提要及学习目标

本章主要介绍了程序设计语言从机器语言、汇编语言到高级程序设计语言的发展历程，以及高级程序设计语言中的过程式的程序设计语言和面向对象的程序设计语言。还针对过程式程序语言和面向对象程序语言，介绍了结构化程序设计方法学和面向对象的程序设计方法学。讨论了程序构造和递归函数理论之间的关系；作为一个程序设计的例子，在 VC6.0 的环境中设计实现了一个简单计算器。

6.1　程序设计语言发展历史

所谓程序设计语言就是计算机所能识别的语言，一个程序设计语言由指令的集合构成，通过这些指令构成的序列得到求解问题的过程，这就是程序，也就是说，计算机程序就是用计算机语言书写的、能完成一定功能的代码序列。随着计算机技术的发展，用于程序设计的计算机语言也不断地向语言更加丰富、语句更容易理解的方向发展，以扩大计算机的应用范围。程序设计语言的发展历程如图 6-1 所示。

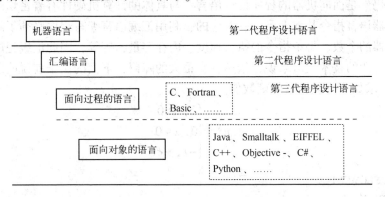

图 6-1　程序设计语言的发展历程

6.1.1　机器语言

计算机能直接接收的只能是 0 和 1 这样的二进制信息，因此最初的计算机代码的操作码、操作数都是用二进制形式表示的，利用机器语言编写程序，要求程序设计人员熟记计算机的全部指令，工作量大、容易出错，又不容易修改。同时各种计算机系统的机器指令也不一定相同，所编制的程序只适用于特定的计算机系统。因此，利用机器语言编写程序对非专职程序设计人员几乎是不可能的。例如，计算 2+6 在某种计算机上的机器语言指令如下：

```
1011000000000110
0000010000000010
1010001001010000
```

第一条指令表示将"6"送到寄存器 AL 中，第二条指令表示将"2"与寄存器 AL 中的内容相加，结果仍在寄存器 AL 中，第三条指令表示将 AL 中的内容送到地址为 5 的单元中。

不同的计算机使用不同的机器语言，程序员必须记住每条及其语言指令的二进制数字组合，因此，只有少数专业人员能够为计算机编写程序，这就大大限制了计算机的推广和使用。用机器语言进行程序设计不仅枯燥费时，而且容易出错。在一页全是 0 和 1 的纸上找一个打错的字符是很困难的。

6.1.2　汇编语言

在机器语言时代的末期出现了汇编语言，它使用助记符（一种辅助记忆方法，采用字母的缩写来表示指令）表示每条机器语言指令，例如 ADD 表示加，SUB 表示减，MOV 表示移动数据，IN 表示从给定的端口输入数据到目的操作数中，OUT 表示将源操作数的内容通过目的操作数指明的地址输出等。相对于机器语言，用汇编语言编写程序就容易多了。例如计算 2+6 的汇编语言指令如下：

```
MOV AL,6
ADD AL,2
MOV #5,AL
```

汇编语言仍然是面向机器的程序设计语言，与具体的计算机硬件有着密切的关系，汇编语言指令与机器语言指令基本上是一一对应的，利用汇编语言编写程序必须了解机器的某些细节，如累加器的个数、每条指令的执行速度、内存容量，等等，因此汇编程序的编写、阅读对非计算机专业的技术人员来说，依然存在很大的障碍，下面的例子就说明了这个问题。

【例 6-1】求如下分段函数的函数值。

$$f(n)=\begin{cases}1, & x>0 \\ 0, & x=0 \\ -1, & x<0\end{cases}$$

```
DATA SEGMENT
XX   DB X
YY   DB ?
DATA ENDS
CODE SEGMENT
ASSUMS CS:CODE,DS:DATA
START:MOV AX,DATA
MOV DS,AX
MOV AL,XX
CMP AL,0
JGE BIGR
MOV AL 0FFH
```

```
       MOV YY AL
       HLT
       BIGR:JE EQUT
            MOV AL,01H
            MOV YY,AL
            HLT
       EQUT:MOV YY,AL
            HLT
       CODS   ENDS
            END START
```

从上面的程序可以看到，利用汇编语言编写程序，编程人员必须了解计算机系统的累加器、各种寄存器、存储单元，对计算机的硬件资源有一定的了解。

计算机所能直接接收的是二进制信息，因此利用汇编语言编写的程序，必须经过翻译，转化为机器语言代码才能在计算机上运行，这个过程是通过一个翻译程序自动完成的，将汇编程序翻译成机器代码语言程序的翻译程序通常称为汇编程序，其过程可以用图 6-2 描述。

图 6-2　汇编语言程序的运行过程

6.1.3　高级程序设计语言

所谓高级程序设计语言是接近于自然语言或数学语言的计算机语言。利用高级语言编写程序，编程者不需要掌握过多的计算机专业知识，特别适合于非计算机专业的专业技术人员利用计算机技术解决本专业的问题。高级语言的产生，大大扩展了计算机的应用范围，推动了各行各业的发展。高级语言的发展又分为两个阶段，一个阶段是过程式语言阶段，另一个是面向对象程序语言阶段。

1. 过程式程序设计语言

利用过程化程序设计语言设计程序完成一定的任务，无论所完成的任务简单或者复杂，都必须将具体的步骤描述清楚。例如，利用高级语言编写程序完成两个整数相加的程序，需要通过以下步骤：定义三个变量 x，y，z 分别用来存放被加数、加数与和将加数、被加数分别输入到变量 x，y 中计算 $x+y$ 的值，并将结果存入变量 z 中把变数 z 的值输出程序结束，完成某项任务。

1）过程语言的种类

自 20 世纪 60 年代以来，世界上公布的程序设计语言已有上千种之多，但是只有很少一部分得到了广泛的应用。过程化程序设计语言有很多种，每一种语言都有各自的特点，常用的有以下几种。

（1）C 语言：是根据结构化程序设计原则设计并实现，为结构化程序设计提供了多种控制结构和数据结构；具有丰富的运算符和表达式，能实现汇编语言中的大部分功能；C 语言还有丰富的标准函数库，调用这些标准函数可以操作计算机的硬件、进行动态地址的分配、绘图等功能，因此 C 语言具有表达力强、编译出的目标程序质量高、语言简单灵活、易于实现等特点。C 语言不仅可以用来写操作系统、编译程序，也可以用来编写各种应用软件。

（2）FORTRAN 语言：是最早、最常用的科学和工程计算语言，采用了结构化的程序设计思想，其程序结构是分块结构。一个 FORTRAN 程序由一个主程序块和若干个子程序块组成，程序的执行从主程序开始，主程序可以调用子程序，子程序也可以调用子程序。FOR-TRAN 语言提供高精度的数据类型，特别适用于工程计算；并且 FORTRAN 程序的结构比较简单，可以分块书写，分块编译，使用起来灵活、方便。

（3）BASIC 语言：是适合于广大初学者的一种计算机语言，其语句结构简单。采用了结构化的程序设计思想，一个 BASIC 程序由一个主程序块和若干个子程序块组成。程序的执行从主程序开始，主程序可以调用子程序，子程序也可以调用子程序。BASIC 语言可以实现递归调用，有较强的作图功能，具有良好的编辑环境，友好的用户接口，可以使用键盘和鼠标，有功能丰富的联机帮助系统，提供"分步"和"跟踪"等调试工具，可以说 BASIC 语言功能全、编程简单，程序容易理解，特别适用于帮助初学者进入计算机应用大门。

各种高级的过程化语言各有自己的特点，但它们的语句基本上是相同的；在使用这些编程语言进行编程时，编程的方法也基本相同；结构化程序设计语言每个程序模块的格式基本是相同的。下面对同一个问题分别采用 C 语言、FORTRAN 语言和 BASIC 语言编程实现，读者从中体会用不同语言编写程序的相同点和不同点。

【例 6-2】编写程序计算 $\sum\limits_{i=0}^{10}(2 \times i + 1)!$

C 语言程序：

```
main( )
    {
        int i,j,fun,sum;
        sum = 0;
        for (i = 0;i < = 10;i++)
            {
                fun = 1;
                for(j = 1;j < = 2 * i + 1;j++)
                    fun = fun * j;
                sum = sum+fun;
            }
        printf("sum = ,%d",sum);
    }
```

FORTRAN 语言程序：

```
INTEGER I,J,FUN,SUM
SUM = 0
DO 10 I = 0,10
    FUN = 1
```

```
        DO 20 J=1,2*I+1
FUN=FUN*J
            20      CONTINUE
SUM=SUM+FUN
            10 CONTINUE
WRITE(*,100)SUM
            100     FORMAT(1X,I10)
            101     END
```

BASIC 语言程序：

```
DIM I AS INTEGER
DIM J AS INTEGER
DIM FUN AS INTEGER
DIM SUM AS INTEGER
SUM=0
FOR I=0 TO 10
  FUN=1
  FOR J=1 TO 2*I+1
FUN=FUN*J
NEXT
SUM=SUM+FUN
NEXT
PRINT SUM
END
```

从这个例子可以清楚地看到不同的高级语言编写程序的基本格式是相同的，提供的相同功能的语句，其形式也大同小异，只是在一些语法点上有些差异，如果熟练掌握其中的一种语言，就不难读懂用其他语言编写的程序。

2）常量、变量、表达式

（1）常量：计算机语言中提到的常量指的是常数，从这一点上说计算机语言中常量的概念和数学上常量的概念相同，但与数学上常量的概念也有不同，在计算机语言中常量有一定的类型、有严格的表示方式。不同的计算机语言提供的数据类型不同，常用的数据类型有整型、浮点型、字符型，有的计算机语言也提供逻辑型的数据类型，由于数据的类型不同，计算机系统提供的存放数据的存储单元（字节数）不同，因此在计算机程序中使用数据时，一定要明确指出数据的类型，这一点与我们在日常中使用常量的概念是有差异的。另外在计算机语言中，对常量的表示，不同的计算机语言都有自己的语法规定，程序设计者在编写程序时应按照相应语言的语法规定严格书写，以免编译错误。

（2）变量：计算机语言中提到的变量的概念，可以这样理解，变量是一段有名字的存储空间。程序中定义一个变量，在编译该程序时编译系统为该变量分配相应的存储单元，变量和存储单元之间的关系可以用图6-3表示。

图6-3 高级语言中变量与存储单元的对应关系

即一个变量名对应一组连续的存储单元，整型变量对应整型的存储单元、浮点型变量对应浮点型的存储单元。在高级语言中用变量名的方式对存储单元进行访问，这些访问包括从存储单元中读数、向存储单元中存数，把存储单元的数据输出等。不同的高级语言，对变量名的规定、对变量的定义方式都有各自的语法规定，程序设计者在使用某种高级语言编写程序时，要严格按照使用的高级语言的语法规定定义变量。

（3）表达式：高级程序设计语言中用表达式进行运算，所谓表达式就是把常量、变量和其他形式的数据用运算符连接起来的式子。高级语言中的运算符分为以下几种。

算术运算符：加、减、乘、除、乘方。

关系运算符：大于（>）、小于（<）、等于（==）、大于等于（>=）、小于等于（<=）、不等于（!=）。

逻辑运算符：与、或、非。

字符运算符：字符连接。

高级语言中，根据表达式结果类型不同，表达式分可为：算术表达式；逻辑表达式、字符表达式。其中算术运算的结果是算术量，关系运算、逻辑运算的结果是逻辑量，字符运算的结果是字符量，各种运算符有不同的优先级别。在程序设计中，表达式的使用最为频繁，因此程序设计者在设计程序时，必须严格按照所使用的编程语言的语法规定书写表达式（包括算运符、格式、是否添加括号、运算优先级别等）确保编译系统所识别的表达式与实际表达式一致。

3）赋值语句，输入、输出语句

（1）赋值语句：赋值语句是高级程序设计语言中使用最频繁的数据处理语句，其功能是完成数据的运算和存储。程序设计需要进行某种运算时，通常是将该运算通过一个表达式表示出来，交给计算机来完成，运算的结果存储到计算机的存储单元中，以备后面的数据处理（读取、输出等）使用，在高级语言中使用赋值语句实现上述过程。赋值语句的一般格式为：

变量名　赋值号　表达式

在上式中，变量名代表计算机的存储单元，表达式表示所进行的运算，不同的高级语言，赋值号的形式不同，通常使用数学中的"="作为赋值号，读者切勿将赋值号理解为等号。如：C 语言中的语句 x=x+1；表示的意义是将变量 x 存储单元中的数据读出，完成加 1 运算后，再将运算的结果存入变量 x 存储单元中，切勿将上式理解为 x 等于 x+1。

（2）输入语句：输入语句也是程序设计中经常使用的语句，用来从外部设备获得数据处理中所需要的数据。通过设置输入语句，程序在的运行过程中需要数据时，系统从指定的外设中读取数据，因此在输入语句中要描述：

① 输入什么数据。

② 用什么格式输入。

③ 使用什么设备输入。

来看 C 语言中的两个典型的输入语句：

```
scanf("%d,%f",&ix,&iy);
fscanf(fp,"%s%c",str,&ix);
```

在上面的两个输入语句中分别指出了输入什么数据、用什么格式输入、从什么设备输入这几个问题，虽然在 scanf 函数中没有指出输入数据的设备，但是该语句隐含着使用系统默认的输入设备（键盘）进行输入。各种不同的高级语言使用不同的语句、格式描述着相同的意思。

（3）输出语句：输出语句是程序设计中不可缺少的语句，只有通过输出语句，程序员才可看到程序进行数据处理的结果。通过设置输出语句，在程序运行过程中有数据需要输出时，系统将会把计算机存储单元中的数据按照指定的格式输出到指定的输出设备上，因此在输出语句中同样要描述：

① 输出什么数据；

② 用什么格式输出；

③ 使用什么设备输出。

同样来看 C 语言中的两个典型的输出语句，在这两条语句中指出了输出什么数据、用什么格式输出、从什么设备输出这几个问题，虽然在 printf 函数中没有指出输出数据的设备，但是该语句隐含着使用系统默认的输出设备（显示器）进行输出。

```
printf("x=%d,y=%f",a,b);
fprintf(fp,"x=%d,y=%f",a,b);
```

4）数组

数组是高级语言在程序设计中使用的组织数据和存储数据的一种方式。在程序设计中经常使用数组来存放一组同类型的数据，在程序中定义一个数组，系统将为这个数组开辟一组同类型的存储单元来存放数据，例如在 C 语言中的数组说明形式为：

```
float a[10];
```

则程序在运行时将为数组 a 开辟 10 个连续的浮点型的存储单元，可以用来存放 10 个浮点型的数据，对这十个浮点型的数据可以通过数组元素 a[0]、a[1]、a[2]、a[3]、a[4]、a[5]、a[6]、a[7]、a[8]、a[9]方便地进行操作，这种通过数组元素下标的改变就可以方便地访问到各个数据的方式，可以使程序变得非常简洁，例如可以使用循环结构方便地访问数组中的每个数据：

```
for(i=0;i<n;i++)
    sum=sum+a[i];
```

上述语句结构可以实现若干个同类型数据的相加运算。当然若干个数据相加的运算也可以通过下面的赋值语句实现：

```
sum=a0+a2+a3+a4+a5+a6+a7+a8+a9;
```

其中，进行相加的数据存放在变量 a0，a1，…，a9 中，读者可以从中体会使用数组和不使用数组在编写程序时算法上的差异。

5）程序的控制结构

高级语言中，使用三种结构化的控制结构实现模块化的程序设计，这三种控制结构分别是顺序结构、选择结构和循环结构。不同的高级语言中使用不同形式的语句结构来实现这三种控制结构，下面是 C 语言中实现这三种控制结构的语句结构。

（1）顺序结构：顺序结构是按照一定的运算顺序，依次执行完成指定的运算功能。高级语言程序执行的过程，就是按照语句的顺序依次执行的，因此实现顺序控制结构的语句结构不需要特殊的控制语句，只需按照算法的顺序依次以高级语言语句的形式描述为程序即可。例如：

```
main( )
{
    int x,y,z;
    scanf("%d%d",&x,&y);
    z=x+y;
    printf("输入的两个数相加的结果是:%d",z);
}
```

上述程序完成的功能是从键盘输入两个数，存入变量 X，Y 中；将输入的两个数相加，结果存入变量 Z；将变量 Z 的值输出到显示器上。

（2）选择结构：选择结构是根据给定的逻辑表达式，计算逻辑表达式的值，当其值为真时，控制流程去执行一种操作；当其值为假时，控制流程去执行另一种操作的语句结构，例如：

```
main( )
{
    float x,y;
    scanf("%f",&x);
    if(x<0) y=-x * x;
    else y=x * x;
    printf("函数的值为:%f\n",y);
}
```

上述程序的功能是计算如下分段函数的函数值。

$$y=\begin{cases} -x^2, & x<0 \\ x^2, & x\geq 0 \end{cases}$$

从键盘输入一个自变量 X 的值，判断其是否小于零，若小于零就执行赋值语句：y = -x * x；若不小于零就执行赋值语句：y=x * x；选择结构控制流程无论执行了那一条赋值语句后，都转到 printf 语句去执行。

各种高级语言中都提供了多种完成这种程序结构的语句结构，上面的 if…else…结构只是这多种语句结构中的一种。

（3）循环结构：将一些有规律的运算通过循环执行一条或多条语句来实现，循环语句控制流程，反复执行一条或多条语句，称为循环体。例如：

```
main( )
{
    int i=1,sum=0;
```

```
while( i<100)
{
    sum=sum+i;
    i=i+1;
}
printf("1+2+…+99=%d",sum);
}
```

上面的 while 语句具有控制流程的功能。当条件表达式：i<100 的值为真时反复执行赋值语句 sum=sum+i; 和 i=i+1；直到条件表达式：i<100 的值为假时，流程才会转到 printf 语句去执行。

与选择结构相同，各种高级语言中都提供了多种完成这种程序结构的语句结构，上面的 while 结构只是这多种语句结构中的一种。

通常一个高级语言的程序可能只包含这三种语句结构中的一种，而更多的情况是既包含顺序结构也包含选择结构，同时也有循环结构，一个程序的具体结构应视我们所解决的问题而定。

6）子程序、函数、过程

子程序、函数和过程从某种程度上说，应该是同一概念，只是在不同的高级语言中提法不同，它们都是高级语言中提供的实现模块化程序设计和简化程序代码的途径，通常一个子程序、一个函数或一个过程用来完成一个特定的功能，它们可以被主程序模块或其他程序模块调用，有些高级语言中还允许它们自己调用自己（递归调用）。如在 C 语言中用函数实现模块化设计；在 basic、fortran 语言中用子程序、函数来实现模块化设计。不同的高级语言中子程序、函数和过程的语句形式有一定的差异，但它们基本思想是相同的，编写的方法也基本相同。子程序、函数或过程编程方法如下：

① 定义子程序、函数或过程；

② 定义主调模块和被调模块之间的参数及参数传递方式；

③ 在主调模块中正确地调用被调用模块。

2. 面向对象程序设计语言

面向对象程序设计方法的基本思想是：从客观存在的事物出发，以尽可能接近人类思维的方式建立模型，对客观事物进行结构模拟和行为模拟。

1）面向对象技术产生的原因

过程化程序的编写方法：按照解题模型精心设计数据结构和算法，用过程化程序设计语言描述算法，即可写出程序。过程化程序的程序结构是层层调用，如同一棵树，下层程序除自己声明的数据外共享上层和上层程序声明的数据。图 6-4 中子程序 SUB1、SUB2 如果都用到主程序声明的数据，它们之间就有关系：一个子程序改动了共享数据，则另一个必然受影响，称之为数据耦合。

模块化程序设计的原则虽然将大程序划分成若干个小程序模块，但每个程序模块独立性并不强。所谓独立性是指修改或删除了一个模块对其他程序块没有影响。如果子程序分得更小，一个模块只实现一种功能，子模块数量上去了，独立性就相对增强一些。有了共享数据，当程序规模进一步增大时查错、调试仍然极其困难。试设想有几十个子程序模块，每个

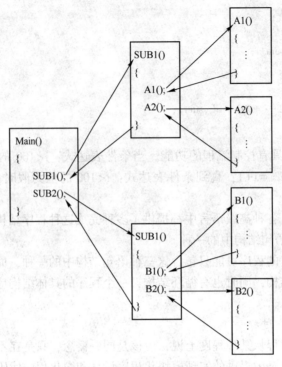

图 6-4　过程式程序的结构

模块都单独测试过，合在一起调试时总出错。只好沿其执行流程去找，如图 6-4 中的箭头所示。但是由于程序中有条件判断，可能跳过某些模块，执行流程因输入值不同而不同，模块越多可能的流程就越多，测试的困难就越大。

图 6-5　程序模块分组

把相关的数据与过程封装在一起，尽可能让它们独立，可能会更好地解决问题，如图 6-5 所示。

通过分析，发现这些大模块的数据和操作往往是描述客观世界中的一个对象，例如，可能是一个堆栈、一台打印机、一个雇员、一个窗口，等等。如果是一个堆栈，则可以对它进行封装，堆栈体入栈的数据和栈顶指针就是堆栈的数据，压栈、出栈操作、判断堆栈是否空、是否满都是它的基本操作。这样封装的程序块是一个复杂的计算对象，私有的数据描述了本对象的状态，操作表示了对象的行为；对象接受外界的消息而动作，其结果是改变了对象内部的状态。这样封装之后使用者就不必关心对象内部结构，只按接口规定的形式向它发消息就可以了。如果对象的设计者发现某个操作的算法不好，需要重新改写，不会影响使用者的调用，只要对象的对外接口不变。这就是面向对象的方法。在这种方法中，数据称为对象的属性（attribute），操作称为方法（method），即改变属性的方法。对象之间只有通信，调用方法称为发消息（message）。消息—方法与过程调用—过程体的定义几乎完全一样，但意义不同。过程式程序的执行流程是，当有过程调用时，主调程序模块要等到被调程序模块返回。消息则不一样，因对象是自主的程序实体，发消息者可等可不等；接收消息的可以立即响应也可以稍后响应。这样降低了程序间的数据耦合，为并发程序、事件驱动程序提供了程序实现的技术基础。面向对象语言也是高级程序设计语言，它是过程化程序设计语言的进一步发展。

2) 面向对象的基本概念和特性

面向对象的基本概念包括对象、属性、方法、消息、封装、类、继承、多继承、多态等。下面对这几个概念分别进行介绍。

对象：由一组属性和对这组属性进行操作的一组方法构成。

属性：是用来描述对象静态特征的一个数据项，如一个学生的姓名、学号、性别、出生日期等。

方法：用来描述对象动态特征的一个操作序列。如对学生数据的输入、输出、按出生日期排序、查找某个学生的信息等。

消息：用来请求对象执行某一操作或回答某些信息的要求。实际上是一个对象对另一个对象的调用，如一个对象调用学生对象，申请学生信息的查询。

封装：是一种信息隐蔽技术。对象本身就是一种封装，把一组属性和对这组属性进行的操作结合成一个独立的系统单位，并尽可能隐蔽对象的内部细节。

类：类是具有相同属性和方法的一组对象的集合，它为属于该类的全部对象提供了统一的抽象描述。在系统中通常有很多相似的对象，它们具有相同名称和类型的属性、响应相同的消息、使用相同的方法。对每个这样的对象单独进行定义是很浪费的，因此，将相似的对象分组形成一个类，每个这样的对象被称为类的一个实例，一个类中的所有对象共享一个公共的定义，尽管它们对属性所赋予的值不同。例如，所有的雇员构成雇员类，所有的客户构成客户类等。

继承：一个系统中通常包含很多的类，特殊类拥有其一般类的全部属性与行为，称作特殊类对一般类的继承。图 6-6 展示了一个单继承的例子。

一个类可以从多个超类中继承属性和方法，称作多继承。在多继承的情况下，类和子类的关系可以用一个有向无环图来表示，其中一个类可以有多于一个的超类。图 6-7 中的院长就有两个超类：领导和教师，即院长既继承了领导的属性，也继承了教师的属性。

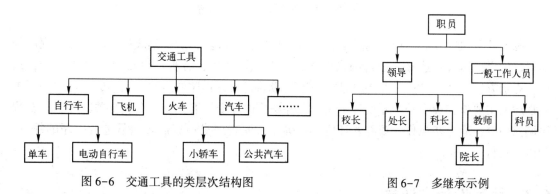

图 6-6　交通工具的类层次结构图　　　　图 6-7　多继承示例

对象的标识：在面向对象系统中一个对象通常对应着现实世界中的一个实体。一个实体保持自身的标识不变。类似地，一个对象也保持自己的标识不变，即使它的一些或者全部属性的值或方法的定义多次改变。

对象的标识是一种概念上的东西，实际的系统需要一种物理机制来唯一标识对象。面向对象系统提供了一种对象标识符的概念来标识对象。对象标识符是唯一的，也就是说每个对象具有单一的标识符，并且没有两个对象具有相同的标识符。

　　对象包含：一个（或一些）对象是另一个对象的组成部分称为对象包含，包含其他对象的对象称为复杂对象或复合对象。图 6-8 所示为自行车结构系统的对象包含层次。

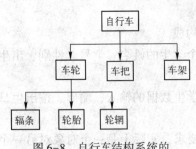

图 6-8　自行车结构系统的对象包含层次

　　多态：多态是指允许不同的对象对同一消息做出不同的响应，它是面向对象程序设计语言的一种重要的特性。利用多态性用户可发送一个通用的信息，而将所有的实现细节都留给接收消息的对象自行决定，也就是同一消息即可调用不同的方法。例如，Print 消息被发送给一图或表时调用的打印方法与将同样的 Print 消息发送给一个正文文件而调用的打印方法会完全不同。多态性的实现受到继承性的支持，利用类继承的层次关系，把具有通用功能的协议存放在类层次中尽可能高的地方，而将实现这一功能的不同方法置于较低层次，这样，在这些低层次上生成的对象就能给通用消息以不同的响应。

3. 高级语言程序的执行过程

　　前面提到，计算机所能直接接收的是二进制信息，利用高级语言编写的程序，应转变为机器代码，才能在计算机上运行。利用高级语言编写程序的过程是：借助每种语言提供的各自的编辑软件生成各自的高级语言源程序；利用各自的翻译程序将高级语言源程序自动翻译成目标程序；再将目标程序通过连接程序自动生成可执行文件。整个过程可以用图 6-9 所示。

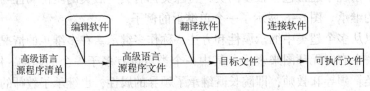

图 6-9　高级语言程序的执行过程

　　随着计算机的发展出现了高级语言各自的集成化的环境，所谓集成化环境就是将程序的编辑、编译或解释、连接、运行的操作集成在一个环境中，各种命令设计成菜单命令，这样，更加方便了非计算机专业人员掌握利用高级语言设计程序的过程。在集成环境中除了关于程序的主要操作命令外，还设计了关于文件操作的命令，有打开、存盘、关闭等，以及程序调试命令，有分步操作、跟踪、环境设置等，方便程序员在集成环境下进行程序的编写、调试、运行。

6.2　程序设计方法学

　　程序设计方法学是讨论程序的性质，以及程序设计的理论和方法的科学。起源于 20 世纪 70 年代的结构化程序设计思想，进而发展出逐步求精法、功能抽象法、模块化程序设计方法、递归程序设计方法、面向对象程序设计方法、组件式程序设计方法、泛型程序设计方法及程序的正确性证明技术、形式推导技术、程序变化技术、抽象数据类型、程序复杂性分析技术等。1963 年美国飞往火星的火箭爆炸，原因是 FORTRAN 程序"DO 5 I=1，3"误写为"DO 5 I=1.3"，损失 1 000 万美元。1967 年苏联"联盟一号"宇宙飞船返回时因忽略一个小数点，在进入大气层时打不开降落伞而烧毁。这些失误促进了软件工程的产生和程序设计方法学的进步。

下面主要介绍结构化程序设计方法和面向对象程序设计方法。

6.2.1 结构化程序设计方法

结构化程序设计（structured programming）是进行以模块功能和处理过程设计为主的详细设计的基本原则。结构化程序设计是过程式程序设计的一个子集，它对写入的程序使用逻辑结构，使得理解和修改更有效更容易。结构化程序设计被称为软件发展中的一个里程碑。该方法的要点是：

1）使用顺序、选择、循环三种基本结构及其嵌套构成的具有复杂层次的"结构化程序"

（1）顺序结构，表示程序中的各操作是按照它们出现的先后顺序执行的。

（2）选择结构，表示程序的处理步骤出现了分支，它需要根据某一特定的条件选择其中的一个分支执行。选择结构有单选择、双选择和多选择三种形式。

（3）循环结构，表示程序反复执行某个或某些操作，直到某条件为假（或为真）时才可终止循环。循环结构的基本形式有以下两种。

① 当型循环：表示先判断条件，当满足给定的条件时执行循环体，并且在循环终端处流程自动返回到循环入口；如果条件不满足，则退出循环体直接到达流程出口处。因为是"当条件满足时执行循环"，即先判断后执行，所以称为当型循环。

② 直到型循环：表示从结构入口处直接执行循环体，在循环终端处判断条件，如果条件不满足，返回入口处继续执行循环体，直到条件为真时再退出循环到达流程出口处，是先执行后判断。因为是"直到条件为真时为止"，所以称为直到型循环。

用这样的方法编出的程序在结构上具有以下效果：

① 以控制结构为单位，只有一个入口，一个出口，所以能独立地理解这一部分。

② 能够以控制结构为单位，从上到下顺序地阅读程序文本。

由于程序的静态描述与执行时的控制流程容易对应，所以能够方便正确地理解程序的动作。

2）严格控制 GOTO 语句的使用

结构化程序设计方法的起源来自对 GOTO 语句的认识和争论。在块和进程的非正常出口处往往需要用 GOTO 语句，使用 GOTO 语句会使程序执行效率较高；在合成程序目标时，GOTO 语句往往是有用的，如返回语句用 GOTO。否定的结论是，GOTO 语句是有害的，是造成程序混乱的祸根，程序的质量与 GOTO 语句的数量呈反比，应该在所有高级程序设计语言中取消 GOTO 语句。取消 GOTO 语句后，程序易于理解、易于排错、容易维护，容易进行正确性证明。Knuth 于 1974 年发表了令人信服的总结，并证实了：

① GOTO 语句确实有害，应当尽量避免；

② 完全避免使用 GOTO 语句也并非是个明智的方法，有些地方使用 GOTO 语句，会使

程序流程更清楚、效率更高；

③ 争论的焦点不应该放在是否取消 GOTO 语句上，而应该放在用什么样的程序结构上。其中最关键的是，应在以提高程序清晰性为目标的结构化方法中限制使用 GOTO 语句。

3）"自顶而下，逐步求精"的设计思想

程序设计时，应先考虑总体，后考虑细节；先考虑全局目标，后考虑局部目标。不要一开始就过多追求众多的细节，先从最上层总目标开始设计，逐步使问题具体化。对复杂问题，应设计一些子目标作为过渡，逐步细化。把程序要解决的总目标分解为子目标，再进一步分解为具体的小目标，把每一个小目标称为一个模块。

4）"独立功能，单出、入口"的模块结构

减少模块的相互联系使模块可作为插件或积木使用，降低程序的复杂性，提高可靠性。程序编写时，所有模块的功能通过相应的子程序（函数或过程）的代码来实现。程序的主体是子程序层次库，它与功能模块的抽象层次相对应，编码原则使得程序流程简洁、清晰，可读性增强。

6.2.2　面向对象程序设计方法

面向对象方法学基本思想就是对所研究的事物进行自然分割，并从分割后的实体中抽象出对象，每个对象都真实地反映了它所对应的实体，然后以更接近人类思维的方式建立事物模型，以便对客观实体进行结构模拟和行为模拟，从而使设计出的软件尽可能直接地描述现实世界，构造出模块化的、可重用的、维护性好的软件，同时限制软件的复杂性和降低开发维护费用。人类认识客观世界主要有两种方法，一种是从一般到特殊的演绎法，另一种是从特殊到一般的归纳法，抽象思维在其中起主要作用。面向对象方法吸收了抽象概念的精华并给予规范化、形式化的定义，用来描述客观世界的物体——对象。例如，一所大学和一所中学，它们都是客观世界中的个体对象，它们有一些相同的特征，都有教师、学生、教学设备、教学活动等。根据这些属性，就形成了学校的概念。学校具有上述特征，而大学、中学是学校的实例，这是抽象的过程。面向对象方法是对抽象过程中产生的抽象对象用文字或语言进行描述，定义它的功能，描述它的状态，明确这类对象所能完成的工作，建立抽象对象与抽象对象间的联系，使它们运转起来。程序设计方法学采用了面向对象方法的对象抽象概念，形成了面向对象程序设计的方法。

1. 对象

定义 6-1　客观世界中任何一个事物都可以抽象的看成一个对象（object）。或者说，客观世界是由千千万万个对象组成的。

对象可以是自然物体，如汽车、火车、人、房屋等，也可以是社会生活中的一种逻辑结构，如班级、支部、连队，甚至一篇文章、一个图形、一项计划等都可视作对象。所以，对象具有如下属性。

① 对象可大可小。

② 对象可以是自然体，也可以是逻辑体。

③ 对象可以嵌套。

④ 对象有两个特征：静态特征称为属性（attribute），动态特征称为行为（behavior）。

⑤ 控制行为改变的因素称为消息。要使某一个对象实现某一种行为，应当向它传送相应的消息。

2. 抽象和类

在程序设计方法中，抽象的作用就是从众多的对象中抽取其共同的属性，建立其模型，对这些对象进行模拟。

定义 6-2 抽象的过程是将有关事物的共性归纳、集中的过程。

从上述定义中可以看出，抽象有如下性质。

① 抽象的作用是表示同类事物的本质。

② 对象是具体存在的，例如，在 Java 和 C++ 中，对象就是一个个的客观存在的个体。对于一个对象的集合，可以找出这些对象的共同属性，从而建立一个名为类的模型，这就是抽象的过程。类是对象的抽象，而对象则是类的特例，或者说是类的具体表现形式。

3. 封装与信息隐蔽

可以对一个对象进行封装处理，把它的一部分属性和功能对外界屏蔽，也就是说从外界是看不到的，甚至是不可知的。

将对象进行封装大大降低了人们操作对象的复杂程度，使用对象的人完全可以不必知道对象内部的具体细节，只需了解其外部功能即可自如地操作对象。

在设计一个对象时，要周密地考虑如何进行封装，把不必要让外界知道的部分"隐蔽"起来，也就是说，把对象的内部实现和外部行为分隔开来。人们在外部进行控制，而具体的操作细节是在内部实现的，对外界是不透明的。所以，"封装"有两方面的含义，一个是将有关的数据和操作代码封装在一个对象中，形成一个基本单位，各个对象之间相对独立，互不干扰；二是将对象中某些部分对外隐蔽其内部细节，只留下少量接口，以便与外界联系，接收外界的消息。这种对外界隐蔽的做法称为信息隐蔽（information hiding）。信息隐蔽还有利于数据安全，防止无关人员擅自修改数据等。

4. 继承与重用

面向对象的方法需要提供继承机制，采用继承的方法可以很方便地利用一个已确定的类建立一个新的类，这就可以重用已有软件中的一部分甚至大部分，大大节省了编程工作量。这就是常说的"软件重用"（software reusability）。不仅可以利用自己过去所建立的类，而且可以利用别人建立的类或类库中的类，这种重用大大缩短了软件开发周期，对于大型软件的开发具有重要意义。

5. 多态性

多态性（polymorphism）是指由继承而产生的、相关的不同的类，其对象对同一消息会作出不同的响应。多态性是面向对象程序设计的一个重要特征，能增加程序的灵活性。

6.3 软件的构造

本节主要介绍如何把解决实际的问题的步骤转化为计算机程序的方法。

6.3.1 迭代和递归

现代汉语词典中，把抽象解释为：从许多事物中，舍弃个别的、非本质的属性，抽出共同的、本质的属性，叫抽象，是形成概念的必要手段。

例如，一个人，有姓名、身份证号、身高、年龄等信息，但对个别人来说，可能还有残疾特征。一般情况下，可以不考虑其残疾特征。但在安排劳动时就得考虑其残疾特征，也就是要考虑他能不能胜任要做的工作。

对于一批人，他们除了上述的特征外，还有各科成绩信息。如果只考虑姓名、身份证号、身高、年龄和各科成绩等信息，忽略掉残疾特征等，那么就形成了一个学生的集合。如果要建立一个学生的信息管理系统，则至少要建立一个如表 6-1 所示的二维表。

表 6-1 学生信息管理

姓名	身份证号	身高	年龄	高等数学	英语	体育	马克思主义理论	线性代数

上述过程就是一个抽象的过程。对这样的一个管理信息系统，常用的功能可能有求某门课程的平均成绩、某个学生的平均成绩等。该问题可以一般性地描述为：给定 n 个数，求这 n 个数的平均数。

首先这 n 个数怎么表示的问题，从数学的角度，可以用 n 个数的序列 a_1，a_2，$\cdots$，a_n，也可以用 n 元向量 $(a_1, a_2, \cdots, a_n)$；从程序设计语言的角度，可以用一段存放 n 个数的连续存储空间，也可以用链表的形式。如果把加、减、乘和除看作基本运算，则求平均数的方法一般是如下步骤。

第一步：求出 n 个数的和 sum。

第二步：平均数 $ave = sum/n$。

接下来的问题就是如何求 n 个数的和。最直接的方法就是采用迭代，这种方法类似于2.2.2 节中的函数叠加，令 sum 的初始值为 0；然后依次把后面的数加到 sum 上。

第二种方法，就是类似 2.2.2 节函数 (m, n) 迭置。这里，可以如下定义 sum 函数：

$$sum(a_i, a_{i+1}, \cdots, a_j) = \begin{cases} a_i, & i=j \\ sum(a_i, \cdots a_{[(i+j)/2]}) + sum(a_{[(i+j)/2]+1}, a_j), & i<j \end{cases}$$

对于数列 $a_1, a_2, \cdots, a_n$ 调用函数 $sum(a_1, a_2, \cdots, a_n)$ 时得到的值就是 $a_1, a_2, \cdots, a_n$ 的和。如上定义的函数，就是一个原始递归函数。

从程序设计的角度来说，迭代和递归是常用的两种方法，其基本思想就是：把一个大的问题分解成类似的小的问题，再把小的问题进一步分解为更小的问题，直至问题小的能直接求解为止。在得到这些小的问题的解后，可以组合形成一个更大问题的解。因为问题都类似，可以用同样的方法求解；同样的，从小问题组合形成大问题解的方法也类似。这就为问题的解决创造了条件。

从以上分析可以看出，程序设计也就是对问题进行抽象、分解、求解和对子问题的解进行组合构造的过程。所以，有人把"抽象、组合、构造"定义为程序的本质，也是有道理的。

6.3.2 软件构造

本节用 VC++ 6.0 来构造一个简易计算器。下面按照先后操作的顺序，从创建工程、界面设计、添加"编辑"控件的成员变量、添加"按钮"控件的消息处理函数、编译与运行 5 各方面介绍。

1. 创建工程

① 启动 VC++6.0 的集成环境，如图 6-10 所示。

图 6-10 VC++6.0 集成环境界面

② 在如图 6-10 的界面中，单击界面左上角的菜单选项"文件"，结果如图 6-11 所示。

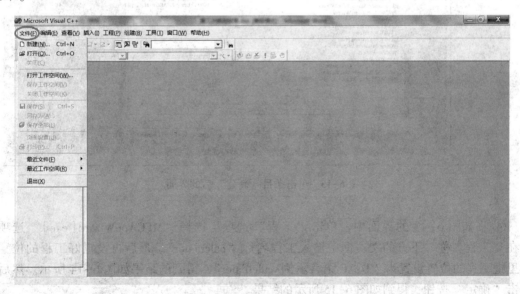

图 6-11 菜单"文件"选项

③ 如图 6-11 的界面中，选择菜单"文件"中的"新建"，如图 6-12 所示。得到的结果如图 6-13 所示。

图 6-12 选择"新建"选项

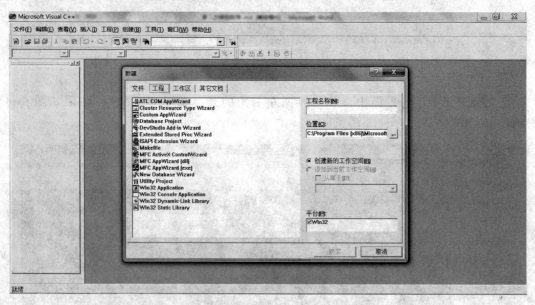

图 6-13 单击条目"新建"后的界面

④ 在如图 6-13 的界面中，单击"工程"选项，选择"MFCAppWizard[exe]"选项，并在"工程名称"下方的文本框中输入工程名称"calculator"。最后再设置好工程的位置，这里把工程的位置设置为"D:\C 语言示例\calculator"，得到的结果如图 6-14 所示。然后，单击"确定"按钮，得到如图 6-15 所示的结果。

图 6-14 设置工程

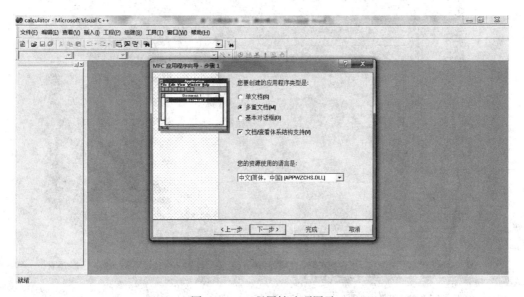

图 6-15 工程属性选项图示

⑤ 在如图 6-15 所示的界面中，设置 MFC 应用程序为"基于对话框"，其他选项默认，如图 6-16 所示。单击"完成"按钮，得到如图 6-17 的界面。

2. 界面设计

① 在如图 6-17 所示的界面中，先将对话框中的"TODO：在这里设置对话控制"静态文本控件和"确定"按钮控件删除，得到如图 6-18 的界面。

② 在如图 6-18 所示的界面中增加 3 个"静态文本"控件、3 个"编辑"控件和 5 个"按钮"控件，其排列顺序如果图 6-19 所示。增加控件的方法，可以把"控件"窗口中的相应控件拖到对话框中即可。

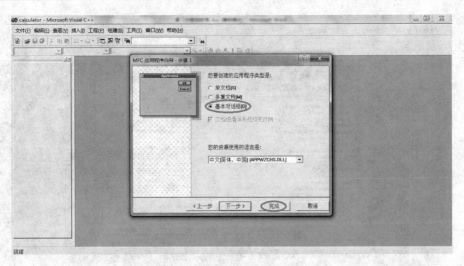

图 6-16　选择工程的属性

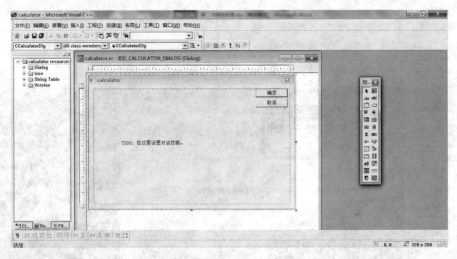

图 6-17　新建立的工程

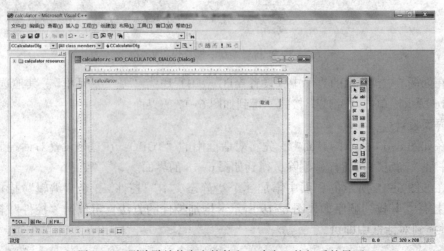

图 6-18　删除默认静态文控件和"确定"按钮后的界面

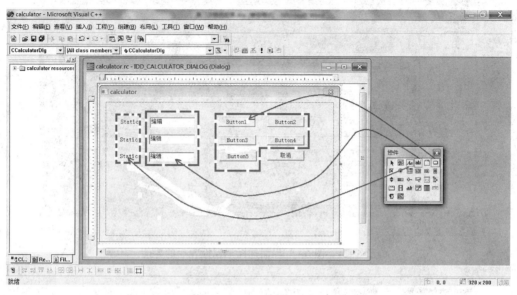

图 6-19 增加静态文本框和按钮

③ 修改控件属性。由于这些控件都有默认的名字，所以要对控件进行改名。以修改 Button1 为例。右击 Button1 按钮，如图 6-20 所示。选中"属性"选项，结果如图 6-21 所示。修改控件的属性，在弹出的对话框中，将 Button1 按钮的 Caption（标题）属性修改为 "+"，此时初始界面同时变成相应的"+"，如图 6-22 所示。

④ 按照③所讲述的方法，将界面上的按钮控件和静态文本控件的属性都做相应的修改，修改后的界面如图 6-23 所示。

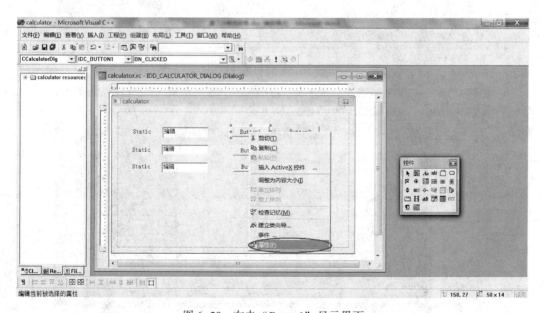

图 6-20 右击"Button1"显示界面

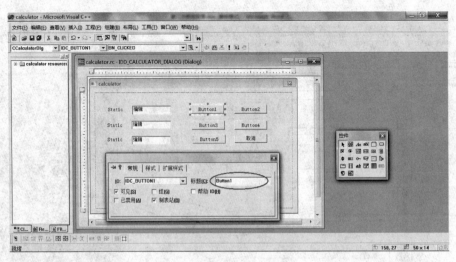

图 6-21　图 6-20 界面选择"属性"后的界面

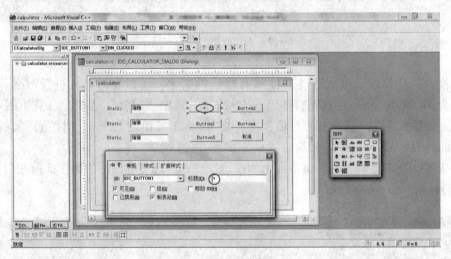

图 6-22　修改按钮的标识

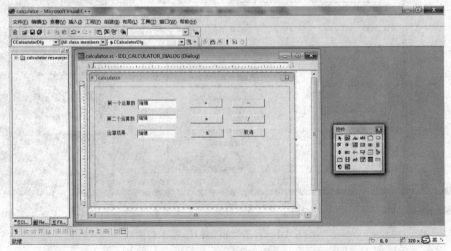

图 6-23　修改完所有控件信息后的界面

3. 添加"编辑"控件的成员变量

这里以第一个"编辑"控件的设置过程为例说明,其他的"编辑"控件的设置过程类似,不再重复。

① 右击"编辑"控件,如图 6-24 所示。

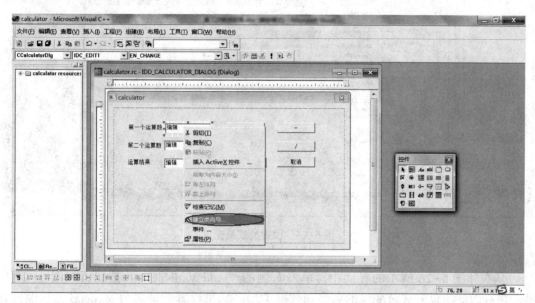

图 6-24 右击"编辑"控件

② 选择"建立类向导…"选项,结果如图 6-25 所示。

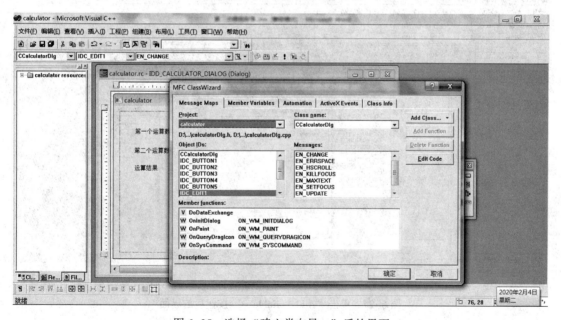

图 6-25 选择"建立类向导…"后的界面

③ 在弹出的对话框中,选择"Member Variables"选项卡,并选中"DIC_EDIT1",界面如图 6-26 所示。

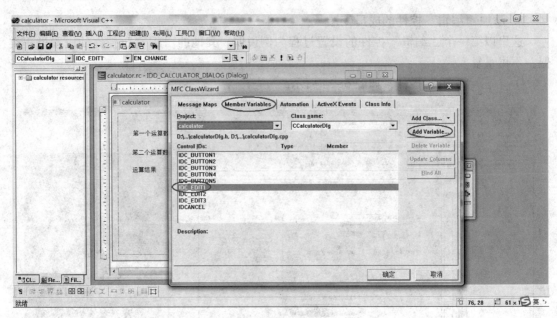

图 6-26　设置类成员变量

④ 在如图 6-26 所示的界面中，单击右侧的 "Add Variable…" 按钮，如图 6-27 所示。在对话框中设置成员变量的名字和数据类型。这里设置变量名为 m_data1，其他设置如图 6-28 所示。

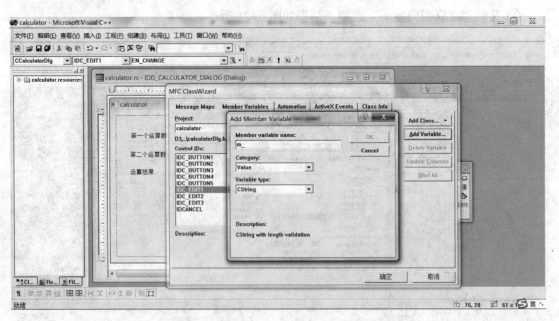

图 6-27　单击 "Add Variable…" 按钮后的界面

注意：控件的 ID 只是标记一个控件，程序中不能直接控制 ID，只能通过修改变量来改变控件的状态。类似地，再为另外两个 "编辑" 控件增加成员变量，分别如下。

IDC_EDIT2：m_data2，范围为数值，变量类型为 double。

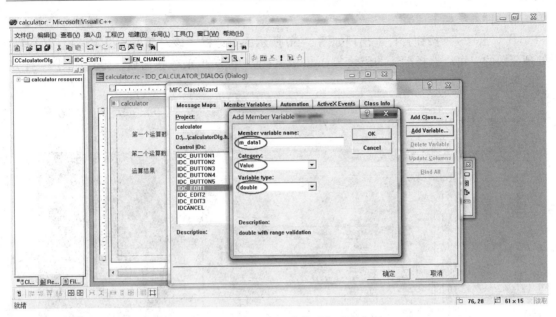

图 6-28　为"编辑"控件增加成员变量

IDC_EDIT3：m_result，范围为数值，变量类型为 double。

添加完成员变量后的界面如图 6-29 所示。

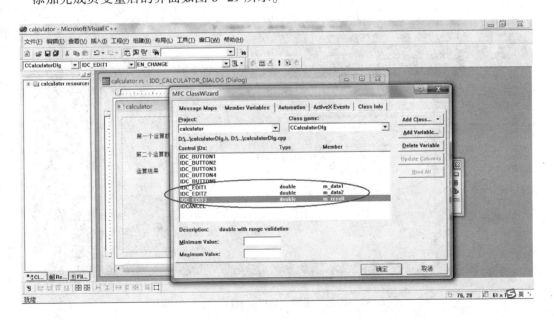

图 6-29　添加完成员变量后的界面

4. 添加按钮控件的消息处理函数

为按钮增加消息处理函数是为了实现具体的运算功能，下面以"+"为例进行，其他的运算类似。这里介绍两种操作方法。

第一种方法如下。

① 双击"+"按钮控件，出现如图 6-30 所示的对话框。该对话框是设定该控件的消息处理函数的，可以选择默认的函数名 OnButton1( )。单击"OK"按钮后，得到如图 2-31 所示的界面。

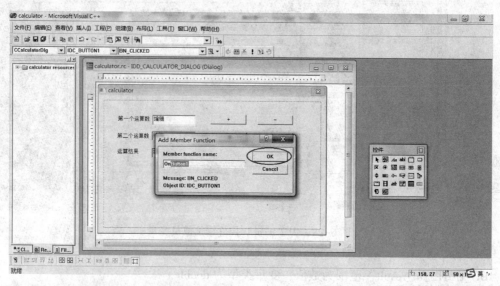

图 6-30　为按钮"+"增加消息函数

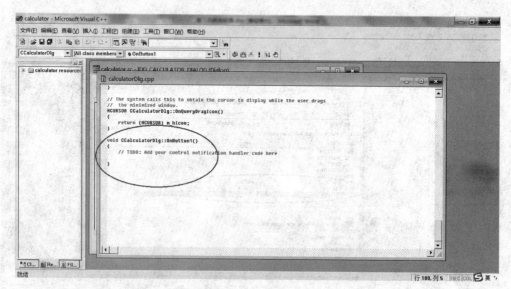

图 6-31　为消息函数"OnButton1( )"增加代码

② 为消息函数"OnButton1( )"增添代码，代码如下所示。

```
voidCCalculatorDlg::OnButton1( )
{
    UpdateData(1);
    m_result=m_data1+m_data2;
```

```
    UpdateData(0);
}
```

代码中有一个 UpdateData( ) 函数，该函数接受的参数是一个布尔型变量，接受的参数不同则对控件和数据交换的作用就不同。

true：将控件上的数据读取到变量中。

false：将变量中的数据写到控件中。

添加完"+"的代码后的界面如图 6-32 所示。

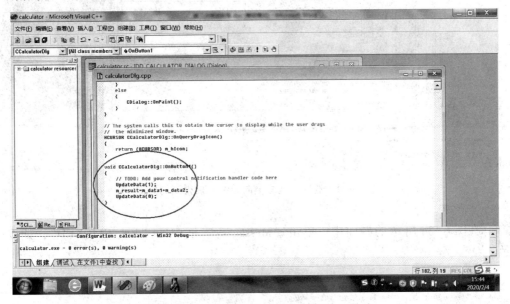

图 6-32　"OnButton1( )"增加代码后的界面

第二种方法如下。

① 右击按钮"+"，得到如图 6-33 所示的界面。

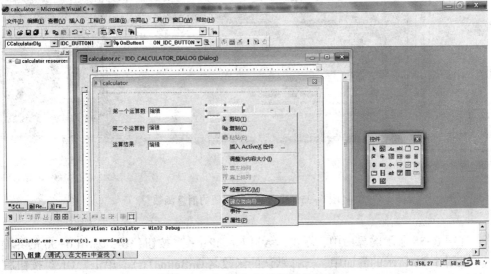

图 6-33　右击"+"按钮时的界面

② 在图 6-33 所示的界面中，选择"建立类向导…"，得到如图 6-34 的界面。

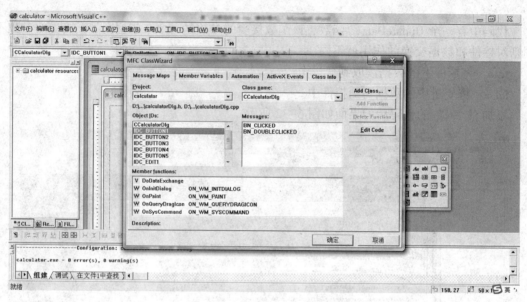

图 6-34 选择"建立类向导…"后得到的界面

③ 在图 6-34 所示的界面中，单击"Messages:"框中的"BN_CLICKED"，如 6-35 所示。

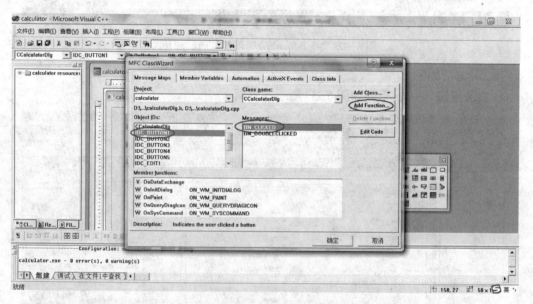

图 6-35 设置"+"按钮的消息函数

④ 在图 6-35 所示的界面中，单击"Add Function…"按钮，得到如图 6-36 的界面。

⑤ 在图 6-36 所示的界面中，选择默认的函数名 OnButton1( )。单击"OK"按钮后，得到如图 2-37 所示的界面，也就是添加完"+"按钮的消息映射函数后的界面。

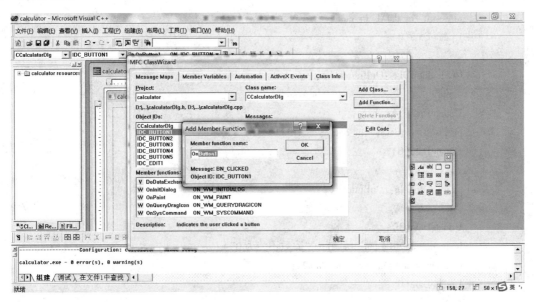

图 6-36 增加 "+" 按钮的消息函数

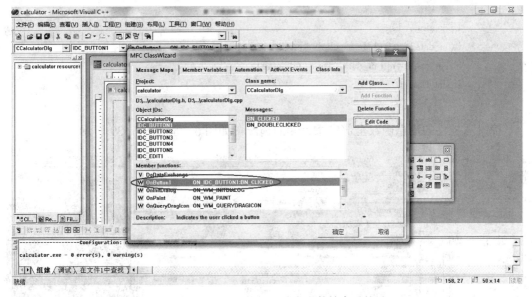

图 6-37 增加 "+" 按钮的消息函数结束后的界面

⑥ 注意到，图 6-34 和图 6-37 相比较，在 "Member Functions" 列表框中，图 6-37 多了一行新的内容 "OnButton1 ON_IDC_BUTTON1:BN_CLICKED"。双击该行，就进入到编辑函数 OnButton1( ) 的界面，如图 6-31 所示。

⑦ 为 OnButton1( ) 增添代码后的界面如图 6-32 所示。

相应地，为增加其他 "按钮" 控件的消息处理函数，如下所示。

```
void CCalculatorDlg∷OnButton2( )
{
    UpdateData(1);
```

```
        m_result = m_data1 - m_data2;
        UpdateData(0);
}
void CCalculatorDlg::OnButton3()
{
        UpdateData(1);
        m_result = m_data1 * m_data2;
        UpdateData(0);
}
void CCalculatorDlg::OnButton4()
{
        UpdateData(1);
        if(m_data2 == 0){MessageBox("除数不能为0");}
        else {m_result = m_data1/m_data2;}
        UpdateData(0);
}
void CCalculatorDlg::OnButton5()
{
        UpdateData(1);
        if(m_data2 == 0){MessageBox("除数不能为0");}
        elsem_result = int(m_data1)%int(m_data2);
        UpdateData(0);
}
```

"按钮"控件的消息函数全部增添完后的情况，如图 6-38 和图 6-39 所示。

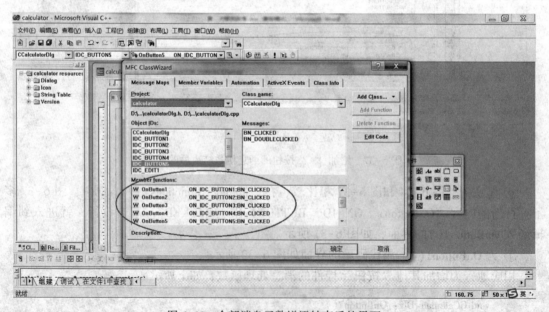

图 6-38　全部消息函数增添结束后的界面

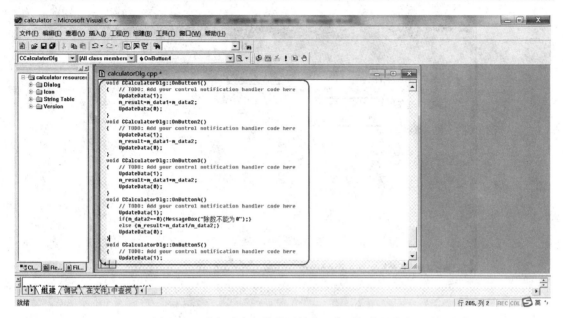

图 6-39 全部消息函数增添结束后代码部分的内容

5. 编译与运行

按照图 6-40 所示的顺序单击按钮 ⚙、🏛 和 ❗，或者按 F5 键，对程序编译并运行，效果如图 6-41 所示。图 6-42 显示了除数为 0 时的情况。

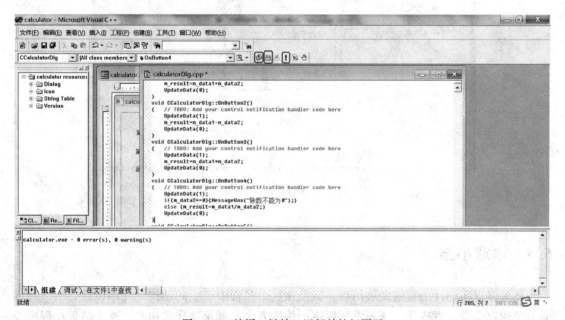

图 6-40 编译、链接、运行的按钮图示

至此，一个计算器就实现完成。该程序还有很多可以改进的地方，例如，增加运算的种类；在一个编辑框中输入公式，并且显示运算结果等。这些可改进的地方可作为课后练习。

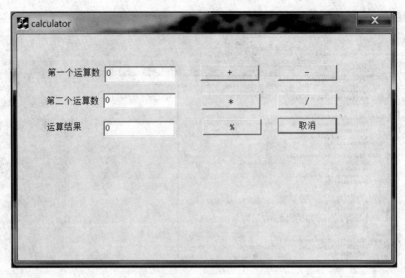

图 6-41   程序运行结果

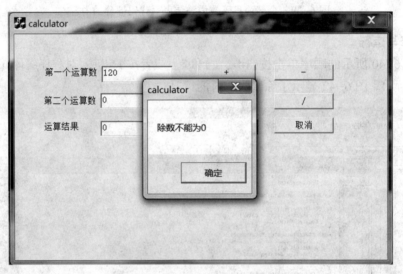

图 6-42   除数为 0 时的界面

6.4   本章小结

要掌握程序设计语言的发展历程，以及在这个过程中产生的结构化程序设计方法学和面向对象的程序设计方法学。还要掌握程序的构造方法，就是迭代和递归。这些结果在程序设计语言和程序设计方法学中的发展历程中曾经占据着重要的地位，并且面向对象的程序设计方法学和程序设计语言仍占据着重要位置，并且在一定时期内仍然占据重要位置。

6.5 习题

1. 过程化程序设计语言的编程特点是什么？

2. 面向对象程序设计的特点是什么？用面向对象程序设计语言和过程化程序设计语言编写程序的区别是什么？

3. 解释面向对象程序设计的几个术语：对象、属性、方法、消息、封装和类。

4. 简述程序设计语言发展的历史。

5. 简述软件构造的过程。

第7章 软件工程简介

本章主要内容提要及学习目标

本章主要介绍了软件工程的发展历史、软件工程的定义、软件生存周期和常用的软件开发模型。通过本章的学习，了解软件危机发生的背景，软件工程发展的历史；了解软件开发的过程，以及软件开发过程的组织管理方法，也就是软件开发模型。

7.1 软件工程发展历史

软件工程这一概念从 1968 年提出到今天已经走过了 50 多年，软件工程的理论和方法得到了很大的发展。本章简单介绍这方面取得的成果。

7.1.1 软件工程的发展历史

软件工程的发展大致有如下几个阶段。

1）第一阶段——软件危机

20 世纪六七十年代，计算机硬件技术有了很大的发展，为计算机的广泛应用创造了条件，并要求软件与之相适应。在那个时代，发生了一些很严重的事故，例如，1967 年苏联"联盟一号"宇宙飞船返回时因忽略一个小数点，在进入大气层时打不开降落伞而烧毁。6.2 节也介绍了 1963 年美国火箭爆炸的事故，也是源于软件系统的错误。这些典型事件的发生也让人们惊醒，研究能够开发出性能可靠软件系统的方法非常重要。

当时的软件开发具有个体化、作坊式特点，开发工具落后，开发平台单一，程序设计语言功能能差。尤其是软件维护工作，耗费大量的人力、物力和计算机资源，许多程序的个体化特性使得它们无法修改和维护，有时干脆废弃原有系统不用，从头编写新软件。与此同时，软件的规模越来越大，结构越来越复杂，软件管理和维护困难，开发费用不断增加。这种软件开发技术、开发工具和生产方式落后的状况与计算机应用迅速普及和对软件的需求日益增加形成了尖锐的矛盾，由此而产生了"软件危机"。软件危机主要表现在：

① 软件开发费用和进度失控；

② 软件的可靠性差；

③ 生产出来的软件难以维护；

④ 软件开发生产率提高的速度远远跟不上计算机应用迅速普及深入的需要，软件产品供不应求的状况使得人类不能充分利用现代计算机硬件所提供的巨大潜力。

软件危机的产生使计算机软件专家认识到软件开发必须以新的方法作指导，原有的软件开发方法必须改变，他们决定把工程技术的思想引入软件开发领域，使软件开发走上工程学科的道路，以摆脱日益严重的软件危机。1968 年北大西洋公约组织（NATO）会议上提出软件开发应该从个体行为向工程化迈进。其基本思想是应用计算机科学理论和技术，以及工程管理原则和方法，按照预算和进度，实现满足用户要求的软件产品的定义、开发、发布和维护的工程。从此也诞生了一门新的学科——软件工程。

2）第二阶段——传统软件工程

为迎接软件危机的挑战，人们进行了不懈的努力。这些努力得到了两个成果。第一，就是在 20 世纪 70 年代风靡一时的结构化开发方法，即面向过程的开发或结构化方法，以及结构化的分析、设计和相应的测试方法。第二，希望实现软件开发过程的工程化。这方面最为著名的成果就是提出了大家都很熟悉的"瀑布式"生命周期模型。后来，又有人针对该模型的不足，提出了快速原型法、螺旋模型、喷泉模型等，对"瀑布式"生命周期模型进行补充。另外，确定了一些重要文档格式的标准，包括变量、符号的命名规则及源代码的规范格式。

3）第三阶段——现代软件工程

面向对象的分析、面向对象的设计的出现使传统的开发方法发生了翻天覆地的变化。随之而来的是面向对象建模语言、软件重用、基于组件的软件开发等新的方法和领域。

另外，从管理的角度提出的软件过程管理，即关注于软件生存周期中所实施的一系列活动并通过过程度量、过程评价和过程改进等涉及对所建立的软件过程及其实例进行不断优化的活动使得软件过程循环往复、螺旋上升式地发展。

到目前为至，人们已经提出了一系列的理论、方法、语言和工具，解决了软件开发过程中的若干问题，而软件工程也成为了从管理和技术两方面研究如何更好地开发和维护计算机软件的一门学科。并且，在一段时间内，软件工程的研究热点将主要集中在软件重用和软件构件技术、中间件、标准化技术等方面。

（1）软件重用和软件构件技术

软件重用和软件构件技术是软件工程领域长期研究的一个主要热点问题。其中，构件是核心和基础，重用是方法和手段。构件的重用，能使软件开发人员减少甚至摆脱写代码的低效工作，致力于更高层次的搭构件，把更多精力放在问题定义过程，促使问题空间与求解空间尽可能一致。

在构件和构架模型中，有必要把构件与构件间的交互作用相分离，以提高构件的独立性和可重用性。业界目前关注的问题主要集中在构件和构架清晰准确的描述、构件库的管理、可重用构件和构架的获取等方面。目前流行的 .NET 和 J2EE 采用两种不同的构件模型和技术，.NET 采用 COM/COM+模型，J2EE 采用 EJB 模型。

（2）中间件技术

软件重用及构件化应用开发和运行需要有不同层次的中间件平台的支撑。中间件兴起以后，构件技术才逐渐走向现实。构件必须在中间件平台上才能发挥作用，只有在适当的中间件平台上，软件才有可能被抽象和隔离，最终成为构件。因此中间件技术近年来成为软件工程关注的焦点和软件业发展的关键。中间件按功能大致可分为 5 类：数据库访问、远程过程调用、通信、事务处理和分布对象中间件。中间件技术将对软件重用和软件构件技术的发展带来深刻的影响。

（3）标准化技术

标准化既是软件重用和软件构件技术发展的需要，也是其必然结果，同时还是软件产业健康发展的强力支撑。软件工程标准包括软件标准和软件过程标准。而软件过程标准的建立是软件工程成熟的重要标志。

最近几年，国际软件工程标准化活动异常活跃，产生了从企业到国际一级的各种各样的标准，对世界软件产业产生了巨大的规范化引导作用。目前，国际流行两大软件工程标准框架。一个是国际标准化组织（ISO/IEC）的软件工程和系统工程标准分技术委员会提出的软件工程标准框架，另一个是美国国防部提出的软件工程标准指南。

7.1.2　软件工程的定义

软件工程一直以来都缺乏一个统一的定义，很多学者、组织机构都分别给出了自己的定义，下面列举几种。

Barry Boehm：运用现代科学技术知识来设计并构造计算机程序及为开发、运行和维护这些程序所必需的相关文件资料。

IEEE 在软件工程术语汇编中将软件工程定义为：

① 将系统化的、严格约束的、可量化的方法应用于软件的开发、运行和维护，即将工程化应用于软件；

② 在①中所述方法的研究。

Fritz Bauer 在北大西洋公约组织会议上给出的定义：建立并使用完善的工程化原则，以较经济的手段获得能在实际机器上有效运行的可靠软件的一系列方法。

《计算机科学技术百科全书》中的定义：软件工程是应用计算机科学、数学及管理科学等原理，开发软件的工程。软件工程借鉴传统工程的原则、方法，以提高质量、降低成本。其中，计算机科学、数学用于构建模型与算法；工程科学用于制定规范、设计范型（paradigm）、评估成本及确定权衡；管理科学用于计划、资源、质量、成本等管理。

7.2　软件生存周期

所谓软件生存周期，是指一款软件从计划开始，经过开发、运行、维护，直到退役的全过程。人们把这个过程从时间角度依次划分为若干阶段，每个阶段有相对独立的任务，然后逐步完成每个阶段的任务。采用软件工程方法开发软件时，从对任务的抽象逻辑分析开始，一个阶段一个阶段地进行开发。前一个阶段任务的完成是下一阶段开始进行的前提和基础，而后一阶段任务的完成使得前一阶段提出的结果更加具体化。每一阶段的开始和结束都有严格标准，文档中阶段通信的工具，是阶段衔接的纽带。概括起来，软件工程的基本思想有以下几方面：

① 软件开发划分为若干个阶段，每个阶段的任务相对独立和简单。

② 完成各阶段任务是使用系统化技术和方法论。

③ 适时地建立里程碑，从技术和管理两方面加以严格审查。

④ 在软件的整个生存周期中编制完整的文档。

软件生存周期可以分为六个阶段：可行性研究与计划阶段、需求分析阶段、设计阶段、实现阶段、测试阶段和运行与维护阶段。

① 可行性研究与计划阶段：主要确定软件的开发目标和总体的要求，进行可行性分析、

投资—效益分析，制订开发计划。

② 需求分析阶段：重点对被设计的软件进行系统分析，确定对软件的各项功能，性能需求和设计约束，确定对文档编制的要求。

③ 设计阶段：根据软件需求提出多个设计，分析每个设计能履行的功能并进行相互比较，最后确定一个设计，包括软件的结构、模块的划分、功能的分配及处理流程。在软件比较复杂的情况下，设计阶段可分成概要设计和详细设计两个步骤。

④ 实现阶段：要完成源程序的编码、编译（或汇编）和排错调试，得出无语法错误的程序清单。

⑤ 测试阶段：对提出的程序全面进行测试，检查审定已编制出的文档。

⑥ 运行与维护阶段：软件将在运行使用中不断地被维护，根据新提出的需求进行必要而且可能的扩充和删改。

采用软件工程的方法可以提高软件开发的成功率，软件的质量和生产率也会明显提高。

1. 可行性研究与计划

可行性研究与计划是软件开发的第一步，在这一步明确软件开发目标、研究软件能否实现、提出开发计划，其主要任务就是确切地定义用户要求解决的问题，也就是问题的性质、软件的目标和总的要求，然后是用最小的代价在尽可能短的时间内确定问题是否能够解决。具体地说，就是明确问题定义，导出系统的逻辑模型，从此出发探索若干种解决办法。对每种解决方法都要研究以下三个可行性。

① 技术可行性，即回答现有技术条件能否完成软件。

② 经济合理性，即回答软件的成本与效益相比是否合算。

③ 实施可行性，即回答软件在实际使用时是否可行得通。

可行性研究与计划阶段要解决的关键在于对今后的行为提出建议；如果问题没有可行的解，立刻停止软件开发，以免造成更大的浪费；如果问题可解，则提出一个可行的解决方案。这一步中一般采取如下步骤。

① 对用户需求和现实环境进行调查。分析人员要访问有关用户，仔细阅读和分析有关材料，认真倾听理解用户口头提出的需求，从而确定问题的性质、软件的目标和规模。在复查确认的基础上，确保要解决的问题即用户要求解决的问题。

② 提出解决办法。要对现有系统进行认真研究，根据用户需求导出新系统的高层逻辑模型。一般用数据流图和数据字典表示。然后将新系统的逻辑模型与用户重新交换意见，复查问题定义、工程规模和目标。从建议的逻辑模型出发，提出若干个较高层次的物理解法供比较和选择，提出书面材料。

③ 进行可行性研究。根据书面材料和有关资料对将要开发的软件从经济、技术和实施等方面进行可行性研究，写出可行性研究报告。

④ 评审。根据可行性研究结果，评审和审批决定软件项目是否继续。若项目可行，则制订初步的软件开发计划。

可行性研究与计划阶段需要注意以下几个问题。

① 可行性包含技术上的可行性和经济上的可行性，两个方面都要进行调研。

② 进行成本/效益分析要提供几种可供选择的解答，要有确切的数据和估算方法，避免主观臆断。

③ 软件开发计划中要有明确的、可检查的标志。要提交齐全的、可验证的文档。包括：可行性研究报告和初步的软件开发计划。

总之，可行性研究与计划的关键在于保证软件开发人员和用户目标一致的前提下，提交供审查批准的可行方案。

2. 需求分析

需求分析要准确地解决软件必须具备哪些功能的问题，这个阶段的主要任务是：

1）确定软件的总体需求

总体需求包括以下 4 个方面。

① 功能需求，即要划分出软件必须完成的一切功能。

② 性能需求，包括需要的存储容量、安全性、响应时间等。

③ 运行需求，主要是对软件运行时所处环境的要求。如支持软件运行的系统软件是什么；采用什么数据库管理系统；需要什么样的外存储器和数据通信接口等。

④ 将来可能提出的需求，即列出那些虽然眼下不属于系统开发范畴，但将来可能会提出来的需求，以便在设计过程中考虑将来的扩充和修改。

2）分析软件的数据需求

任何一个软件本质上都是信息处理系统，软件必须处理的信息和软件应该产生的信息在很大程度上影响软件设计，因此，分析软件的数据需求就成为需求分析阶段的重要任务之一。对于要长期保存的数据分析，一般要分以下 4 个阶段进行。

① 对数据元素进行分组并且规范化，即把软件将要处理的数据元素分组归并成若干个实体，建立起规范化的关系。

② 画出实体关系图，来描述不同实体之间的关系。

③ 事务分析，包括划分事务的入口点，确定为了满足事务的数据需求所需要的实体联系数目、实体间的事务流以及需要的访问类型等。

④ 建立数据模型，来表明事务的类型、具体的通路、重要的加载和周期等。

3）推导出软件的逻辑模型

一般用数据流图、数据字典和主要的处理算法来表示这个逻辑模型。

4）修正软件开发计划

即把分析过程中得到的情况更深入具体地了解，在可行性研究与计划阶段制定的开发计划中修正。

5）快速产生软件原型

即在较短的时间内将软件原型呈现在用户面前，使用户对未来的软件有直观感受，从而能够更准确地提出需求。

为了完成上述 5 项任务，可以采取如下步骤。

① 调查开发软件的环境，进一步明确用户需求。首先搞清输出数据是由哪些元素组成的，然后沿数据流图从输出端向输入端回溯，得出输入数据元素，初步明确有关算法，交由用户仔细进行复查。

② 细化数据流图。通过功能分解可以完成数据流图的细化，即把数据流图扩展到更低的层次，之后得到一组新的数据流图，不同的元素之间的关系变得更清楚了。

③ 编制文档。经过分析确定了软件具有的功能和性能，定义了软件中的数据并简略描

述了处理的算法，这时首要任务是编制一份完整、一致、精确且简明易懂的软件需求说明书，此外还要修正开发计划等。

④ 严格履行审查手续。分析结果产生后，要成立审查小组对分析结果进行审查，待审查通过，鉴定认可之后，方可进行下阶段工作。

3. 软件设计

经过需求分析阶段的工作，建立了由数据流图、数据字典和一组算法描述所定义的软件系统逻辑模型，软件的功能也就清楚了，下面就是怎么实现的问题，这就是软件设计阶段要完成的任务。

对于小规模的软件，可以一次设计完成。对于较大规模的软件，设计阶段也往往再细分为概要设计和详细设计两个阶段。概要设计的主要任务就是根据软件需求说明，建立目标系统的总体结构和模块间的关系，定义各功能模块的接口、控制接口，设计全局数据库/数据结构，规定设计限制，制订测试计划。详细设计的主要任务是对概要设计中产生的功能模块进行过程描述，设计功能模块的内部细节，包括算法和数据结构，为编写源代码提供必要的说明。基本的步骤如下。

① 建立目标系统的总体结构。从软件需求出发，对于大规模软件系统，可以分解划分为若干子系统，然后为每个子系统定义功能模块及各功能模块间的关系，并描述各子系统的接口界面；对于小规模软件系统，则可按软件需求直接定义目标系统的功能模块及模块间的关系。对各功能模块要给出功能描述，数据接口描述，外部文件及全局数据定义。

② 数据库设计。针对数据需求进行数据库设计，经历模式设计、子模块设计、完整性和安全性设计、优化等 4 个步骤。

③ 模块设计。将概要设计产生的构成软件系统的各个功能模块逐步细化，形成若干个程序模块（可编程模块）。采用某种详细设计表示方法对各个程序模块进行过程描述，确定各程序模块之间的详细接口信息，拟定模块测试方案。

④ 制定测试计划。在软件设计中就考虑测试问题，能促使提高软件可测试性。

⑤ 编制文档并进行审查。要编制完整的文档，并对软件设计结果进行严格的技术审查，审查通过后，有关人员要签字认可。

这一阶段的工作，要求做到：

① 在设计目标系统的整体结构时，应力争使其具有好的形态，各功能模块间要相对独立，降低模块接口的复杂性。

② 模块设计要尽可能按结构化程序设计原则进行。要详细地规定各程序模块之间的接口，包括参数的形式和传送方式、上下层调用关系等，确定模块内的算法及数据结构。

③ 要交付齐全可验证的文档，包括概要设计说明书、详细设计说明书、数据库设计说明书、模块开发卷宗和测试计划。

软件设计就是把软件需求转化为软件的具体设计方案的过程，需要根据软件需求，采用结构化设计技术，导出软件模块总体结构；使用表格、流程图或文字等方式给出软件各个模块的具体过程描述，这些结果是编程实现的直接依据。

4. 软件实现

实现阶段即软件编程或软件编码阶段，是为软件设计阶段得出的每个模块编写程序。这个阶段的主要任务就是将详细设计说明转化为所要求的程序设计语言或数据库语言的源程序。这个阶段的基本步骤有：

① 选择程序设计语言。选择何种高级程序设计语言，需要根据情况决定。例如，根据采用的程序设计方法，是用结构化的程序设计方法，还是用面向对象的程序设计方法。高级程序设计语言有本身的特点，不同的语言其风格是不一样的，例如 C 语言是过程式的程序设计语言，而 C++和 Java 则是面向对象的程序设计语言。

相同风格的语言，其适应范围有所不同，例如，FORTRAN 语言比较适合科学计算；VB 比较适合辅助管理；C 比较适合于系统和实时应用；LISP 适合于组合问题领域；PROLOG 适合于表达知识和推理。所以，选择什么样的语言，还应看要解决的问题的性质。

编程是在软件设计之后进行的，程序质量主要由设计质量决定。但编程选用的语言、编程风格和途径对程序质量同样有较大影响。

另外，根据用户的熟练程度，在能达到实现目标的前提下，选择用户熟练的语言更有利。

② 编程实现。使用所选定的程序设计语言对每个程序模块进行编程。尽管这步工作十分具体，难度相对不大，但也要配齐必要的人力，以确保程序质量。

③ 编写完整的文档。

5. 软件测试

软件测试是使用人工操作或者软件自动运行的方式来检验它是否满足规定的需求或弄清预期结果与实际结果之间差别的过程。它是帮助识别开发完成（中间或最终的版本）的计算机软件（整体或部分）的正确性（correctness）、完全性（completeness）和质量（quality）的过程，是软件质量保证（software quality assurance，SQA）的重要领域。软件测试的对象包括程序、数据和文档。测试过程如下：

第一步：对要执行测试的产品/项目进行分析，确定测试策略，制定测试计划。该计划被审核批准后转向第二步。测试工作启动前一定要确定正确的测试策略和指导方针，这些是后期开展工作的基础。只有将本次的测试目标和要求分析清楚，才能决定测试资源的投入。

第二步：设计测试用例。设计测试用例要根据测试需求和测试策略来进行，进度压力不大时，应该设计得详细，如果进度、成本压力较大，则应该保证测试用例覆盖到关键性的测试需求。该用例被批准后转向第三步。

第三步：如果满足"启动准则"（entry criteria），那么执行测试。执行测试主要是搭建测试环境，执行测试用例。执行测试时要进行进度控制、项目协调等工作。

第四步：提交缺陷。这里要进行缺陷审核和验证等工作。

第五步：消除软件缺陷。通常情况下，开发经理需要审核缺陷，并进行缺陷分配。程序员修改自己负责的缺陷。在程序员修改完成后，进入到回归测试阶段。如果满足"完成准则"（exit criteria），那么正常结束测试。

第六步：撰写测试报告。对测试进行分析，总结本次的经验教训，在下一次的工作中修改。

软件测试主要工作内容是验证和确认。验证是保证软件正确地实现了一些特定功能的一系列活动，即保证软件以正确的方式来做这个事件。确认是一系列的活动和过程，目的是想证实在一个给定的外部环境中软件逻辑的正确性，即保证软件做了你所期望的事情。

软件测试方法可以从不同的角度划分。从是否关心软件内部结构和具体实现的角度划分也就是按测试技术分类，有白盒测试、黑盒测试、灰盒测试；从是否执行程序的角度划分，有静态测试、动态测试；从软件开发的过程按阶段划分，有单元测试、集成测试、确认测试、系统测试、验收测试。

　　单元测试集中对用源代码实现的每一个程序单元进行测试，检查各个程序模块是否正确地实现了规定的功能。对于单元测试中单元的含义，一般来说，要根据实际情况去判定其具体含义，如 C 语言中单元指一个函数，Java 里单元指一个类，图形化的软件中可以指一个窗口或一个菜单等。总的来说，单元就是人为规定的最小的被测功能模块。单元测试是在软件开发过程中要进行的最低级别的测试活动，软件的独立单元将在与程序的其他部分相隔离的情况下进行测试。在一种传统的结构化编程语言中，比如 C，要进行测试的单元一般是函数或子过程。在像 C++ 这样的面向对象的语言中，要进行测试的基本单元是类。

　　集成测试把已测试过的模块组装起来，主要对与设计相关的软件体系结构的构造进行测试。

　　确认测试的目标是验证软件的功能和性能以及其他特性是否与用户的要求一致。确认测试一般包括有效性测试和软件配置复查。

　　系统测试把将经过集成测试的软件，作为计算机系统的一部分，与系统中的其他部分结合起来，在实际运行环境中对计算机系统进行一系列严格有效的测试，以发现软件潜在的问题，保证系统的正常运行。

　　验收测试是针对用户需求，业务流程的正式测试，以确认系统是否满足验收标准，由用户、客户和其他授权机构决定是否接受该系统。验收测试有 Alpha 测试、Beta 测试。

7.3　常用软件开发模型简介

　　从 7.2 节可知，软件生存周期一般分为 6 个阶段，即制定计划、需求分析、设计、编码、测试、运行和维护。软件开发的各个阶段之间的关系不可能是顺序且线性的，而应该是带有反馈的迭代过程。在软件工程中，这个复杂的过程用软件开发模型来描述和表示。

　　软件开发模型是指软件开发全部过程、活动和任务的结构框架。软件开发模型能清晰、直观地表达软件开发全过程，明确规定了要完成的主要活动和任务，用来作为软件项目工作的基础。

　　软件开发模型是跨越整个软件生存周期的系统开发、运行和维护所实施的全部工作和任务的结构框架，它给出了软件开发活动各阶段之间的关系。

7.3.1　瀑布模型

　　最早出现的软件开发模型是 1970 年 Royce 提出的瀑布模型。该模型给出了固定的顺序，将生存周期活动从上一个阶段向下一个阶段逐级过渡，如同流水下泻，最终得到所开发的软件产品，投入运行。

　　瀑布模型即生存周期模型，其核心思想是按工序将问题化简，将功能的实现与设计分开，便于分工协作，即采用结构化的分析与设计方法将逻辑实现与物理实现分开。瀑布模型将软件生命周期划分为项目计划和可行性研究、需求分析、软件设计、软件实现、软件测试、软件运行和维护这六个阶段，规定了它们自上而下、相互衔接的固定次序，如同瀑布流水逐级下落。

1. 项目计划与可行性研究

可行性分析就是解决一个项目是否有可行解及是否值得去解的问题。该阶段的主要任务就是确定问题是否能够解决。

这一阶段首先就是进行概要的分析研究，初步确定项目的规模和目标，确定项目的约束和限制，并清楚地列举出来；进行简要的需求分析，抽象出该项目的逻辑结构，建立逻辑模型；从逻辑模型出发，经过压缩的设计，探索出若干种可供选择的主要解决方案，并进行分析比较。

其次，根据前面所书写的文档，也就是项目需求报告，对于项目需求报告中所确定的目标和规模，如果正确就进一步确认，如果错误则及时修改，为做出正确的可行性分析打好基础。具体地说，分析员应从下面四个方面对项目做出可行性分析。

① 技术可行性：使用现有的技术能实现这个系统吗？

② 经济可行性：这个系统的经济效益能超过它的开发成本吗？

③ 操作可行性：系统的操作方式在该用户组织内行得通吗？

④ 社会可行性：开发项目是否会在社会上或政治上引起侵权、破坏或其他责任问题。

根据以上工作形成软件项目可行性报告。一份好的可行性报告，对软件开发具有重要的导向性，是项目实施主体为了实施某项经济活动撰写的重要文件。

2. 需求分析

这是至关重要的一步，它包含了获取客户需求与定义的信息，以及对需要解决的问题所能达到的最清晰的描述。分析包含了理解客户的商业环境与约束，产品必需实现的功能，产品必需达到的性能水平，以及必需实现兼容的外部系统。在这一阶段所使用的技术包括采访客户、使用案例等。分析阶段的结果通常是一份正式的需求说明书，这也是下一阶段的起始信息资料。

3. 软件设计

软件设计是从软件需求规格说明书出发，根据需求分析阶段确定的功能设计软件系统的整体结构、划分功能模块、确定每个模块的实现算法以及编写具体的代码，形成软件的具体设计方案。它包括了硬件和软件架构的定义，确定性能和安全参数，设计数据存储容器和限制，选择集成开发环境和编程语言，并指定异常处理、资源管理和界面连接性的策略。软件设计阶段还要进行用户接口的设计，其结果是一份或多份设计说明书，这些说明书将在下一阶段使用。

4. 软件实现

这一阶段由开发团队来完成，包括了程序员、界面设计师和其他的专家，他们使用的工具包括编译软件、调试软件、解释软件和媒体编辑软件。将生成一个或多个产品组件，它们是根据每一条编码标准而编写的，并且经过了调试、测试并进行集成以满足系统架构的需求。

5. 软件测试

在这一阶段，独立的组件和集成后的组件都将进行系统性验证以确保没有错误并且完全符合第一阶段所制定的需求。

有三种测试方法，即对独立的代码模块进行单元测试，对集成产品进行系统测试，以及客户参与的验收测试。如果发现了缺陷，将会对问题进行记录并向开发团队反馈以进行修正。产品文档应进行评估并发布，比如用户手册等。

6. 软件运行与维护

这一阶段包括了对整个系统或某个组件进行修改以改变属性或者提升性能，这些修改可能源于客户的需求变化或者系统使用中没有覆盖到的缺陷，通常，在维护阶段对产品的修改都会被记录下来并产生新的发布版本以确保客户可以从升级中获益。

瀑布模型是最早出现的软件开发模型，在软件工程中占有重要的地位，它提供了软件开发的基本框架。瀑布模型中每项开发活动具有以下特点。

① 从上一项开发活动接收其成果作为本次活动的输入。

② 利用这一输入，实施本次活动应完成的工作内容。

③ 给出本次活动的工作成果，作为输出传给下一项开发活动。

④ 对本次活动的实施工作成果进行评审。若其工作成果得到确认，则继续进行下一项开发活动；否则返回前一项，甚至更前项的活动。尽量减少多个阶段间的反复。以相对来说较小的费用来开发软件。采用瀑布模型的软件开发过程如图 7-1 所示。

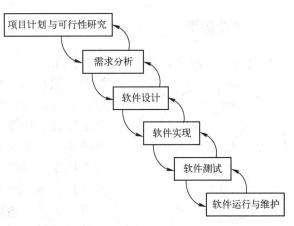

图 7-1　采用瀑布模型的软件开发过程

瀑布模型有利于大型软件开发过程中人员的组织及管理，有利于软件开发方法和工具的研究与使用，从而提高了大型软件项目开发的质量和效率。然而软件开发的实践表明，上述各项活动之间并非完全是自上而下且呈线性图式的，因此瀑布模型存在严重的缺陷。

① 由于开发模型呈线性，所以当开发成果尚未经过测试时，用户无法看到软件的效果。这样，软件与用户见面的时间间隔较长，也增加了一定的风险。

② 在软件开发前期未发现的错误传到后面的开发活动中时，可能会扩散，进而可能会造成整个软件项目开发失败。

③ 在软件需求分析阶段，完全确定用户的所有需求是比较困难的，甚至可以说是不太可能的。

7.3.2　喷泉模型

喷泉模型是一种以用户需求为动力，以对象为驱动的模型，主要用于描述面向对象的软件开发过程。该模型认为软件开发过程自下而上，软件的某个部分通常被重复多次，相关对象在每次迭代中随之加入渐进的软件成分，也就是说，各阶段是相互重叠和多次反复的，就像水喷上去又可以落下来，类似一个喷泉。各个开发阶段没有特定的次序要求，并且可以交互进行，可以在某个开发阶段中随时补充其他任何开发阶段中的遗漏。采用喷泉模型的软件开发过程如图 7-2 所示。

图 7-2　采用喷泉模型的软件开发过程

　　喷泉模型不像瀑布模型那样，需要分析活动结束后才开始设计活动，设计活动结束后才开始编码活动。喷泉模型的各个阶段没有明显的界限，开发人员可以同步进行开发。其优点是可以提高软件项目开发效率，节省开发时间，适应于面向对象的软件开发过程。由于喷泉模型在各个开发阶段是重叠的，因此在开发过程中需要大量的开发人员，不利于项目的管理。此外，这种模型要求严格管理文档，使得审核的难度加大，尤其是面对可能随时加入各种信息、需求与资料的情况。

7.3.3　快速原型

　　快速原型模型又称原型模型，该方法的思想是，经过简单快速分析，快速实现一个

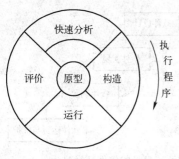

图 7-3　原型表示

原型，用户与开发者在试用原型过程中加强通信与反馈，通过反复评价和改进原型，减少误解，弥补漏洞，适应变化，最终提高软件质量。由此可知，快速原型模型的第一步是建造一个原型，让用户与系统进行交互，并对原型进行评价，根据用户的意见和建议，进一步提升软件需求。通过逐步调整原型使其满足用户的要求，开发人员逐步确定用户的真正需求，并开发出用户满意的软件产品。图 7-3 展示了原型表示，图 7-4 展示了原型的使用和开发。

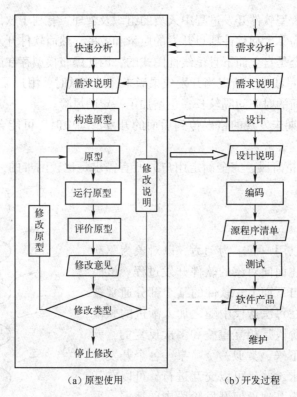

（a）原型使用　　　　　　（b）开发过程

图 7-4　原型的使用和开发

快速原型模型的开发步骤如下。

① 快速分析：在分析人员与用户密切配合下，迅速确定系统的基本需求。

② 构造原型：在快速分析的基础上，根据基本需求说明尽快实现一个可行的系统，并且在实现原型的过程中，只考虑主要功能，而暂时忽略最终系统在某些细节上的要求，如安全性、坚固性、例外处理，等等。

③ 运行原型：这是发现问题、消除误解的过程，在这个过程中，开发者与用户充分协调。

④ 评价原型：在运行的基础上，考核评价原型的特性，分析运行效果是否满足用户的愿望，纠正过去交互中的误解与分析中的错误，增添新的要求，并满足因环境变化或用户的新想法引起的系统变化，提出全面的修改意见。

⑤ 修改：若原型未满足需求说明的要求，表明对需求说明存在不一致的理解或实现方案不够合理，则根据明确的要求迅速修改原型。

由于种种原因，在需求分析阶段得到完全、一致、准确、合理的需求说明是很困难的，在获得一组基本需求说明后，就快速地使其"实现"，通过原型反馈，加深对系统的理解，并满足用户基本要求，使用户在试用过程中受到启发，对需求说明进行补充和精确化，消除不协调的系统需求，逐步确定各种需求，从而获得合理、协调一致、无歧义的、完整的、现实可行的需求说明。又把快速原型思想用到软件开发的其他阶段，向软件开发的全过程扩展。即先用相对少的成本，较短的周期开发一个简单的、但可以运行的系统原型向用户演示或让用户试用，以便及早澄清并检验一些主要设计策略，在此基础上再开发实际的软件系统。

7.3.4　增量模型

增量模型采用随着时间的进展而交错的线性序列，每一个线性序列产生软件的一个可发布的"增量"。当使用增量模型时，第一个增量往往是核心的产品，也就是说，第一个增量实现了基本的需求，但很多补充的特征还没有发布。客户对每一个增量的使用和评估都作为下一个增量发布的新特征和功能，这个过程在每一个增量发布后不断重复，直到产生了最终的完善产品。增量模型强调每一个增量均发布一个可操作的产品。采用增量模型的软件开发过程如图 7-5 所示。

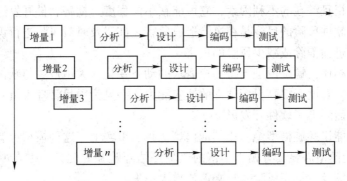

图 7-5　采用增量模型的软件开发过程

增量模型与原型实现模型和其他演化方法一样，本质上是迭代的，但与快速原型实现不一样的是，其强调每一个增量均发布一个可操作产品。早期的增量是最终产品的"可拆卸"

版本，但提供了为用户服务的功能，并且为用户提供了评估的平台。增量模型的特点是引进了增量包的概念，无须等到所有需求都出来，只要某个需求的增量包出来即可进行开发。虽然某个增量包可能还需要进一步适应客户的需求并且更改，但只要这个增量包足够小，其影响对整个项目来说是可以承受的。

采用增量模型的优点是人员分配灵活，刚开始不用投入大量人力资源。如果核心产品很受欢迎，则可增加人力实现下一个增量。当配备的人员不能在设定的期限内完成产品时，它提供了一种先推出核心产品的途径。这样即可先发布部分功能给客户，对客户起到镇静剂的作用。此外，增量能够有计划地管理技术风险。增量模型的缺点是如果增量包之间存在相交的情况且未得到很好处理时，必须做全盘系统分析。这种模型将功能细化后分别开发的方法较适应于需求经常改变的软件开发过程。

7.3.5　螺旋模型

1988 年，Barry Boehm 正式发表了软件系统开发的"螺旋模型"，它将瀑布模型和快速原型模型结合起来，强调了其他模型所忽视的风险分析，特别适合于大型复杂的系统。螺旋模型的每一个周期都包括需求定义、风险分析、工程实现和评审 4 个阶段，由这 4 个阶段进行迭代。

① 制定计划：确定软件目标，选定实施方案，弄清项目开发的限制条件；

② 风险分析：分析评估所选方案，考虑如何识别和消除风险；

③ 实施工程：实施软件开发和验证；

④ 客户评估：评价开发工作，提出修正建议，制定下一步计划。

软件开发过程每迭代一次，软件开发又前进一个层次。采用螺旋模型的软件开发过程如图 7-6 所示。

螺旋模型的基本做法是在"瀑布模型"的每一个开发阶段前引入一个非常严格的风险识别、风险分析和风险控制，它把软件项目分解成一个个小项目。每个小项目都标识一个或多个主要风险，直到所有的主要风险因素都被确定。

螺旋模型强调风险分析，使得开发人员和用户对每个演化层出现的风险有所了解，从而做出应有的反应，因此特别适用于庞大、复杂并具有高风险的系统。对于这些系统，风险是软件开发不可忽视且潜在的不利因素，它可能在不同程度上损害软件开发过程，影响软件产品的质量。减小软件风险的目标是在风险造成危害之前，及时对风险进行识别及分析，决定采取何种对策，进而消除或减少风险的损害。

与瀑布模型相比，螺旋模型支持用户需求的动态变化，为用户参与软件开发的所有关键决策提供了方便，有助于提高目标软件的适应能力。并且为项目管理人员及时调整管理决策提供了便利，从而降低了软件开发风险。

但是，也不能说螺旋模型绝对比其他模型优越，事实上，这种模型也有缺点。

① 采用螺旋模型需要具有相当丰富的风险评估经验和专门知识，在风险较大的项目开发中，如果未能够及时标识风险，势必造成重大损失。

② 过多的迭代次数会增加开发成本，延迟提交时间。

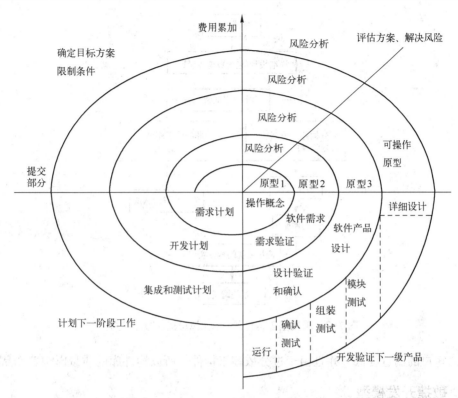

图 7-6　采用螺旋模型的软件开发过程

7.3.6　基于构件的开发模型

基于构件的开发模型利用模块化方法将整个系统模块化，并在一定构件模型的支持下复用构件库中的一个或多个软件构件，通过组合手段高效率、高质量地构造应用软件系统。基于构件的开发模型融合了螺旋模型的许多特征，本质上是演化形的，开发过程是迭代的。基于构件的开发模型由软件的需求分析和定义、体系结构设计、构件库建立、应用软件构建，以及测试和发布五个阶段组成，采用这种开发模型的软件开发过程如图 7-7 所示。

构件作为重要的软件技术和工具得到极大的发展，这些新技术和工具有 Microsoft 的 DCOM、Sun 的 EJB，以及 OMG 的 CORBA 等。基于构件的开发活动从标识候选构件开始，通过搜查已有构件库，确认所需要的构件是否已经存在。如果已经存在，则从构件库中提取出来复用；否则采用面向对象方法开发它。之后利用提取出来的构件通过语法和语义检查后将这些构件通过胶合代码组装到一起实现系统，这个过程是迭代的。

基于构件的开发方法使得软件开发不再一切从头开发，开发的过程就是构件组装的过程，维护的过程就是构件升级、替换和扩充的过程。其优点是构件组装模型导致了软件的复用，提高了软件开发的效率。构件可由一方定义其规格说明，由另一方实现，然后供给第三方使用。构件组装模型允许多个项目同时开发，降低了费用，提高了可维护性，可实现分步提交软件产品。

由于采用自定义的组装结构标准，缺乏通用的组装结构标准，因而引入了较大的风险。可重用性和软件高效性不易协调，需要精干的、有经验的分析和开发人员，一般开发人员插

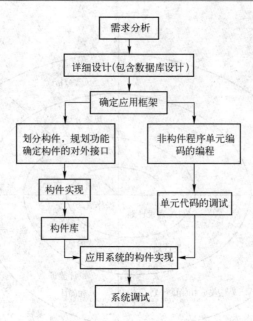

图 7-7   采用基于构件的开发模型的软件开发过程

不上手。客户的满意度低，并且由于过分依赖于构件，所以构件库的质量影响着产品质量。

7.3.7   敏捷开发模型

敏捷软件开发方法其实不是一个具体的过程，而是一个涵盖性术语。用于概括具有类似价值观的一类软件开发方式和方法，这些方法一般都具有以人为核心、循环迭代、响应变化等特点，着眼于能高质量地快速交付客户满意的工作软件，其开发流程如图 7-8 所示。敏捷方法是一种轻量级的开发方法，它强调适应性而非预测性，强调以人为中心，而不以流程为中心，以及对变化的适应和对人性的关注，其特点是轻载、基于时间、并行、且基于构件的软件开发过程。敏捷软件的开发方法有合理的统一开发过程极限编程（eXtreme programming）的方法、（rational unified process）的方法、Scrum 方法、敏捷建模（agile modeling）的方法和自适应软件开发方法（adaptive software development）。这里只介绍极限编程和自适应软件开发方法两种。

1. 极限编程

极限编程是一种敏捷软件开发方法。极限编程团队使用现场客户、特殊计划方法和持续测试来提供快速的反馈和全面的交流。这可以帮助团队最大化地发挥他们的价值。极限编程诞生于 1996 年，是以开发符合客户需要的软件为目标而产生的一种方法论，是以实践为基础的软件工程过程和思想，它认为代码质量的重要程度超出人们一般所认识的程度。极限编程的步骤如下。

1）计划

（1）填写"用户故事"：用于估计发布计划会议的时间；替代详细的用户需求规格说明书；由用户书写，类似于用户"场景"，但不局限于界面的描述；没有技术术语；能够成为验收测试的依据。

（2）通过召开发布计划会议确定开发日程：发布计划详细描述用户所要求的各版本要

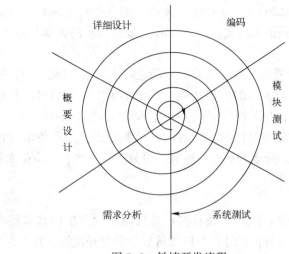

图 7-8　敏捷开发流程

求，这为后面的迭代计划打基础。

（3）频繁发布小版本：经常向客户发布系统的迭代版本；在发布计划会议上确定哪些功能单元对用户业务有重要影响并可在早期加入到系统中；越晚向用户介绍系统的重要特征，开发队伍所获得的"搞定"系统的时间就越短。

（4）度量项目开发速度：项目周转时间是衡量项目工作进度速度的值；"负载因子"近期被引进用于项目周期的测量。

（5）项目被划分成多个开发周期：迭代式开发增加了开发过程的敏捷性；将总体进度划分为一系列长度为 1~3 周的小的迭代过程。迭代周期固定且一致，成为项目的"心跳"。

（6）通过周期计划开始一个周期：在每个迭代的开始召集迭代计划会议，明确本次迭代任务；每次迭代 1~3 周期；由用户在"用户故事"中确定最有价值的特征作为本次迭代的目标；上次迭代时没通过验收测试的特征应当加入本次迭代。

（7）开发组间交换人员：让所有人多掌握技能，避免知识孤岛和开发瓶颈；交叉培训，结对编程；并非一个人掌握所有的代码，而是要每个人掌握大多数的代码，所需要的人员可以随时被指派到最需要的地方，实现人员的"负载平衡"；每次迭代每个人试图做系统新的部分，结对编程能够保证这种形式。

（8）每天开始的时候进行一次"简短会议"：目标是在整个开发组（而非个别开发人员）中进行沟通；每天早上一次站立会议，主要沟通问题、方案，以集中小组注意力；避免了策划会议的时间。

（9）及时修复极限编程流程：一旦破坏了极限编程流程，就马上更正；可根据具体项目制定极限编程规则，一旦制定就必须执行，直到规则变更；所有人员都明确知晓规则。

2）设计

（1）简单性：在保证功能的基础上尽可能使用简单的实现办法；决不增加没有列入到进度中的功能，集中精力完成计划中的事情。

（2）选择一个系统作为样本：保证所有的类和方法在写法上的一致性；采用统一的命名规则。

（3）设计会议时使用 CRC（类、功能、关系）卡：CRC 卡的最大价值在于引导开发人员摆脱过程模型，精确掌握面向对象技术；CRC 卡鼓励所有的人参与设计，参与的人越多，就越容易发现优秀的设计。

（4）通过"侦察"来降低风险：创建关键问题解决方案，解决关键的技术和设计问题。

（5）在开始时不要设计太多的附加功能：切记不要实施日后可能有用的额外特征；只有 10% 的额外特征会有用；只关注目前进度中所要求的内容。

（6）尽量重构：随时随地可以对已做过的事重新考虑；毫不留情地将设计、编码简单化，简单得足够容易理解、修改和扩展；所有的事只表达一次；修饰得太好的系统往往到后期赶不上进度要求。

3）编码

（1）客户是小组的一员：随时能联系客户是极限编程方法的基本要求之一；极限编程的所有阶段都要求客户的参与；最好有客户派员直接参与开发组，并将客户由新手培养成为开发组需要的专家。

（2）统一标准编码：所有代码必须遵循一定的标准，来保证代码的一致性、易读性和可重构性。

（3）编码前先编写单元测试：编码前先添加测试代码，添加代码将变得简单而快速；创建单元测试能够帮助开发者清醒地意识到什么是真正需要的；需求是由测试活动明确下来的。

（4）一组（两个）人集成编码即成对开发：所有发布的代码都由两个程序员在一台机器上共同开发完成；结对编程的最好方式是两人共同坐在显示器前，将键盘和鼠标在两人之间"滑动"，一人考虑所创建的方法（Method），而另一人同时考虑该方法如何在类中得到更好的体现，这样一人写代码，另一个人保证代码的正确性和可读性；适应结对编程需要时间，必须度过开始面临的尴尬境况。成对开发可以避免知识遗漏和编码瓶颈，避免因一人离队而影响开发过程。结对编程可以看作是一种非正式的持续进行的评审（peer review）。

（5）每次仅加入一个模块做集成。

（6）代码经常整合：开发人员应不断地将代码集成到代码库中，几小时一次，绝不超过 1 天；每个人需要在最后的版本上工作；持续集成能够在早期避免或发现一些兼容性问题。

（7）集体拥有代码：鼓励每个人对项目的所有部分提出新想法；任何开发人员都可改变任何代码以增加功能、修改错误；没有人会成为变更的瓶颈。

（8）把优化工作放在最后：在项目快结束之前不要去优化；永远不要试图猜测系统的瓶颈在哪里；首先让系统可以工作，让它正确，然后再让系统变得更快。

（9）永远不要超时工作：超时工作会影响开发组的精神和热情，导致项目组成员的精力和效率都下降；利用迭代计划会议来调整项目的范围和时间要求；项目进度拖延时不推荐通过增加资源来改进。

4）测试

所有代码都必须有单元测试：单元测试是极限编程方法中的一个里程碑，但与传统的单元测试略有不同。

（1）要创建或下载一些单元测试工具以便能够自动生成测试数据。

（2）测试系统中所有的类。

（3）单元测试应与其所测试的代码一起发布。

（4）没有单元测试的代码不能发布。

（5）若发现没有进行单元测试，则立即开始进行。

① 所有代码在发布前必须通过所有测试。

② 发现一个缺陷时，就增加一个新的测试。

③ 经常运行验收测试，并公布通过率：验收测试来自"用户故事"；每一次迭代时的迭代计划会都应选取适当的"用户故事"用于进行验收测试；验收测试是一种黑盒测试，客户负责确认验收测试的正确性，并评审测试结果，以确定所发现问题的重要性；产品发布之间的回归测试也是一种验收测试。

2. 自适应软件开发方法

自适应软件开发方法（adaptive software development，ASD）作为指导高速多变环境下软件开发的框架，首先是关注人、人的技能，以及人与人的交流，而将开发过程放在第二位；其次，关注的是能工作的软件产品而不是一系列文档，同时强调和客户的协作，以及对变更的反应。从本质上看立足于"刚好够用"方法学、协作和混沌观，是一种轻量级软件开发方法，避免了重量级开发方法的繁文缛节和大量开销，从而便于应用。自适应软件开发方法主要包含三种相互交织的模型：自适应概念模型、自适应开发模型及自适应（领导—协作）管理模型。自适应开发模型的重点在于开发阶段的迭代和用于提高速度和灵活性的工作组级实际活动；自适应管理模型则将主要精力放在形成自适应文化和确定自适应实践之上，特别是那些涉及多个分布式工作组的实践和处理急剧变化、高度协作和管理的实践。

1）自适应软件开发方法的特点

（1）自适应软件开发方法是一种基于复杂自适应系统理论（complex adaptive system，CAS）的敏捷开发方法。复杂自适应系统理论提供了三个基本概念：代理、环境和突变。自适应软件开发方法将复杂自适应系统理论运用于软件开发过程中，将开发组织视为环境，开发成员视为代理，开发产品视为由竞争和协作引起的突变结果。自适应软件开发方法拥抱变化，并将其视为产品提高竞争能力的机会。

（2）自适应软件是适应用户需求和环境持续变化的软件，它通过待选方案库、动态显示选择、语义自描述、语法自描述、自监测、自测试等简单方法培养自己的适应能力，并通过学习、决策论、诊断、商讨、恢复等基于人工智能方法实现具有智能适应能力的软件。

（3）自适应软件开发方案，作为指导高速度、高变化软件项目开发的框架，是建立在实际经验的基础之上。

2）自适应概念模型

自适应概念模型引入复杂自适应系统理论作为开发和管理的概念基础，该理论已经在许多领域有了更深入的理解和应用。复杂自适应系统理论的关键组成部分是代理（agent，智能体）、环境和突变结果。突变是复杂自适应系统的固有属性，系统各个部件的交互会产生更大的系统级效应。

复杂自适应系统理论作为自适应开发模型的理论基础，在复杂、多变的环境下，改变了传统软件开发的基本假设，从而建立起自适应开发模型的价值观。

（1）自适应比优化重要得多。自适应不仅意味着对外部环境刺激的反应能力，还包括在复杂的社会和经济生态系统中，为使组织生存和繁荣，利用突变序来改变行动的一种基本能力。此外，它还应该包括就地调节的能力，而不是依靠集中式的、行动缓慢的控制过程。自适应用效率来换取速度和灵活性。

（2）突变。适者到达比适者生存重要得多。作为软件开发者，有时对于生存竞争模型爱不释手，但是我们也会因此而丧失作为团队一员而非独自打拼到达更高境界的机会。适者到达是一部启动自适应的发动机，给我们指出了加强合作和创造性协作的发展方向。

3）自适应开发模型

生存周期是整个自适应软件开发方法的关键部分，它是建立在一种完全不同的世界观之上，即自适应而非优化。其特有的属性为：自适应开发模型承认不确定性和变化存在，因此并不试图利用精确的预测和死板的控制策略来管理项目；它明确地提倡一种突变序而不是强制序的文化；最后，它是明确基于构件的，而不是基于任务的。

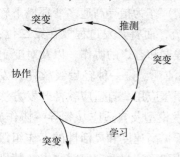

图 7-9　自适应开发模型生存周期

自适应开发方法生存周期是迭代的，每一次迭代由三个阶段组成自适应开发模型，即推测、协作、学习，这一过程可以用图 7-9 来形象地说明，并且每一次迭代的结果都成为主要输入来控制下一步开发过程。

推测是模糊计划，是探索方向，而不是目标，偏离将引导出正确的解决方案。协作是通过团队的协作，创造有组织的突变，是一种共享创造和发现的行为。学习是通过经验和新信息来改造思维模型，是一种能够同时从成功和错误中获益的能力。在每个阶段都会产生与开始设定相距甚远的突变。

以下理念贯穿于整个生存周期中：变化是学习和取得竞争优势的机会，而不是对过程和结果的损害。如图 7-10 所示，对于生存周期的三个阶段，都有相应的技术支持内容。

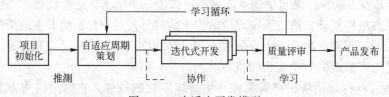

图 7-10　自适应开发模型

推测阶段包含项目初始化和自适应周期策划；协作阶段包含两方面内容，一是分解为几个周期，利用短周期迭代开发并在周期结束后向客户发布部件，与策划和评审构成完整的迭代周期，二是提供有效协作建议以完成创造性的开发工作；学习阶段包含质量评审。

4）自适应管理模型

在传统稳定的环境中变化是一种异常，而在高速多变的极限环境中稳定才是异常，变更管理已经成为开发过程的核心。自适应软件开发方法是一种持续变更模式，不同于传统的离散过程。传统的科学管理是领导者下达命令后监督整个进程。当目标变化不大时，这种方法运行得很好。而自适应软件开发方法为了适应持续变更，依赖于具有参与性、以人为本的管理模式，即领导和协作，而不是命令和控制。处于持续变更下的领导者是参与型的领导，是团队中的一分子。自适应软件开发方法中，领导的基本任务是制定方向、提供指导，并将不同的人和团队联系在一起；其次是信任，让团队自行处理错误，而不介入，并鼓励团队不断地学习；最后是平衡好灵活性和严密性，并使命令在团队内有效执行。

在开发模型中，协作的焦点是开发人员以及团队之间的交互，并由此产生局部突变序。而在管理模型中，焦点在自适应的企业文化和结构化协作，并由此产生全局突变序。

企业文化是指机构中思维模式的总和。自适应文化和传统文化相比具有如下不同特征：

① 突变序对自适应开发方法来说是关键，突变源于自组织，是产生创新性结果的方式。自适应文化鼓励自组织和突变。

② 规则简单，使用若干简单规则进行管理。

③ 沟通丰富，突变来自网络结构中的交互，丰富沟通提供了多样化信息。

④ 镇静，帮助个体和团队保持均衡状态，在无所作为和混乱之间能够产生革新和突变的某个点上保持平衡。

⑤ 均衡，在产品特性和产品开发之间保持均衡。

7.3.8　智能模型

智能模型也称为"基于知识的软件开发模型"，它把瀑布模型及专家系统结合在一起，利用专家系统来帮助软件开发人员的工作。该模型应用基于规则的系统，采用归纳及推理机制，使维护在系统规格说明一级进行。

这种模型在实施过程中采用了知识系统和专家系统相结合的方式，知识系统由以软件工程知识为基础的生成规则构成，专家系统由应用领域知识规则组成。

采用智能模型的软件过程如图 7-11 所示。

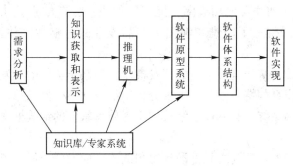

图 7-11　采用智能模型的软件过程

智能模型所要解决的问题是特定领域的复杂问题，涉及大量的专业知识，而开发人员一般不是该领域的专家，他们对特定领域的熟悉需要一个过程，所以软件需求在初始阶段很难定义得很完整。因此，采用原型实现模型需要通过多次迭代来精化软件需求。

智能模型以知识作为处理对象，这些知识既有理论知识，又有特定领域的经验。在开发过程中需要将这些知识从书本中和特定领域的知识库中抽取出来（即知识获取），选择适当的方法进行编码（即知识表示）建立知识库。将模型、软件工程知识与特定领域的知识分别存入数据库，在这个过程中需要系统开发人员与领域专家的密切合作。

智能模型开发的软件系统强调数据的含义，并试图使用现实世界的语言表达数据的含义。该模型可以勘探现有的数据，从中发现新的事实方法指导用户以专家的水平解决复杂的问题。它以瀑布模型为基本框架，在不同开发阶段引入了原型实现方法和面向对象技术以克服瀑布模型的缺点，适应于特定领域软件和专家决策系统的开发。

智能模型的优点：拥有一组工具，每个工具都能使开发人员在高层次上定义软件的某些特性，并把开发人员定义的这些软件自动地生成为源代码。

智能模型的特征：

① 用户界面极端友好，即使没有受过训练的非专业程序员，也能用它编写程序。

② 它是一种声明式、交互式和非过程性编程语言。

③ 智能模型还具有高效的程序代码、智能缺省假设、完备的数据库和应用程序生成器。

7.3.9　总结

软件工程是集成计算机软件开发的过程、方法和工具的学科，已经产生的一系列的软件工程过程模型各自有其优点和缺点，但是它们均有一系列共同的阶段。软件过程模型发展经历了以下阶段。

以软件需求完全确定为前提的第一代软件过程模型，如瀑布模型等。这类开发模型的特点是软件需求在开发阶段已经被完全确定，将生存周期的各项活动依顺序固定，强调开发的阶段性；其缺点是开发后期要改正早期存在的问题需要付出很高的代价，用户需要等待较长时间才能够看到软件产品，增加了风险系数。并且，如果在开发过程存在阻塞问题，则影响开发效率。

在开始阶段只能提供基本需求的渐进式开发模型，如螺旋模型和原型实现模型等。这类开发模型的特点是软件开发开始阶段只有基本的需求，软件开发过程的各个活动是迭代的。通过迭代过程实现软件的逐步演化，最终得到软件产品。在此引入了风险管理，采取早期预防措施，增加项目成功概率，提高软件质量；其缺点是由于需求的不完全性，从而为软件的总体设计带来了困难和削弱了产品设计的完整性，并要求对风险技能管理的高水平。

以体系结构为基础的基于构件组装的开发模型，如基于构件的开发模型和基于体系结构的开发模型等。这类模型的特点是利用需求分析结果设计出软件的总体结构，通过基于构件的组装方法来构造软件系统。软件体系结构的出现使得软件的结构框架更清晰，有利于系统的设计、开发和维护。

综上所述，软件开发模型随着软件设计思想的改变而发展，经历了由最初以结构化程序设计思想为指导的瀑布模型，再到以面向对象思想为指导的喷泉模型，到以构件开发思想为指导的基于体系结构的开发模型，到现在的智能模型。每次新的软件设计思想的突破都会出现新的软件开发过程模型，以达到提高软件的生产效率和质量为目标，提出新的解决"软件危机"问题的方案。

7.4　本章小结

本章要掌握软件工程的定义、软件生存周期、软件开发模型等。掌握各种软件开发模型的基本步骤，各步骤要完成的目标和任务，掌握各种模型的优缺点。了解软件开发模型对于软件开发者的意义。

7.5　习题

1. 简述软件工程的发展历史。
2. 简述软件生存周期中各阶段的主要任务。
3. 简述常用软件开发模型。
4. 试述软件生存周期和软件开发模型之间的关系。

第8章　智能软件新技术

本章主要内容提要及学习目标

以深度学习为代表的人工智能技术得到了很大发展，在信息技术的各个领域中都得到了应用，发挥了重要作用。随着软件工程领域对数据积累的重视，人工智能技术在软件开发过程中的应用也逐渐增加，利用人工智能技术辅助软件工程中的代码编写、纠错、测试等具体工作，可以大量节省人工劳动，并提升软件开发效率。本章简单介绍将人工智能技术和软件工程的某些环节的结合，为读者提供一些新资料。

8.1　人工智能

人工智能是一门研究人类智能的机理，以及如何用机器模拟人的智能的学科。它企图了解智能的实质，并生产出一种新的能以人类智能相似的方式作出反应的智能机器，所以，被称为"机器智能"或"智能模拟"。人工智能是在现代电子计算机出现之后才发展起来的，它一方面成为人类智能的延长，另一方面又为探讨人类智能机理提供了新的理论和研究方法。该领域的研究包括机器人、语言识别、图像识别、自然语言处理和专家系统等。

8.1.1　人工智能的产生与发展

本节简单介绍人工智能的产生背景和发展的过程。

1. 人工智能的产生

人工智能的思想萌芽可以追溯到德国著名数学家和哲学家莱布尼茨（Leibnitz，1646—1716）提出的"通用语言"设想。这一设想就是建立一种通用的符号语言，用这个语言中的符号表达"思想内容"，用符号之间的形式关系表达"思想内容"之间的逻辑关系。于是，在"通用语言"中可以实现"思维的机械化"。这一设想可以看成是对人工智能的最早描述。

图灵被认为是"人工智能之父"，他研究了一台计算机应满足怎样的条件才能称为是"有智能的"，并于1950年他提出了著名的"图灵实验"：将计算机和人分别关闭在不同房间，通过电传方式进行问答，如果提问者分辨不出哪个是计算机，则认为计算机通过了智能测试。"图灵实验"是关于智能标准的一个明确定义。

1947年底发明的晶体管及随后的集成电路，推动冯·诺依曼体系结构计算机的快速发展，冯·诺依曼也成为"计算机之父"。他自己还想模拟人脑，并于1948年提出了以简单神经元构成的再生自动机网络结构，比较了人脑结构与存储程序式计算机的根本区别。他综合早年逻辑研究成果和计算机相关的工作，开始研究更复杂的问题：怎样使用不可靠元件设计可靠的自动机，以及建造自己能再生的自动机。这些研究工作在冯·诺依曼逝世后才以《计算机和人脑》的名字出版单行本，这部未完成的著作对人脑和计算机系统进行了深入分析和比较，至今仍闪耀着智慧的光芒。

图灵和冯·诺依曼的上述工作，以及麦克考洛和匹茨对神经元网的数学模型的研究，构成了人工智能的初创阶段，这也是人工智能开始。

1956 年夏天举行的达特茅斯研讨会，与会者来自数学、信息科学、心理学、神经生理学和计算机科学等不同领域的科学家，他们从不同角度探索了使机器具有智能的途径和方式，并决定用"人工智能"（artificial intelligence）一词来概括这一新的研究方向。达特茅斯研讨会开创了人工智能的第一个发展时期。在这个时期里，研究者们展开了一系列开创性工作，并取得了引人注目的成果。

2. 人工智能的发展

人工智能的发展大致经历了三个阶段，第一个阶段主要是以自动推理的成果为代表，第二个阶段主要是知识工程的成果为代表，第三个阶段主要是智能体（agent）方面的成果为代表。

1）第一个阶段

第一个阶段主要的研究成果为自动推理。在达特茅斯会议之后，纽威尔（Newell）、肖（Shaw）和西蒙（Simon）完成了一个自动证明数学定理的计算机程序，证明了《数学原理》第二章中的 38 条定理，由此开创了人工智能中"自动定理证明"这一研究方向。1958 年，美籍逻辑学家王浩在自动定理证明中取得的重要进展，他的程序在 IBM704 计算机上用不到 5 分钟的时间证明了《数学原理》中"命题演算"的全部 220 条定理。1959 年，王浩的改进程序用 8.4 分钟证明了上述 220 条定理及谓词演算的绝大部分定理。1983 年，美国数学学会将自动定理证明的第一个"里程碑奖"授予王浩，以表彰他的杰出贡献。受王浩工作的鼓舞，自动定理证明的研究形成一股热潮。从此开启了人工智能研究的第一个时期。

自动定理证明的理论价值和应用范围并不局限于数学领域。事实上，很多问题可以转化为定理证明问题，或者与定理证明有关。可以认为，自动定理证明的核心问题是自动推理，而推理在人的智能行为中起普遍性的重要作用。基于这一看法，在自动定理证明的基础上进一步研究通用问题求解，是一个值得探索的课题。从 1957 年开始，纽威尔、肖和西蒙等人着手研究不依赖于具体领域的通用解题程序，称为 GPS。

根据认知心理学的信息处理学派的观点，人类思维过程的很大一部分可以抽象为从问题的初始状态经中间状态到达终止状态的过程，因此可以转化为一个搜索问题，由机器自动地完成，例如"规划"问题。设想一台机器人被要求完成一项复杂任务，该任务包含很多不同的子任务，其中某些子任务只有在另一些子任务完成之后才能进行。这时，机器人需要事先"设想"一个可行的行动方案，使得依照该方案采取行动可以顺利完成任务。"规划"即找出一个可行的行动案，可以通过以其子任务为状态、以其子任务间依赖关系为直接后继关系的状态空间中的搜索来实现。

人工智能的早期研究还包括自然语言理解、计算机视觉和机器人，等等。

2）第二个阶段

通过大量研究发现，仅仅依靠自动推理的搜索等通用问题求解手段是远远不够的。纽威尔和西蒙等人的认知心理学研究表明，各个领域的专家之所以在其专业领域内表现出非凡的能力，主要是因为专家拥有丰富的专门知识（领域知识和经验）。20 世纪 70 年代中期，费根鲍姆（Feigenbaum）提出知识工程概念，标志着人工智能进入第二个发展时期。知识工程强调知识在问题求解中的作用；相应地，研究内容也划分为三个方面：知识获取、知识表示和知识利用。知识获取是研究怎样有效地获得专家知识；知识表示是研究怎样将专家知识表示成在计算机内易于存储、易于使用的形式；知识利用是研究怎样利用已得到恰当表示的专家知识去解决具体领域内的问题。知识工程的主要技术手段是在早期成果的基础上发展起来的，特别是知识利用，主要依靠自动推理和搜索的技术成果。在知识表示方面，除使用早期工作中出现的逻辑表示法和过程表示法之外，还提出了语义网表示法，进而引入了框架表示法，概念依赖和脚本表示法以及产生式表示法等各种不同方法。与早期研究不同，知识工程强调实际应用，主要的应用成果是各种专家系统。

专家系统的核心部件包括：

① 表达专家知识和其他知识的知识库；

② 利用知识推理机制。

大型专家系统的开发周期很长，其主要原因在于知识获取。领域专家虽然能够很好地解决问题，却往往说不清自己是怎么解决的，使用了哪些知识。这使得负责收集专家知识的知识工程师很难有效地完成知识获取任务。这种状况极大地激发了自动知识获取研究的深入开展，这也就是机器学习。已经得到较多研究的机器学习方法包括：归纳学习、类比学习、解释学习、强化学习和进化学习，等等。机器学习的研究目标是：让机器从自己或"别人"的问题求解经验中获取相关的知识和技能，从而提高解决问题的能力。

3）第三个阶段

20 世纪 80 年代以来，随着计算机网络的普及，特别是互联网的出现，各种计算机技术包括人工智能技术的广泛应用推动着人机关系的重大变化。据日美等国未来学家的预测，人机关系正在迅速地从"以人为纽带"的传统模式向"以机为纽带"的新模式转变，人机关系的这一转变将引起社会生产方式和生活方式的巨大变化，同时也向人工智能乃至整个信息技术提出了新的课题。这促使人工智能进入第三个发展时期。在这个新的发展时期中，人工智能面临一系列新的应用需求。

首先是需要提供强有力的技术手段，以支持分布式协同工作方式。现代生产是一种社会化大生产，来自不同专业的工作者在不同或相同的时间、地点从事着同一任务的不同子任务，这要求计算机不仅为每一项子任务提供辅助和支持，更需要为子任务之间的协调提供辅助和支持。由于各个子任务在很大程度上可以独立地进行，子任务之间的关系必然呈现出动态变化和难以预测的特点。子任务之间的协同向人工智能乃至整个信息技术及基础理论提出了巨大的挑战。

其次，网络化推进了信息化，使原本分散孤立的数据库形成一个互连的整体，即一个共同的信息空间。尽管现有的浏览器和搜索引擎为用户在网上查找信息提供了必要的帮助，这种帮助是远远不够的，更强大的智能型信息服务工具已成为广大用户的迫切需要。另外，信息空间对人类的价值不仅在于单独的信息条目，比如某厂家生产出了某一新产品的信息，还在于一大类信息中隐藏着的普遍性知识，比如某个行业供求关系的变化趋势等。于是，数据中的知识发现也成为一个很重要的研究方向。机器人始终是现代工业的迫切需要，以前的阶段是通过搜索、推理利用人类已经总结的知识。随着机器人技术的发展，研究重点已经转向能在动态、不可预测环境中独立工作的自主机器人，以及能与其他机器人协作的机器人。显然，这种机器人之间的协作可以看成是物理世界中的分布式协同，因而包括相同的理论和技术问题。

由此可见，人工智能第三发展时期的突出特点是研究能够在动态、不可预测环境中自主、协调工作的计算机系统，这种系统被称为 Agent。目前，正围绕着 Agent 的理论、Agent 的体系结构和 Agent 语言三个方面展开研究，并已产生一系列重要的新思想、新理论、新方法和新技术。在这一研究中，人工智能呈现一种与软件工程、分布式计算及通信技术相互融合的趋势。Agent 研究的应用不限于生产和工作，还深入到人们的学习和娱乐等各个方面。例如，Agent 与虚拟现实相结合而产生的虚拟训练系统，可以使学生在不实际操纵飞机的情况下学习驾驶飞行的基本技能。

综观人工智能的发展历程，可以看出它始终遵循的基本思路：首先是强调人类智能的人工实现而不是单纯的模拟，以便尽可能地为人类的实际需要服务；其次是强调多学科的交叉结合，数学、信息科学、生物学、心理学、生理学、生态学及非线性科学等等越来越多的新生学科被融入到人工智能学习的研究之中。

8.1.2　人工智能主要学派

由于人们对人工智能本质的不同理解和认识，形成了人工智能研究的多种不同的途径。在不同的研究途径下，其研究方法、学术观点和研究重点有所不同，进而形成不同的学派。这里主要介绍符号主义学派、联结主义学派和行为主义学派。

1）符号主义学派

符号主义是一种基于逻辑推理的智能模拟方法，其原理主要为物理符号系统假设和有限合理性原理，长期以来，一直在人工智能中处于主导地位。符号主义学派认为，人类认知和思维的基本单元是符号，而认知过程就是在符号表示上的一种运算；人是一个物理符号系统，计算机也是一个物理符号系统，因此用计算机的符号操作就可以来模拟人的认知过程。这种方法的实质就是模拟人的左脑抽象逻辑思维，通过研究人类认知系统的功能机理，用某种符号来描述人类的认知过程，并把这种符号输入到能处理符号的计算机中，就可以模拟人类的认知过程，从而实现人工智能。

从符号主义的观点来看，知识是信息的一种形式，是构成智能的基础，知识表示、知识推理、知识运用是人工智能的核心，知识可用符号表示，认知就是符号的计算过程，推理就是采用启发式知识及启发式搜索对问题求解的过程，而推理过程又可以用某种形式化的语言来描述，因而有可能建立起基于知识的人类智能和机器智能的同一理论体系。

符号主义的代表成果是 1957 年纽威尔和西蒙等人研制的成为"逻辑理论家"的数学定理证明程序 LT。LT 的成功，说明了可以用计算机来研究人的思维过程，模拟人的智能活动。以后，符号主义走过了一条从启发式算法，到专家系统，再到知识工程的发展道路，尤其是专家系统的成功开发与应用，使人工智能研究取得了突破性的进展。

2）联结主义学派

联结主义是一种基于神经网络及网络间的连接机制与学习算法的智能模拟方法，其原理主要为神经网络和神经网络间的连接机制和学习算法。这一学派认为人工智能源于仿生学，特别是人脑模型的研究。

这一方法从神经生理学和认知科学的研究成果出发，把人的智能归结为人脑的高层活动的结果，强调智能活动是由大量简单的单元通过复杂的相互连接后并行运行的结果。人工神经网络，也简称神经网络，就是其典型代表性技术，因此，经常把连接主义的思想简单地称为"神经计算"。

连接主义认为神经元不仅是大脑神经系统的基本单元，而且是行为反应的基本单元。思维过程是神经元的连接活动过程，而不是符号运算过程，对物理符号系统假设持反对意见，认为人脑不同于电脑，并提出联结主义的大脑工作模式，用于取代符号操作的电脑工作模式。他们认为任何思维和认知功能都不是少数神经元决定的，而是通过大量突触相互动态联系着的众多神经元协同作用来完成的。

实质上，这种基于神经网络的智能模拟方法就是以工程技术手段模拟人脑神经系统的结构和功能为特征，通过大量的非线性并行处理器来模拟人脑中众多的神经细胞（神经元），用处理器的复杂连接关系来模拟人脑中众多神经元之间的突触行为。这种方法在一定程度上可能实现了人脑形象思维的功能，即实现了人的右脑形象抽象思维功能的模拟。

连接主义的代表性成果是 1943 年由麦克洛奇和皮兹提出的形式化神经元模型，即 MP 模型。他们总结了神经元的一些基本生理特性，提出神经元形式化的数学描述和网络的结构方法，从此开创了神经计算的时代，为人工智能创造了一条用电子装置模仿人脑结构和功能的新途径。1982 年，美国物理学家霍普菲尔特提出了离散的神经网络模型，1984 年他又提出了连续的神经网络模型，使神经网络可以用电子线路来仿真，开拓了神经网络用于计算机的新途径。1986 年，鲁梅尔哈特等人提出了多层网络中的反向传播（BP）算法，使多层感知机的理论模型有所突破。同时，由于许多科学家加入了人工神经网络的理论与技术研究，使这一技术在图像处理、模式识别等领域取得了重要的突破，为实现连接主义的智能模拟创造了条件。

3) 行为主义学派

行为主义又称进化主义或控制论学派，是一种基于"感知—行动"的行为智能模拟方法。这一方法认为，智能取决于感知和行为，取决于对外界复杂环境的适应，而不是表示和推理，不同的行为表现出不同的功能和不同的控制结构。其原理为控制论及感知—动作型控制系统。他们对人工智能发展历史具有不同的看法，这一学派认为人工智能源于控制论。

控制论思想早在 20 世纪四五十年代就成为时代思潮的重要部分，影响了早期的人工智能工作者。维纳和麦洛克等人提出的控制论和自组织系统，以及钱学森等人提出的工程控制论和生物控制论，影响了许多领域。控制论把神经系统的工作原理与信息理论、控制理论、逻辑及计算机联系起来。早期的研究工作重点是模拟人在控制过程中的智能行为和作用，对自寻优、自适应、自校正、自镇定、自组织和自学习等控制论系统的研究，并进行"控制动物"的研制；到 20 世纪六七十年代，上述这些控制论系统的研究取得一定进展，并在 20 世纪 80 年代诞生了智能控制和智能机器人系统。行为主义的主要观点可以概括为：

① 知识的形式化表示和模型化方法是人工智能的重要障碍之一；

② 应该直接利用机器对环境发出作用后，环境对作用者的响应作为原型；

③ 所建造的智能系统在现实世界中应具有行动和感知的能力；

④ 智能系统的能力应该分阶段逐渐增强，在每个阶段都应是一个完整的系统。

行为主义的杰出代表布鲁克斯在 1990、1991 年相继发表论文，对传统人工智能进行了批评和否定，提出了无须知识表示和无须推理的智能行为观点。在这些论文中，布鲁克斯从自然界中生物体的智能进化过程出发，提出人工智能系统的建立应采用对自然智能进化过程仿真的方法；他认为智能只是在与环境的交互作用中表现出来的，任何一种"表达"都不能完善地代表客观世界的真实概念，因而用符号串表达智能是不妥当的；并且，他认为要求机器人像人一样去思维太困难了，在做一个像样的机器人之前，不如先做一个像样的机器虫，由机器虫慢慢进化，或许可以做出机器人。于是他在美国麻省理工学院（MIT）的人工智能实验室研制成功了一个由 150 个传感器和 23 个执行器构成的像蝗虫一样能六足行走的机器人试验系统。这个机器虫虽然不具有像人那样的推理、规划能力，但其应付复杂环境的能力却大大超过了原有的机器人，在自然（非结构化）环境下，具有灵活的防碰撞和漫游行为。这个六足机器虫成为该学派代表性的工作。

行为主义的思想提出后引起了人们的广发关注，有支持的声音，也反对的声音。例如，有人认为布鲁克斯的机器虫在行为上的成功并不能引起高级控制行为，指望让机器从昆虫的智能进化到人类的智能只是一种幻想。尽管如此，行为主义学派的兴起，表明了控制论、系统工程的思想将进一步影响人工智能的发展。

8.1.3 人工智能的应用领域

目前人工智能是与具体领域相结合进行研究的，有如下领域。

1）专家系统

专家系统是一种模拟人类专家解决某些领域问题的计算机程序系统。专家系统内部含有大量的某个领域的专家水平的知识与经验，能够运用人类专家的知识和解决问题的方法进行推理和判断，模拟人类专家的决策过程，来解决该领域的复杂问题专家系统是人工智能应用研究最活跃和最广泛的应用领域之一，涉及社会各个方面，各种专家系统已遍布各个专业领域，取得很大的成功。根据专家系统处理的问题的类型，把专家系统分为解释型、诊断型、调试型、维修型、教育型、预测型、规划型、设计型和控制型 9 种类型。

2）机器学习

机器学习主要在三个方面进行。首先是研究人类学习的机理、人脑思维的过程；其次是机器学习的方法；最后是建立针对具体任务的学习系统。

3）模式识别

模式识别研究如何使机器具有感知能力，主要研究听觉模式和视觉模式的识别。理解自然语言，计算机如能"听懂"人的语言，便可以直接用口语操作计算机，这将给人们带来极大的便利。机器人学机器人是一种模拟人的行为的机械，对它的研究历经三代发展过程。第一代机器人只能按程序完成工作；第二代机器人配备了像样的感觉传感器，能取得作业环境、操作对象等简单的信息，并由机器人体内的计算机进行分析处理，控制机器人的动作；第三代机器人具有类似人的智能，它装备了高灵敏度传感器，因而具有超过人的视觉、听觉、嗅觉、触觉的能力，能对感知的信息进行分析，控制自己的行为，处理环境发生的变化，完成各种复杂的任务，而且有自我学习、归纳、总结、提高已掌握知识的能力。

4）数据挖掘与数据库中的知识发现

数据挖掘和数据库中的知识发现的本质含义是一样的，只是前者主要流行于统计、数据分析、数据库和信息系统等领域，后者则主要流行于人工智能和机器学习等领域，所以现在有关文献中一般都把二者同时列出。

5）人工神经网络

在研究人脑的奥秘中得到启发，试图用大量的处理单元模仿人脑系统工程结构和工作机理。

6）符号计算

计算机最主要的用途之一就是科学计算，科学计算可分为两类：一类是纯数值的计算，例如求函数的值，方程的数值解，比如天气预报、油藏模拟、航天等领域；另一类是符号计算，又称代数运算，这是一种智能化的计算，处理的是符号。符号可以代表整数、有理数、实数和复数，也可以代表多项式，函数，集合等。随着计算机的普及和人工智能的发展，相继出现了多种功能齐全的计算机代数系统软件，其中 Mathematica 和 Maple 是它们的代表，由于它们都是用 C 语言写成的，所以可以在绝大多数计算机上使用。

7）机器翻译

机器翻译是利用计算机把一种自然语言转变成另一种自然语言的过程，用以完成这一过程的软件系统叫作机器翻译系统。目前，国内的机器翻译软件不下百种，根据这些软件的翻译特点，大致可以分为三大类：词典翻译类、汉化翻译类和专业翻译类。词典类翻译软件代表是"金山词霸"，它可以查询英文单词或词组的词义，并提供单词的发音，为用户了解单词或词组含义提供了便利。

8.1.4 机器学习简介

人可以思考，人工智能也需要思考，这就是推理；人可以学习，人工智能也就需要学习；人可以拥有知识，那么人工智能也就需要拥有知识。

人工智能是为了模拟人类大脑的活动的，人类已经可以用许多新技术、新材料代替人体的许多功能，只要模拟了人的大脑，人就可以完成人工生命的研究工作，人创造自己，这不但在科学上，而且在哲学上都具有划时代的意义。而学习是人的一项重要能力，如何让机器像人一样的获取知识、获得经验，具有科学意义，也具有现实意义。

学习是指系统适应环境而产生的适应性变化，它使得系统在完成类似任务时更加有效。机器学习的研究宗旨是使用计算机模拟人类的学习活动，它是研究计算机识别现有知识、获取新知识、不断改善性能和实现自身完善的方法。机器学习的研究目标有三个：

① 人类学习过程的认知模型；

② 通用学习算法；

③ 构造面向任务的专用学习系统的方法。

在图 8-1 所示的学习系统基本模型中，包含了四个基本组成环节。环境和知识库是以某种知识表示形式表达的信息的集合，分别代表外界信息来源和系统所具有的知识；环境向系统的学习环节提供某些信息，而学习环节则利用这些信息对系统的知识库进行改进，以提高系统执行环节完成任务的效能。执行环节根据知识库中的知识完成某种任务，同时将获得的信息反馈给学习环节。传统的机器学习方法主要有机械式学习、指导式学习、归纳学习、

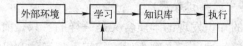

图 8-1 机器学习的基本模型

类比学习和基于解释的学习。

① 机械式学习。它的另一个名称死记式学习能够直接体现它的特点，这是一种最简单的，最原始的学习方法，也是机器的强项，人的弱项。

② 指导式学习。这种学习方式是由外部环境向系统提供一般性的指示或建议，系统把它们具体地转化为细节知识并送入知识库中，在学习过程中要反复对知识进行评价，使其不断完善。

③ 归纳学习。机器所善长的不是归纳，而是演绎，它适用于从特殊到一般，而不太适应从一般到特殊，从特殊到一般的归纳是人类所特有的，是智慧的标志。具体的归纳学习方法有许多，但它们的本质就是让计算机学会从一般中得出规律。

④ 类比学习。类比也就是通过对相似事物进行比较所进行的一种学习。它的基础是类比推理，也就是把新事物和记忆中的旧事物进行比较，如果发现它们之间有些属性是相同的，那么可以（假定地）推断出它们的另外一些属性也是相同的。

⑤ 基于解释的学习。它不是通过归纳或类比进行学习，而是通过运用相关的领域知识及一个训练实例来对某一目标概念进行学习，并最终生成这个目标概念的一般描述，这个一般描述是一个可形式化表示的一般性知识。

以上是基于符号的机器学习。20 世纪 80 年代以来，人工神经网络的学习机制再次得到人们的重视，基于连接机制的学习又一次成为的当今学习机制研究的热点，提出了竞争学习，进化学习、加强学习等各种新的学习机制。将在 8.1.5 节中介绍基于联结主义的机器学习。

机器学习算法一般都是需要提供训练数据进行训练，根据训练数据有没有标签，又把机器学习分为有监督的学习、无监督的学习、半监督的学习和强化学习。

有监督学习是使用已知正确答案的示例来训练网络。无监督学习就是训练数据集无标签的情况，采用在输入集中尝试查找数据中的模式的方式，比如，聚类的方法就是无监督的学习。半监督学习在训练阶段结合了大量未标记的数据和少量标签数据，与使用所有标签数据的模型相比，使用训练集的训练模型在训练时可以更为准确，而且训练成本更低。强化学习（reinforcement learning，RL），又称再励学习、评价学习或增强学习，用于描述和解决智能体在与环境的交互过程中通过学习策略以达成回报最大化或实现特定目标的问题。

8.1.5　神经网络与深度机器学习

人工神经网络是以工程技术手段来模拟人脑神经元网络的结构和特征的系统。利用人工神经网络可以构成各种不同拓扑结构的神经网络，它是生物神经网络的一种模拟和近似。

神经网络的主要连接形式有前馈型和反馈型神经网络。常用的前馈型有感知器神经网络、反向传播（back propagation，BP）神经网络，常用的反馈型有霍普菲尔德网络。这里介绍反向传播神经网络和霍普菲尔德网络。

1. 基于反向传播网络的学习

误差反向传播学习由两次通过网络不同层的传播组成：一次前向传播和一次反向传播。在前向传播中，一个活动模式作用于网络感知结点，它的影响通过网络一层接一层地传播，最后产生一个输出作为网络的实际响应。在前向传播中，网络的突触权值全被固定了。在反向传播中，突触权值全部根据突触修正规则来调整。特别是网络的目标响应减去实际响应而产生误差信号，这个误差信号通过网络反向传播，与突触连接方向相反，因此叫"误差反向传播"。突触权值被调整使得网络的实际响应从统计意义上接近目标响应。误差反向传播算法通常称为反向传播算法，由算法执行的学习过程称为反向传播学习。反向传播算法的发展是神经网络发展史上的一个里程碑，因为反向传播算法为训练多层感知器提供了一个有效的计算方法。

反向传播网络是一种按误差反向传播算法训练的多层前馈网络，是目前应用最广泛的神经网络模型之一。反向传播神经网络模型拓扑结构包括输入层（input）、隐藏层（hide layer）和输出层（output layer），其中隐层可以是一层，也可以是多层，如图 8-2 所示。

任何从输入到输出的连续映射函数都可以用一个三层的非线性网络实现反向传播算法由数据流的前向计算（正向传播）和误差信号的反向传播两个过程构成。正向传播时，传播方向为输入层→隐层→输出层，每层神经元的状态只影响下一层神经元。若在输出层得不到期望的输出，则转向误差信号的反向传播流程。通过这两个过程的交替进行，在权向量空间执行误差函数梯度下降策略，动态迭代搜索一组权向量，使网络误差函数达到最小值，从而完成信息提取和记忆过程。

神经网络是由大量简单处理单元组成，通过可变权值连接而成的并行分布式系统，神经元是神经网络的基本处理单元。1943 年提出的形式神经元模型（MP），如图 8-3 所示，经不断改进形成了现在广泛应用的反向传播神经元模型。

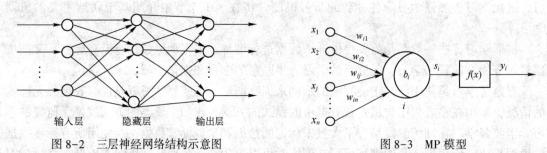

图 8-2　三层神经网络结构示意图　　　　　　　　图 8-3　MP 模型

设 $x_1, x_2, \cdots, x_N$ 表示神经元 $1, 2, \cdots, N$ 向神经元 i 的输入；$w_{i1}, w_{i2}, \cdots, w_{iN}$ 分别表示神经元 $1, 2, \cdots, N$ 与下一层神经元 i 的连接强度，即权值；b_i 为阈值；$f(x)$ 为传递函数；y_i 表示神经元 i 的输出；s_i 为神经元 i 的净输入，表示为：

$$s_i = \sum_{j=1}^{N} w_{ij} \times x_j + b_i$$

若记 $x_0 = 1$，$w_{i0} = b_i$，则 s_i 可表示为：

$$s_i = \sum_{j=0}^{N} w_{ij} \times x_j$$

s_i 通过激活函数 $f(x)$ 后，便得到神经元 i 的输出：

$$y_i = f(s_i) = f\left(\sum_{j=0}^{N} w_{ij} \times x_j \right)$$

（1）激活函数（见图 8-4）

激活函数 $f(x)$ 是单调上升可微函数，除输出层激活函数外，其他层激活函数必须是有界函数，必有一最大值。

反向传播网络常用的激活函数有多种。

Log-sigmoid 型：　　　　　$f(x) = \dfrac{1}{1+e^{-\alpha x}}, -\infty < x < +\infty, 0 < f(x) < 1$

$$f'(x) = \alpha f(x)(1-f(x))$$

tan-sigmod 型：　　　　　$f(x) = \dfrac{2}{1+e^{-\alpha x}} - 1, -\infty < x < +\infty, -1 < f(x) < 1$

$$f'(x) = \alpha(1-f^2(x))/2$$

线性激活函数 purelin 函数：$y = x$，输入与输出值可取任意值。

反向传播网络通常有一个或多个隐层，该层中的神经元均采用 sigmoid 型传递函数，输出层的神经元可以采用线性传递函数，也可用 S 形函数。

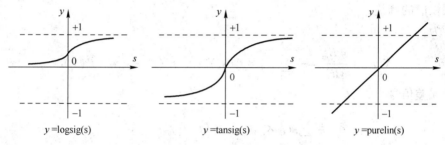

图 8-4　激活函数

（2）正向传播（见图 8-5）

设反向传播网络的输入层有 n_i 个结点，隐层有 n_h 个结点，输出层有 n_0 个结点，输入层与隐层之间的权值为 w_{ik}，这里 w_{ik} 为 $(n_i+1) * n_h$ 的矩阵，隐层与输出层之间的权值为 w_{ik}，这里 w_{kj} 为 $(n_h+1) * n_0$ 的矩阵，隐层的传递函数为 $f_1(x)$，输出层的传递函数为 $f_2(x)$，则隐层结点的输出为：

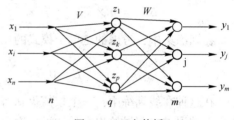

图 8-5　正向传播

$$z_k = f_1\left(\sum_{i=0}^{n_i} v_{ki} \times x_i\right), \quad k = 1,2,\cdots,n_h$$

输出层结点的输出为：

$$y_j = f_2\left(\sum_{k=0}^{n_h} w_{jk} \times z_k\right), \quad j = 1,2,\cdots,n_o$$

由此，反向传播网络就完成了 n_i 维空间向量对 n_o 维空间的近似映射。

（3）反向传播

误差反向传播的过程实际上就是权值学习的过程。网络权值根据不同的训练模式进行更新。常用的有在线模式和批处理模式。在线模式中的训练样 P 本是逐个处理的，而批处理模式的所有训练样本是成批处理的。

输入 P 个学习样本，用 $X_1, X_2, \cdots, X_p$ 来表示，第 p 个样本输入到网络后计算得到输出 $y_j^p, j = 1, 2, \cdots, n_0$。采用平方型误差函数，得到第 p 个样本的误差 E_p，其中 t_j^p 为期望输出。

$$E_p = 0.5 \times \sum_{j=1}^{n_o} (t_j^p - y_j^p)^2$$

输出层权值的调整：

用梯度下降法调整 w_{kj}，使误差 E_p 变小。梯度下降法原理即是沿着梯度下降方向目标函数变化最快，梯度为：

$$\nabla w_{kj} = \frac{\partial E_p}{\partial w_{kj}} = -(t_j^p - y_j^p) \times f_2'(s_j) \times z_k$$

其中误差信号：

$$\delta_{yj} = (t_j^p - y_j^p) \times f_2'(s_j)$$

权值的改变量为负梯度方向：

$$\Delta w_{kj} = -\eta \times \nabla w_{kj} = \eta \times (t_j^p - y_j^p) \times f_2'(s_j) * z_k$$

其中，η 为学习率。

隐层权值的调整：

梯度为：

$$\nabla w_{ik} = \frac{\partial E_p}{\partial w_{ik}} = -\sum_{j=1}^{n_0} w_{kj} \times f_1'(s_k) \times x_i \times (t_j^p - y_j^p) \times f_2'(s_j)$$

其中误差信号：

$$\delta_{zk} = \sum_{j=1}^{n_0} w_{kj} \times f_1'(s_k) \times (t_j^p - y_j^p) \times f_2'(s_j)$$

从而得到隐层各神经元的权值调整公式为：

$$\Delta w_{ik} = \eta \times \nabla w_{ik} = \eta \times \sum_{j=1}^{n_0} w_{kj} \times f_1'(s_k) \times x_i \times (t_j^p - y_j^p) \times f_2'(s_j)$$

在训练集中，考虑的是单个模式的误差，实际上需要训练集里所有模式的全局误差：

$$E = 0.5 \times \sum_{p=1}^{P} \sum_{j=1}^{n_0} (t_j^p - y_j^p)^2 = \sum_{p=1}^{P} E_p$$

在这种在线训练中，一个权值更新有可能减少某个单个模式的误差，然而却增加了训练全集上的误差。不过给出大量这种单次更新，却可以降低总误差。

（4）参数设置

① 初始权值、阈值：初始的权值需要有一个范围 $-\overline{w} < w < \overline{w}$，如果 $\overline{w}$ 选的太小，一个隐单元的网络激励将较小，只有线性模型部分被实现，如果 $\overline{w}$ 较大，隐单元可能在学习开始前就达到饱和。阈值一般也是随机数。

② 学习率参数：学习率 η，范围在 $0.001 \sim 10$ 之间。学习率是反向传播训练中的一个重要参数，学习率过小，则收敛过慢；学习率过大，则可能修正过头，导致振荡甚至发散。

③ 动量参数：动量法权值实际是对标准反向传播算法的改进，具体做法是：将上一次权值调整量的一部分迭加到按本次误差计算所得的权值调整量上，作为本次的实际权值调整量，即：$\Delta w(n) = -\eta \times \nabla w(n) + \alpha \times \Delta w(n-1)$，其中，$\alpha$ 为动量系数，通常 $0 < \alpha < 0.9$；这种方法所加的动量因子实际上相当于阻尼项，它减小了学习过程中的振荡趋势，从而改善了收敛性降低了网络对于误差曲面局部细节的敏感性，有效的抑制了网络陷入局部极小。

④ 隐层结点数：隐层结点数过少，则网络结构不能充分反映结点输入与输出之间的复杂函数关系；结点数过多又会出现过拟合现象。隐层结点数的选择至今尚无统一而完整的理论指导，一般只能由经验选定，具体问题具体分析。

隐层结点经验公式法是凭经验获得，缺少相应的理论依据，对特定的样本有效，缺乏普适性的公式。假设三层神经网络的输入层、隐层、输出层的结点数分别为 M、H 和 N：

① 最佳隐层结点数取值范围为 $H=\sqrt{M+N}+a$，其中 a 为 $1\sim10$ 之间的常数。

② 当输入结点大于输出结点时，隐层最佳结点数为 $H=\sqrt{M\times N}$

③ 最佳隐层结点数取值范围为 $H=\sqrt{M\times(N+2)}+1$

④ 根据柯尔莫哥洛夫定理，最佳隐层结点数为 $H=2*M+1$

⑤ 最佳隐层结点数为满足下公式的整数 $\sum_{i=0}^{N}C_H^i>P$，如果 $i>H$，则 $C_H^i=0$。

⑥ 最佳隐层结点数为满足下公式的整数 $H=\log_2^P$

其中⑤和⑥适用于批量训练模式。

（5）反向传播网络学习训练过程如图 8-6 所示。

① 初始化网络，对网络参数及各权系数进行赋值，权值系数取随机数。

② 输入训练样本，通过个结点间的连接情况正向逐层计算各层的值，并与真实值相比较，得到网络的输入误差。

③ 依据误差反向传播规则，按照梯度下降法调整各层之间的权系数，使整个神经网络的连接权值向误差减小的方向转化。

④ 重复②和③，直到预测误差满足条件或是训练次数达到规定次数，结束。

（6）参数调整

神经网络算法对于不同的网络需用不同的参数，参数的选择需要根据已知的测试数据进行训练测试，称这个调试参数的过程为试错法。

神经网络试错：神经网络需要设置的参数比较多，初始权值、学习率、动量系数、隐层结点数需要依据具体问题具体设置，要分类数目越多，参数调整难度越大。

调整过程中需不断观察误差和正确率的变化。无论调整哪个参数，遵循的原则为：如果调小该参数，正确率增大则继续调小该参数，到达某一临界值，如果继续调小参数正确率减小，则在该临界值附近寻找最优的该参数的取值；反之亦然。具体的调整步骤为：

① 初始权值的范围选择，范围不宜太大，一般为 $(-0.2, 0.2)$ 或 $(-0.3, 0.3)$

② 动量系数的选择，一般 $0\sim0.9$ 之间。先随机设定一个，进行学习率和隐层结点数的调整，如果学习率和隐层结点数的调整都找不到较高正确率，最后返回来调整动量单元。

③ 学习率越小越好，一般先固定学习率为 0.01，进行隐层结点数的调试。如果在隐层经验公式的取值范围内找不到使得正确率较高的隐层结点数，再返回来调整学习率，

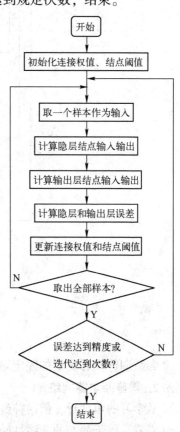

图 8-6　反向传播算法训练过程

取 0.02，0.05，0.1，0.3，0.5 等值。

④ 根据经验公式对隐层结点数进行调整，常用的为①隐层结点数取值范围为 $H=\sqrt{M+N}+a$，其中三层神经网络的输入层、隐层、输出层的结点数分别为 M、H 和 N，a 为 $1\sim10$ 之间的常数

⑤ 最后对训练次数进行设置，如果随着训练次数的增加，误差一直处于下降的状态，则增大训练次数；如果随着训练次数增加，误差不再继续下降，则无须增加训练次数。

上述过程可图示为图 8-7。

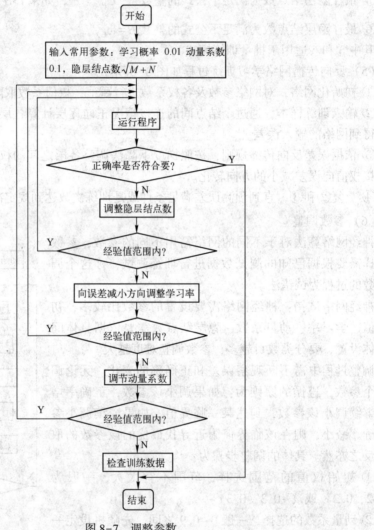

图 8-7　调整参数

参数调整没有确切的固定顺序，以最终能达到所需正确率为标准。

2. 霍普菲尔德网络

从学习的角度看，前向神经网络是强有力的学习系统，结构简单、易于编程。从系统的角度来看，属于静态的非线性映射，通过简单非线性处理单元的复合映射可获得复杂的非线性处理能力，但它们因缺乏反馈，所以并不是一个强有力的动力学系统。霍普菲尔德模型属

于反馈型神经网络，从计算的角度来件，具有很强的计算能力。系统关心的是稳定性问题。稳定性是这类具有联想记忆功能神经网络模型的核心，学习记忆的过程就是系统向稳定状态发展的过程。霍普菲尔德网络可用于解决联想记忆和约束优化问题的求解。

霍普菲尔德网络是一种互连型网络，它引入类似于 Lyapunov 函数的能量函数概念，把神经网络的拓扑结构与所求问题对应起来，并将其转换为神经网动力学系统的演化问题。其演变过程是一个非线性动力学系统，可以用一组非线性差分议程描述或微分方程来描述。系统的稳定性可用所谓的"能量函数"进行分析。在满足条件的情况下，某种"能量函数"的能量在网络运行过程中不断地减少，最后趋于稳定的平衡状态。

因为人工神经网络的变换函数是一个有界函数，故系统的状态不会发生发散现象。目前，人工神经网络经常利用渐进稳定点来解决某些问题。如果把系统的稳定点视为一个记忆的话，那么从初态朝这个稳定点的演变过程就是一个寻找记忆的过程。如果把系统的稳定点视为一个能量函数的极小点，而把能量函数视为一个优化问题的目标函数，那么从初态向这个稳定点的演变过程就是一个求解该优化问题的过程。因此，霍普菲尔德神经网络的演变过程是一个计算联想记忆或求解优化问题的过程。实际上，它的解决并不需要真的去计算，而是通过构成反馈神经网络，适当地设计其连接权和输入就可以达到这个目的。

霍普菲尔德最早提出的网络是二值神经网络，神经元的输出只取 1 和 0 两个值，也称为离散霍普菲尔德网络。在离散霍普菲尔德网络中，采用的神经元是二值神经元，输出的离散值 1 和 0 分别表示神经元处于激活和抑制状态。

离散霍普菲尔德神经网络是离散时间系统，它可以用一个加权无向图表示，图的每一边都有一个权值，图的每个结点都有一个阈值，网络的阶数相应于图中的结点数。

霍普菲尔德网络的结构示意图如图 8-8 所示，这种网络是一种单层网络，令网络由 n 个单元组成，$N_1, N_2, \cdots, N_n$ 表示 n 个神经元，这些神经元既是输入单元，也是输出单元，其转移函数为 $f_1, f_2, \cdots, f_n$，阈值为 $\theta_1, \theta_2, \cdots, \theta_n$。

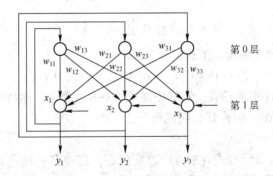

图 8-8　三个神经元构成的霍普菲尔德网络示意图

对于离散型霍普菲尔德网络，各结点一般选取同样的转移函数，且为符号函数，即：

$$f_1(x) = f_2(x) = \cdots = f_n(x) = \mathrm{sgn}(x) \tag{8-1}$$

为了分析方便，选取各结点的阈值全部为 0，即：

$$\theta_1 = \theta_2 = \cdots = \theta_n = 0 \tag{8-2}$$

这里，$x = (x_1, x_2, \cdots, x_n), x \in \{-1, +1\}^n$ 为网络的输入；$y = (y_1, y_2, \cdots, y_n), y \in \{-1, +1\}^n$ 为网络的输出；$v(t) = (v_1(t), v_2(t), \cdots, v_n(t)), v(t) \in \{-1, +1\}^n$ 为网络在 t 时刻的状态，其

中 $t \in (0,1,2,\cdots)$ 为离散时间变量；w_{ij} 为从 N_i 到 N_j 的连接权值，霍普菲尔德神经网络是对称的，即有

$$w_{ij} = w_{ji}, i,j \in (0,1,2,\cdots,n) \tag{8-3}$$

整个网络所有 n 个结点之间的连接强度用矩阵 W 表示，显然 W 为 $n \times n$ 方阵。

由图 8-8 可见霍普菲尔德网络为一层结构的反馈网络，能处理双极型离散数据（即输入 $x \in \{-1,+1\}$），及二进制数据（$x \in \{0,1\}$）。当网络经过训练后，可以认为网络处于等待工作状态，而对网络给定初始输入 x 时，网络就处于特定的初始状态，由此初始状态开始运行，可以得到网络输出即网络的下一状态。然后，这个输出状态通过反馈回送到网络的输入端，作为网络下一阶段运行的输入信号，而这个信号可能与初始信号 x 不同，由这个新的输入又可得到下一步的输出，这个输出也可能与上一步输出不同。如此下去，网络的整个运行过程就是上述反馈过程的重复。如果网络是稳定的，那么，随着许多次反馈运行，网络状态的变化减少，直到后来不再变化，达到稳定状态，此时，在网络的输出端可得到稳定的输出，可用以下公式表示为：

$$\left.\begin{aligned} v_j(0) &= x_j \\ v_j(t+1) &= f_j\left(\sum_j^n w_{ij} \times v_j(t) - \theta_j\right) \end{aligned}\right\} \tag{8-4}$$

其中 f_j 是由式（8-1）定义，为方便，一般 θ_j 值取 0。从某个时刻 t 之后网络状态不再变迁，既有 $v(t+1) = v(t)$，那么，输出有

$$y = v(t) \tag{8-5}$$

网络神经元状态的演变有两种形式：

（1）串行方式

在某一时刻 t，只有某一神经元 N 的状态按照式（8-4）更新，而其余 $j-1$ 个神经元状态保持不变，即

$$v(t+1) = \text{sgn}(\sum_{i=1}^n w_{ij} \times v_i(t)) \tag{8-6}$$

对于某个特定的 j 单元来说，下式成立

$$v_i(t+1) = v_i(t), i \in \{1,2,\cdots,n\}, \text{且 } i \neq j \tag{8-7}$$

若以某种确定性次序来选择 N，使其按照式（8-6）变化，称顺序更新；若按照预先设定的概率来选择神经元 N_j，则称其为随机更新。

（2）并行方式

在任一时刻 t，部分单元按式（8-4）改变状态，其中有一种重要的特殊情况是在某时刻，所有神经元同时按照式（8-4）改变状态，即：

$$v_j(t+1) = \text{sgn}\left(\sum_{i=1}^n w_{ij} \times v_j(t)\right) j \in \{1,2,\cdots,n\} \tag{8-8}$$

这时，可把状态转移方程写成向量形式：

$$v(t+1) = \text{sgn}(v(t) \times w) \tag{8-9}$$

3. 深度机器学习

深度机器学习是一种深层的机器学习模型，其深度体现在对特征的多次变换上。常用的深度学习模型为多层神经网络，神经网络的每一层都将输入非线性映射，通过多层非线性映

射的堆叠，可以在深层神经网络中计算出非常抽象的特征来帮助分类。

机器学习有很多种方法，例如线性判别、近邻法、决策树、支持向量机等，已经在得到了广泛应用。这些方法往往直接根据特征对样本进行分类，不进行特征变换或只进行一次特征变换或选择。与深度学习方法相比，这些方法中特征变换较少，或者依赖于上一步处理来对特征进行变换，所以被有些人称作"浅层模型"或"浅层学习方法"。

先来讨论作为各种深度学习模型和算法共同基础的核心学习算法。一般地，深度神经网络包含输入层、多个隐含层以及输出层，传统多层感知器神经网络训练的反向传播（BP）算法仍然是深度神经网络训练的核心算法，它包括信息的前向传播过程和误差梯度的反向传播过程。

多层感知器的基本结构如图 8-9 所示，每层都包含若干结点，I 是输入层结点个数，H_1 和 H_2 是两个隐含层的结点个数，O 是输出层的结点个数，w_{ij}、w_{jk} 和 w_{kl} 是各层之间的连接权重，b_j、b_k 和 b_l 是各层的偏置，z_j、z_k 和 z_l 是结点的输入与偏置的总和，y_j、y_k 和 y_l 是对 z_j、z_k 和 z_l 进行 sigmoid 函数运算后的输出。连接的权重为待训练参数，通过反向传播过程进行训练调整。它们之间的关系由如下一组表达式表示。

$$y_l = \mathrm{sigmoid}(z_l) \text{，} z_l = \sum_{k=1}^{H_2} w_{kl} \times y_k + b_l$$

$$y_k = \mathrm{sigmoid}(z_k) \text{，} z_k = \sum_{j=1}^{H_1} w_{jk} \times y_j + b_k$$

$$y_j = \mathrm{sigmoid}(z_j) \text{，} z_j = \sum_{i=1}^{I} w_{ij} \times y_i + b_j$$

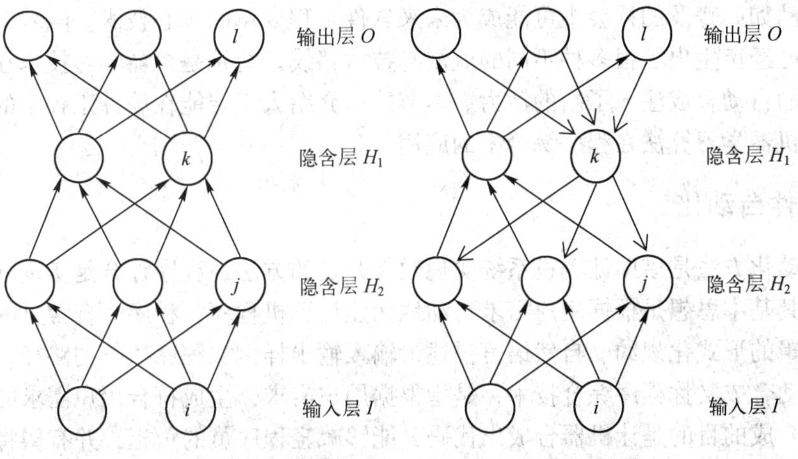

（a）网络的前向传播　　　　　　（b）网络的反向传播

图 8-9　多层感知器前向传播与反向传播过程

图 8-9（a）显示了信号在网络中前向传播的过程，每个结点中都包含两步操作，先对上一层结点输出值进行线性组合，再对得到的中间值进行非线性变换后输出。对于一个输入样本，经过上述两步操作可以得到第一层隐含结点的输出值，隐含结点输出值就是特征的某种抽象表示，可以重复这个过程得到更深层次的隐含结点值，越深层次的隐含结点所表示的特征越抽象，对于最后一层隐含结点，可以连接到输出层中进行分类并输出。

要对神经网络各层的参数进行训练，需要计算损失对网络中间各层参数的梯度，BP 算法就是把损失从输出层逐层往前传递，这个过程叫作误差的反向传播，如图 8-9（b）所示，其中 E 为损失函数，t_l 为目标输出，$f(y_l, t_l)$ 为损失函数对 y_l 的偏微分。这些量之间的关系由如下的一组公式来表达。

$$\frac{\partial E}{\partial y_l} = f(y_l, t_l), \quad \frac{\partial E}{\partial z_l} = \frac{\partial E}{\partial y_l} \frac{\partial y_l}{\partial z_l}, \quad \frac{\partial E}{\partial w_{kl}} = \frac{\partial E}{\partial z_l} y_k$$

$$\frac{\partial E}{\partial y_k} = \sum_{i=1}^{o} \frac{\partial E}{\partial z_l} w_{kl}, \quad \frac{\partial E}{\partial z_k} = \frac{\partial E}{\partial y_k} \frac{\partial y_k}{\partial z_k}$$

算法的核心是用链式求导法从输出层逐层向前计算损失函数对隐含结点输出值的梯度和对连接权重的梯度。将连接权重向负梯度方向适度调整得到新一轮的参数。用大量样本如此循环训练多次，直到损失函数不再下降或达到设定的迭代次数，就完成了神经网络的训练过程。

对于一个或两个隐层的多层感知器网络来说，可以直接用反向传播算法进行训练。但对于有更多层复杂结构的深度学习模型，则需要结合深层网络结构设计采用多种训练技巧。在文献［40］中，对该问题做了深入介绍，感兴趣的读者，参阅该文献。这里不再做进一步的介绍。

8.2　智能软件新技术

在软件工程领域中，程序自动合成，也称为程序综合，是一个重要的研究方向，并且在软件开发活动如此普及的社会中可能成为未来软件工程变革的核心技术。随着多年该领域的研究发展，已经衍生出了很多种不同的流派与技术路线。特别是机器学习技术在该领域的应用，为软件的自动合成注入了新的活力。本节简单介绍人工智能在软件工程中的应用，主要是介绍深度机器学习算法在程序综合中的应用。

8.2.1　软件自动化

软件自动化方法是借助计算机系统实现软件开发的方法，程序综合是实现软件自动化的一个方法，其基本思想是根据用户需求自动地构建计算机程序，程序综合常见的用户需求包括：基于逻辑的形式化规约、自然语言描述、输入输出样例、程序执行的路径。

程序自动合成又称程序综合技术，是指根据用户需求，生成符合用户需求的软件代码的活动。程序合成的目的是让机器合成出代码，能够减轻程序员的负担，并有望将编程人员将关注点放到软件的高层设计上，而不用花费过多时间在细节实现上。代码自动生成过程一般分为三个阶段，也是程序综合的三个关键要素。

（1）用户需求的描述：用户意图表述有多种方式，逻辑规约，输入输出数据对，程序路径及自然语言等。如何选择不同的需求描述取决于具体的任务背景，例如，逻辑规约用来描述程序输入输出间的逻辑关系，可以精确又简明的描述程序所遵循的规范，但是对于用户来说很难写出完整的程序逻辑规约。

（2）程序搜索空间的表述：搜索空间通常需要在需求符合性和程序合成效率间做一个平衡。一方面程序搜索空间需要足够大到能够囊括用户需求所有可能的程序，另一方面为了提升程序合成的效率，需要采取更有效的搜索方法将搜索空间限定在小的范围内。例如搜索空间可以被限定为所有操作组成空间的一个子集，或者在一个领域特定语言的范围内。

（3）合适的搜索排序技术：搜索的目的是如何更有效地搜索出与需求接近的结果程序等。常见的搜索技术有枚举搜索、基于约束求解的搜索或者两者的结合，等等。枚举搜索将所有可能的程序按照某个顺序一一列举，通常效率较低，因此更常见的发方法是在传统的枚举搜索的基础上加上启发式的剪枝方法来提升搜索效率。基于约束求解的搜索通常分为两个过程，约束生成和约束求解。约束生成是指生成逻辑约束的过程，该约束的解将生成所需要的程序。生成约束通常需要对未知程序可能的控制流做出假设并对控制流以某种方式进行编码。约束求解是在约束创建完成后，在约束所描述的搜索空间内按照某种方式列举可行解的过程。

从采用搜索策略的角度进行分类，程序合成方法又可以分为，基于语法指导的、基于代码搜索的、基于组件（API）的及基于深度学习的程序合成。这里简单介绍前 3 种方法，将在 8.2.2 节中介绍基于深度学习的程序合成。

1）基于语法指导的程序合成

基于语法指导的程序合成一般需要用户提供程序的输入输出规约或者语法框架，程序合成工具通过具体搜索策略或者符号搜索找到满足用户规约的程序，符号搜索需要从用户规约中抽取出程序需要满足的约束，然后利用约束求解器得到解。

2）基于代码搜索的程序合成

基于搜索的程序合成方法结合了经典的代码搜索过程，在程序合成初期，利用代码搜索得到与需求最接近的代码结果，在此基础上再进行程序合成。基于搜索的程序合成方法能有效利用程序代码搜索的结果缩小程序合成的时间复杂度和空间复杂度，该方法首先需要针对用户需求进行代码搜索，可针对自然语言或代码片段、程序关键词进行搜索，得到搜索出的代码片段之后，再利用现有程序综合技术得到符合需求的程序。例如，可以针对用户提供的需求规约，检索出相关的应用程序接口名称，然后通过检索应用程序接口使用模式集合找到最可能用的应用程序接口模式序列，并据此包装生成代码片段。

3）基于组件的程序合成

基于组件的程序合成的目标是在根据用户意图生成出纯应用程序接口的程序代码。其特点是结果程序中只包含应用程序接口及控制结构，不包含常量的声明、运算等语句。由于软件模块化程度是软件开发过程中衡量项目质量的一个重要标准，因此在软件开发过程中，提倡将不同功能封装起来，降低软件代码的耦合性，以减少模块之间的依赖，因此基于应用程序接口的程序合成方法无疑是顺应软件开发的趋势并且更方便用户来复用代码。典型的基于应用程序接口的程序自动合成工作就是利用佩特里网（Petri Net）来对应用程序接口中方法间的关系进行建模，用户需要提供函数声明和测试用例作为需求描述，该方法能够遍历佩特里网的可达性图来找到符合用户声明的应用程序接口序列，并执行测试用例直到找到满足需求的解为止。

8.2.2 基于深度学习的程序合成

近年来，人工智能技术取得了长足的发展与进步，这一进步对软件工程领域的研究形成了重要的促进。人工智能的方法旨在使计算机理解程序中的语义信息和结构信息，这些信息可以用于软件工程的多个领域，使得程序员从重复的任务中解放出来。深度学习技术在2006 年被正式提出后就得到了巨大的发展，使得人工智能产生了革命性的突破。在大量数据和计算资源的支持下，深度神经网络已在图像处理、语音处理、自然语言处理等多个领域均有广泛的应用，并已取得了令人瞩目的效果。同样地，深度神经网络正在向软件工程领域渗透。以 GitHub 和 Stack Overflow 等网站为代表的开源代码网站和开源社区的发展，给研究人员提供了大量、高质量的源代码。人们已经通过深度学习的方式来利用这些代码自动生成程序。

1. 基于深度学习的程序合成的框架

目前，基于深度学习的程序自动生成任务大多遵循如图 8-10 所示的架构。该架构主要包括四个部分：代码资源库、任务输入、深度学习模型和输出软件代码。图中基于深度学习的程序自动生成框架的基础是代码资源库的构建，这些代码资源库中的源代码被挖掘处理后，利用深度神经网络建立程序语言的模型，从而学习代码资源中隐含的特征和知识。对于不同类型的程序自动生成任务，模型的输入输出不同。基于深度学习的程序生成主要分为两种：基于输入输出样例的程序生成和基于功能描述的程序生成。

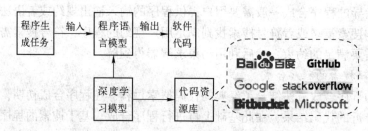

图 8-10 基于深度学习的程序自动生成框架

2. 基于输入输出样例的程序生成

基于输入输出样例的程序生成又被称为归纳程序综合（inductive program synthesis，IPS）或实例编程（programming by examples，PBE），是程序综合的一类，归纳程序综合通过给定的输入/输出样例来学习生成程序。建立一个归纳程序综合系统需要解决两个问题。

① 搜索问题：通过在合适的程序集合中找到与输入输出一致的程序。

② 排序问题：如何对多个与输入输出一致的程序进行排序，然后返回最佳程序。

目前，归纳程序综合任务主要在两种数据上实现：一种是不局限于某一种程序语言，而是使用定义好的领域建模语言（domain-specific language，DSL）；另一种是微软的 Excel 数据。由于可能程序的假设空间是互联网上的代码源，这个空间很大，在这么大的空间中找到符合相应输入输出的程序有难度。目前，利用学习的方法来进行领域建模语言的归纳程序综合任务大多遵循如图 8-11 所示的框架。

3. 基于功能描述的程序生成

人们通常利用自然语言来描述程序功能，从自然语言描述到程序的自动翻译难度是很大的。自然语言文本和程序的多样性、文本的二义性以及代码的复杂结构，使得建立文本和代码的联系成为一个难题，深度学习为有效地解决代码和文本中二义性的问题提供了一种选择。

人们利用深度学习的方法从自然语言中生成 if_this_then_that（IFTTT）代码，和常用的

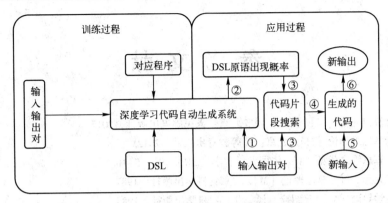

图 8-11 归纳程序综合系统框架

编程语言相比较，IFTTT 程序结构更加简单，也更容易学习其结构规则。IFTTT 程序通过创建一个流程（recipe）来完成特定的功能需求；this 表示所要进行的操作，被称为触发器（trigger），也就是在某个网络服务的操作行为；而 that 则意味着连锁反应所带来的另外一个网络服务行为动作（action）。

数据库也是编程中常用的语言，如何自动生成数据库语句，人们也做了很多工作。同样，人们已经在探索根据自然语言生成 SQL 语句的方法，且已有将自然语言描述翻译为 SQL 查询语句的系统，例如 Seq2SQL 系统。在 SQL 查询语句中，查询条件是无序的，这导致了 SQL 生成查询条件时不适合利用传统的交叉熵来优化，因此，又采用基于策略的强化学习来生成查询条件。同样的，采用深度学习方法与传统的查询解析技术相结合也可以提高生成 SQL 的准确率。

对于智能软件新技术这一主题，本书只做简单介绍，感兴趣的读者可以参阅相关文献，例如文献 [35]。

8.3 本章小结

本章的主要目的就是让读者了解人工智能和软件工程的交叉所取得的结果。要了解人工智能在软件工程中的应用，内容包含人工智能的原理、机器学习的原理，以及机器学习在程序综合中的应用，了解软件自动化的一般步骤和主要技术。

8.4 习题

1. 简述人工智能的发展历史。
2. 简述人工智能的应用领域。
3. 举例说明人工智能在软件工程中的应用。
4. 试说明深度机器学习的工作原理。

参 考 文 献

[1] 多维克. 计算进化史 [M]. 劳佳, 译. 北京: 人民邮电出版社, 2017.

[2] 陈国良. 计算思维导论 [M]. 北京: 高等教育出版社, 2012.

[3] 蒋宗礼. 计算思维之我见 [J]. 中国大学教学, 2013 (9): 5-10.

[4] 莫绍揆, 王元元. 可计算性理论 [M]. 北京: 科学出版社, 1987.

[5] 克林. 元数学导论 [M]. 莫绍揆, 译. 北京: 科学出版社, 1984.

[6] 王元元. 可计算性引论 [M]. 东南大学出版社, 1990.

[7] SIPSER M. 计算机理论导引 [M]. 张立昂, 译. 北京: 机械工业出版社, 2000.

[8] HINDLEY J R, SELDIN J P. Introduction to combinators and λ-calculus [M]. Cambridge: Cambridge University Press, 1986.

[9] BARENDREGT H P. The Lambda Calculus, Its Syntax and Semantics [M]. Amsterdam: North Holland Publishing Company, 1984.

[10] POST E L. Finite Combinatory Processes: formulation 1 [J]. The Journal of Symbolic Logic, 1936, 1 (3): 103-105.

[11] POST E L. Formal Reduction of the General Combinatorial Decision Problem [J]. American Journal of mathematics, 1943, 65: 197-215.

[12] 尹朝庆. 人工智能与专家系统 [M]. 北京: 中国水利水电出版社, 2009.

[13] 王智明, 杨旭, 平海涛. 知识工程及专家系统 [M]. 北京: 化学工业出版社, 2006.

[14] 栾尚敏, 王树. 智能推理及其在信念修正中的应用 [M]. 北京: 科学出版社, 2016.

[15] 苗夺谦, 卫志华, 张志飞. 中文信息处理原理及应用 [M]. 2 版. 北京: 清华大学出版社, 2015.

[16] 冈萨雷斯. 数字图像处理 [M]. 3 版. 北京: 电子工业出版社, 2010.

[17] 詹青龙, 卢爱芹, 李立宗, 等. 数字图像处理技术 [M]. 北京: 清华大学出版社, 2010.

[18] RABINER L R, SCHAFER R W 数字语音处理理论与应用 [M]. 刘加, 张卫强, 何亮, 等译. 北京: 电子工业出版社, 2011.

[19] 王向东. 数字音频处理 [M]. 北京: 高等教育出版社, 2013.

[20] 霍普克罗夫特, 莫茨瓦尼, 厄尔曼. 自动机理论、语言和计算导论 [M]. 孙家啸, 等译. 3 版. 北京: 机械工业出版社, 2008.

[21] 泰卡尔普. 数字视频处理 [M]. 曹铁勇, 译. 2 版. 北京: 机械工业出版社, 2017.

[22] 蔡永华, 尚宇辉, 傅冬颖, 等. 计算机信息技术基础 [M]. 2 版. 北京: 清华大出版社, 2015.

[23] 赵建民, 端木春江. 计算机科学技术导论 [M]. 北京: 清华大学出版社, 2011.

[24] STEELE G L. Common LISP: the Language [M]. 2nd ed. Burlington: Digital Press, 1990.

[25] Franz Inc. Common Lisp: The Reference [M]. New Jersey: Addison-Wesley, 1988.

[26] 那夫特林. 精通 lambda 表达式: Java 多核编程 [M]. 北京: 清华大学出版社, 2015.

[27] 赵军. Python 3.x 入门到应用实践 [M]. 北京: 机械工业出版, 2019.

[28] PRATA S. C++ Primer Plus [M]. 张海龙, 袁国忠, 译. 6 版. 北京: 人民邮电出版社, 2012.

[29] BRAMER M. Logic Programming with PROLOG [M]. Berlin: Springer, 2005.

[30] 克莱门茨. 计算机组成原理 [M]. 沈立, 王苏峰, 肖晓强, 译. 北京: 机械工业出版社, 2017.

[31] 麦中凡. 程序设计语言原理 [M]. 北京: 北京航空航天大学出版社, 2011.

[32] SEBESTA R W. 程序设计语言原理［M］. 张勤，王方矩，译. 8 版. 北京：机械工业出版社，2008.

[33] 辛长安，王颜国. Visual C++剖析：MFC 原理、机制与开发实例. 北京：清华大学出版社，2008.

[34] 胡星，李戈，刘芳，等. 基于深度学习的程序生成与补全技术研究进展. 软件学报，2019，30（5）：1206-1223.

[35] 张银珠，董威，刘斌斌. 程序合成研究进展. 软件，2019，40（4）：25-30.

[36] RUSSELL S, NORVIG P. Artificial Intelligence：A Modern Approach. 3rd ed. New Jersey：Prentice Hall，2009.

[37] POOLE D, MACKWORT A. Artificial Intelligence：Foundations of Computational Agents. 2nd ed. Cambridge：Cambridge University Press，2017.

[38] GULWANI S, POLOZOV O and SINGH R. Program Synthesis. Foundations and Trends in Programming Languages，2017，4（1/2）：1-119.

[39] GOODFELLOW I, BENGIO Y, COURVILLE A. Deep learning. Cambridge：MIT Press，2016.

[40] CHOLLET F. Deep Learning with python. Greenwich：Manning Publications，2017.

[41] SOMMERVILLE I. Software Engineering. 9th ed. New Jersey：Addison Wesley，2010.

[42] PANKAJ J. A Concise Introduction to Software Engineering. Berlin：Springer，2008.

[43] BOOCH G, MAKSIMCHUK R A, ENGLE M W, YOUNG B J, CONALLEN J, KELLI A. Houston. Object-Oriented Analysis and Design with Applications. 3rd ed. New Jersey：Addison Wesley，2007.

[44] 张海藩，倪宁. 软件工程. 3 版. 北京：人民邮电出版社，2011.

[45] REVESZ E. Lambda-Calculus，Combinators and Functional Programming. Cambridge：Cambridge University Press，2010.

[46] STUART T. 计算的本质. 张伟，译. 北京：人民邮电出版社，2014.

[47] 张立昂. 计算理论基础. 2 版. 北京：清华大学出版社，2006.

[48] RUSSINOVICH M E, SOLOMON D A. 深入解析 Windows 操作系统：上册. 潘爱民，译. 6 版. 北京：电子工业出版社，2014.

[49] RUSSINOVICH M E, SOLOMON D A, IONESCU A. 深入解析 Windows 操作系统：下册. 范德成，潘爱民，译. 6 版. 北京：电子工业出版社，2018.

[50] 中国社会科学院语言研究所词典编辑室. 现代汉语词典. 5 版. 商务印书馆，2006.